干旱地区水资源及其开发利用评价

张维江　主编

黄河水利出版社
·郑州·

内容提要

本书结合宁夏回族自治区水资源评价、水资源开发利用评价研究取得的成果，吸收国内外相关文献，详细论述了干旱地区降水、径流及其地表水资源、地下水资源评价基本理论及其方法，同时就非常规水资源利用以及水资源开发利用评价方法做了介绍。

本书可作为高等院校水文与水资源、水利水电工程等专业本科生、研究生的教材，也可供相关教师和科研人员参考使用。

图书在版编目(CIP)数据

干旱地区水资源及其开发利用评价/张维江主编.—郑州：黄河水利出版社，2018.8

ISBN 978-7-5509-2099-6

Ⅰ.①干… Ⅱ.①张… Ⅲ.①干旱区-水资源管理-研究-中国 Ⅳ.①TV213.4

中国版本图书馆 CIP 数据核字(2018)第 184322 号

组稿编辑：王路平　电话：0371-66022212　E-mail：hhslwlp@126.com

出 版 社：黄河水利出版社　　网址：www.yrcp.com

地址：河南省郑州市顺河路黄委会综合楼 14 层　　邮政编码：450003

发行单位：黄河水利出版社

发行部电话：0371-66026940、66020550、66028024、66022620(传真)

E-mail：hhslcbs@126.com

承印单位：河南新华印刷集团有限公司

开本：787 mm×1 092 mm　1/16

印张：14.75

字数：340 千字

版次：2018 年 8 月第 1 版　　印次：2018 年 8 月第 1 次印刷

定价：45.00 元

前　言

宁夏回族自治区处于干旱半干旱地区，风大沙多、水土流失严重、水资源短缺，水资源问题已成为该地区经济社会发展的“瓶颈”。

在自然和人类共同影响下，宁夏南部山区水资源呈现“量少、质差、分散，蒸渗损失大、利用效率低”的特点。有效利用蒸发渗漏水、工程死水、汛期弃水以及非常规水、无效降水等难利用水，创新降水径流挖潜与高效利用技术和方法，是该地区增加水资源可利用量的必然途径，而面对人类活动对水资源时空分布的影响不断加剧，干旱半干旱地区水资源及其开发利用评价又是一个亟待解决的难题。

作者结合近些年开展的各类科研项目成果，吸收国内外可应用于该地区的成熟的水资源评价理论与方法，编著了本书。本书重点介绍了适合干旱、半干旱地区降水与蒸发计算办法、地表水资源评价、地下水资源评价、水资源总量计算、水质评价以及非常规水资源利用和水资源开发利用评价等内容，可作为高等院校水文与水资源、水利水电工程等专业本科生、研究生的教材，也可供相关教师和科研人员参考使用。

本书由张维江担任主编，并负责全书稿件审定；由李金燕担任副主编，并负责全书统稿。具体编写分工如下：第1章由李娟编写；第2章2.1～2.5由李娟编写，2.6由王炳亮编写；第3章3.1～3.5由李金燕编写，3.6由王炳亮编写；第4章由王德全编写；第5章5.1～5.2由李金燕编写，5.3由马轶编写；第6章由邱小琮编写；第7章及第8章由唐莲编写。还有褚金镝、赵文娟、开晓莉、张宇正、严玉杰、林卫公、张居平、张鹏程、朱旭东参加了部分编写工作。

由于编写时间仓促，书中不妥之处在所难免，欢迎读者批评指正。

编　者

2018年5月

目　录

第1章 绪 论

水资源是人类赖以生存、不可替代的基础自然资源,是自然界不可或缺的控制性因素之一,是一个国家经济社会、文明发展所必需的战略性经济资源,更是一个国家综合国力的有机组成部分,对人类社会的生存发展具有决定性影响。水资源短缺、水环境恶化已经成为21世纪全球资源环境的突出问题,直接威胁着人类的生存和发展。世界上已有一半的陆地面积、遍及一百多个国家和地区缺水,20亿人饮水困难,而且人类正以每15年增加1倍的淡水需求消耗着有限的水资源。据预测,到2025年,全球将有30亿人遭遇水危机。

在我国,洪涝灾害、水资源短缺、水环境污染共同构成的严峻的水资源危机,已经成为经济社会可持续发展中不能回避的世纪挑战。

1.1 水资源概述

1.1.1 水资源的概念

对水资源概念的明晰定义,是界定水资源评价口径的前提,也是进行水资源的开发、利用、治理、配置、节约和保护的基础。

联合国教科文组织(UNESCO)和世界气象组织(WMO)共同制定的《水资源评价活动——国家评价手册》中,定义水资源为:可以利用或有可能被利用的水源,具有足够的数量和可用的质量,并能在某一地点为满足某种用途而可被利用。这一定义的核心主要包括两个方面:其一是应有足够的数量;其二是强调了水资源的质量。有“量”无“质”或有“质”无“量”,均不能称为水资源。

《环境科学词典》定义水资源为:特定时空下可利用的水,是可再利用资源,不论其质与量,水的可利用性是有限制条件的。《中华人民共和国水法》将水资源认定为:地表水和地下水。《中国大百科全书》中《大气科学·海洋科学·水文科学》定义的水资源是:地球表层可供人类利用的水,包括水量(水质)、水域和水能资源,一般指每年可更新的水量资源。

对水资源的概念及其内涵之所以有不尽一致的认识与理解,主要原因是各种类型的水体具有相互转化的特性,不同用途对水量和水质具有不同的要求,水资源的“量”和“质”在一定条件下是可以改变的,水资源与自然生态系统、社会经济系统及其变化有着密切的联系和作用,特别是水资源的开发利用还受经济技术条件、社会条件和环境条件的制约。为此,将水资源界定为:水资源可以理解为人类长期生存、生活和生产活动中所需要的各种水,既包括数量和质量含义,又包括其使用价值和经济价值。水资源的概念具有广义和狭义之分。狭义上的水资源是指人类在一定的经济技术条件下能够直接利用的淡水;广义上的水资源是指能够直接或间接使用的各种水和水中物质,在社会生活和生产中具有使用价值和经济价值的水都可称为水资源。

综上所述,水资源作为维持人类社会生存和发展的重要资源之一,应当具有以下功能:有可靠的水量来源,且可通过自然界的水文循环不断得以更新和补充,能够依据需要提供水量并可进行人工控制,同时水量和水质必须能够适应人类的用水要求。综合专家学者的提法认为,所谓水资源,是指对人类具有使用价值,且在当前科技水平和社会经济条件下,能够开发利用的水。

1.1.2　水资源的属性

根据自然资源的特点,通常可将资源划分为可更新资源(如生物资源)和不可更新资源(如矿产资源)。另外,人类生存、繁衍和发展过程中利用的物质、能量和空间等自然资源、环境和生态系统均属于生态资源。

水资源既是一切生物赖以生存的基本条件和人类生产生活的重要资源,也是生态资源中极其重要的组成部分,它作为社会经济发展中重要的、不可替代的自然基础资源和战略资源,既具有一般资源的基本特性,又具有独特的特征和属性。

1.1.2.1　水资源的可再生性及流动性

水资源的可再生性也被称为循环性,主要通过水文循环得以实现。地表水和地下水不断得到大气降水的补给,开发利用后可以恢复和更新,并在一定时空范围内保持动态平衡,因此水资源属于可更新资源,具有可再生性。若能设法合理地增加天然补给,并科学地控制其使用量和存在的空间,则能持续开发利用。例如,人为地控制地下水的埋深,可增加地下水的可补给量,并减少潜水蒸发。

水资源在整个水文循环过程中具有流动性。在地球表面,水活动在天然的河流流域内汇聚形成河网,而流域就成为淡水世界的基本单元。河源河段的水,流经全河最终达到河口汇入海洋,其特性最终会传输到下游而不会发生反向传输。水的流动通常限于流域范围内,除了跨流域调水,某个流域的水流情况通常不会影响另一流域。

1.1.2.2　水资源具有不可替代性

水资源不仅是人类及其他一切生物生存的必要条件和物质基础,也是国民经济建设和社会发展不可缺少的资源。在当今世界,对水的认识是把其纳入国家综合国力的重要组成部分来对待,人均年耗水量已成为衡量一个国家经济发展程度的重要标志,其用水结构成为判断一个国家工业化程度和生活水平的重要依据,而单方水所能创造的财富,又是衡量一个国家技术经济水平的重要尺度,其开发利用潜力决定着一个国家发展的后劲。

在我国,把"水利是农业的命脉"提高到水利是国民经济基础设施和基础产业的地位,并纳入国家可持续发展长远目标规划进行优先考虑。国际上已公认,水是未来繁荣昌盛和社会稳定的一种关键自然资源,应被作为区域合作的一个促进因素来认识。

1.1.2.3　水资源的有限性及不均匀性

全球河川径流量中,亚洲占径流总量的31%,南美洲占25%,北美洲占17%,非洲占10%,大洋洲和南极洲各占5%。

我国的径流总量小于巴西、俄罗斯、加拿大、美国和印度尼西亚,居世界的第六位,人均水资源占有量仅为世界平均水平的1/4,是世界上水资源比较贫乏的国家之一,突出表现在水资源地区分布很不均匀,与人口、土地、矿产资源的分布和经济分布也不相适应。从总的形势来看,东南多,西北少;沿海多,内陆少;山区多,平原少。即使在同一个地区,不同时间的分布也不均匀。仅以黄土高原地区来讲,汛期降水量约占全年降水总量的60%～70%,而在作物生长关键的春季则降水稀少。

另外,水资源演变规律受到水文现象的随机影响,不同时段的水量会发生变化。通过频率计算,有丰、平、枯水年,且会出现连丰、连枯年份或时段。

1.1.2.4　水资源具有利与害的双重性

水资源在供人类开发利用、满足人类生产生活需求、支撑人类发展进步的同时,也可能引发一定的灾害,因而水资源就具有了经济上的双重性,而这个双重性主要是由降水和径流的时空分布不均匀所造成的。

水资源灾害最为明显的表现是洪涝灾害,直接威胁着群众的生产生活安全,还带来巨大的经济损失。同时,水资源开发利用不当,会引起垮坝、次生盐碱化、水质污染、环境恶化等人为灾害。因此,应注重水资源的综合开发和合理利用,从而达到兴利除害的双重目的。

1.1.2.5　水环境较脆弱、易破坏和开发利用的整体性及综合性

水环境较脆弱、易破坏的特性主要体现在两个方面:一是水环境易受污染,使原本洁净的水域失去利用功能,而且作为一种载体,能使污染物在更大范围内扩散蔓延;二是水环境极易受破坏,特别是地下水,当开采量超过补给量时,水资源的质和量都会失去平衡,并由此引发一系列的地质环境问题,从而使水资源失去原有存在的环境条件,失去作为开发利用水源基地的应有价值。例如,地下水超量开采所造成的直接后果是地下水位持续下降,地下水降落漏斗逐年扩大、加深。地下水降落漏斗的发生导致机井大批报废,设备不断更新,井越凿越深,取水成本越来越高,形成恶性循环。同时,诱发海水、咸水入侵以及地面沉陷、堤坝裂缝等水文地质环境问题,致使生态环境日益恶化。

因此,在开发利用水资源时,必须切实保护环境,否则会产生严重的危害。同时,水环境一旦受到污染和破坏,治理起来非常困难,代价也是巨大的。同时,针对一个特定的流域范围,地表水体之间是互相连通的,地表水、土壤水和地下水之间也可以互相转化;从利益角度出发,水资源具有综合的多种功能,水资源开发往往要求满足经济、社会发展、生态良性循环和保护等多种功能及目标,因此水资源开发利用需考虑其整体性及综合性。

1.1.3　水资源的分类

根据水资源的可控性,水资源可分为广义水资源及狭义水资源;根据水资源的储存形式,可分为地表水资源及地下水资源。

1.1.3.1　狭义水资源和广义水资源

狭义水资源是指人类能够直接使用的淡水,直接进入河道或补给地下。具体来讲,就是自然界水循环过程中的大气降水降落到地面形成径流,流入江河、湖泊和水库中的地表水及渗入地下的地下水,常用来满足工业、农业及生活用水,是径流性水资源,通常以径流量来表示其数量。

广义水资源是指人类能够直接或间接使用的各种水和水中物质,能作为生产资料和生活资料的天然水,在社会生产中具有使用价值和经济价值的水都可称为水资源。贾仰文等(2006 年)定义认为"广义水资源"是相对传统的径流性水资源而言的,既包括地表水及地下水,也包括植被和作物等生态系统利用的土壤水、冠层与地表的截留降水,但是不包括未被生态系统利用的裸地、沙漠和裸露岩石等蒸发量。

广义水资源又分为"蓝水"和"绿水"。在我国,"蓝水"是指包含看得见的地表径流和地下径流在内的径流性水资源,其循环主要供给水生生态系统的人类用水需求,约占全球总降水的 35%;"绿水"则是生态系统利用的雨水,降水后绿水表现为土壤水和林冠层的截留,降水结束后则消耗于蒸散发,其循环主要供给陆生生态系统,尤其在雨养农业区是非常重要的水资源,共占全球总降水的 65%。同时,20 世纪 90 年代,相关学者专家提出了"虚拟水"的概念,特指生产产品和服务所需要的水资源,它是以"虚拟"的形式包含在产品或服务内的看不见的水,因此又称为"嵌入水"和"外生水",目前国内外已开展了大量的虚拟水研究,但是对我国全面水资源更深入和系统的虚拟水研究还有待于进一步的加深。

1.1.3.2 地表水资源、地下水资源

地表水资源是指地表水中可以逐年更新的淡水量,是水资源的重要组成部分,包括冰雪水、河川水和湖沼水等。通常以还原后的天然河川径流量表示其数量。

地下水资源是指在一定期限内,能提供给人类使用的、且能逐年得到恢复的地下淡水量,是水资源的组成部分。通常以地面入渗补给量(包括天然补给量和开采补给量)计算其数量。

1.1.4 我国水资源及其开发利用现状

1.1.4.1 我国水资源现状

1. 水资源总量丰富,但人均占有量低,水资源短缺

我国江河湖泊较多,河川径流量约占全球总量的 5.8%,居世界第六位。

根据水利部第二次水资源评价结果,我国多年平均水资源总量 2.77 万亿 m^3,但是我国人口众多,人口数量约占全球的 22%,因此人均水资源数量极为有限,人均水资源量为 2 137 m^3,仅为世界人均水平的 25%,是联合国列出的贫水国家之一。全国正常年份缺水约 500 亿 m^3,海河、黄河、辽河流域,西北和东部沿海城市缺水严重。近年来,我国北方地区旱灾高发,南方多雨地区季节性干旱也日趋严重。在全国 600 多个城市中,存在供水不足问题的城市有 400 多个。

2. 水资源时空分布不均匀

我国水资源的时空分布极不均匀。

我国水资源年际变化大且降水量多集中在 6 ~ 9 月,约占全年降水量的 60% ~ 80%。如黄河在过去几十年中曾出现过连续 9 年(1943 ~ 1951 年)的丰水期,也曾出现过连续 28 年(1972 ~ 1999 年)的少水期,其中有 21 年还出现断流的情况。

水资源时间分布不均匀的同时,地区分布也很不均匀。我国北方水资源贫乏,南方水资源较丰富,具有南方多、北方少的特点。南方地区国土面积占全国的 36.6%,耕地面积

占全国耕地总面积的34.8%，人口总量占全国的3/5；北方地区国土面积占全国总面积的63.4%，耕地面积占全国的65.2%，人口总量占全国的2/5，而水资源量仅占全国水资源总量的19%，出现水土资源与人口资源极不匹配的矛盾。

据水利部水资源调查评价结果，我国各省、自治区和直辖市的水资源量中，最多的是西藏、四川、云南和广西等省（区），每年拥有的水资源量均在1 800亿 m^3 以上，宁夏、天津、上海、北京、山西、河北、甘肃等省（市、区），每年拥有的水资源量均在280亿 m^3 以下，其中宁夏最低，年水资源量仅10亿 m^3。此外，水资源年际年内变化很大，旱涝灾害频繁，水资源供需矛盾突出。水资源地区分布不均匀，是我国北方特别是西北地区出现资源性缺水的根本原因；而水资源年际分配不均匀，则是我国半干旱、半湿润地区发生季节性缺水的原因。

1.1.4.2 我国水资源开发利用现状

1. 用水量剧增，水资源供需矛盾突出

2003～2010年，我国年用水量由5 320亿 m^3 增加为6 022亿 m^3。据预测，到2030年我国人口增加至16亿，人均水资源量仅为1 750 m^3，逼近国际公认的人均1 700 m^3 用水紧张线，流域水资源供需矛盾将日益突出。

2. 水资源利用率低

在水资源短缺的同时，水资源利用率及效益较低。我国农业灌溉水的利用效率仅为40%～50%，而发达国家可达70%～80%；全国平均单方水实现的GDP仅是世界平均水平的1/5，单方水粮食产量为世界水平的1/3，而工业万元产值用水量却高达发达国家的5～10倍。

3. 水污染加剧、水资源开发过度导致"水质型缺水"问题突出

我国江河湖泊普遍受污染，其中海河、辽河、淮河尤为突出，为重度污染（超过60%），全国75%以上的湖泊出现了不同程度的富营养化，90%的城市水域污染严重。对我国118个大中城市的地下水调查数据显示，有115个城市地下水受到污染，其中重度污染约占40%，大大降低了水体的使用功能。近20年来，我国水污染从局部河段发展到区域及流域，从地表水扩散至地下水，从单一型污染发展为复合型污染，水污染的扩散速度加大，水环境破坏程度加重，在很大程度上加剧了水资源水质型短缺和供需矛盾，成为当前我国水危机中最严重和紧迫的问题。

在水体污染的同时，水资源过度开发也导致了一系列问题的出现。目前，我国水资源开发利用率已达到19%，且水资源短缺程度越大，开发利用率越高。随着水资源的过度开发，西北内陆河流域荒漠化面积扩大，华北地区和部分沿海城市地下水超采，造成地下水降落漏斗的形成及扩大、地面沉降、海水入侵和倒灌等，进而导致区域生态环境的恶性循环。

我国水资源除存在上述问题外，还在全球变暖和人类活动的作用下表现出强烈的敏感性和脆弱性，因而水资源的相关监测、转化研究、综合管理及开发利用新技术就成为水资源研究的主要趋势。

1.2 干旱地区水资源开发利用及其特征

一般认为,年降水量低于200 mm的地区为干旱地区,而年降水量为200～400 mm的地区为半干旱地区。

我国有42%的国土面积处于干旱、半干旱区,范围大概以黄河为界,西部与北部抵达我国国界,南部到青藏高原,主要分布在我国西部地区(干旱、半干旱地区的面积约占该西部地区国土面积的83%,区域生态系统脆弱,对气候变化极为敏感,水资源量仅占全国水资源总量的7%),水资源短缺的同时,水资源开发程度较高。

1.2.1 干旱地区水资源属性

干旱、半干旱地区水资源既具有我国水资源的普遍特点,又具有显著的区域特点。

1.2.1.1 降水稀少,蒸发强烈

干旱、半干旱地区地形主要表现为四周高山环抱,山地与盆地相间分布,戈壁沙漠面积大,呈封闭型地形。由于该区深居内陆,具典型大陆型气候特点,光照充足、温差较大,干燥少雨,区内水资源具有总体水量不足,空间分布不均的特征。区域多年平均降水量的地区分布总体上具有由山区向平原、由大变小的规律。降水量在水平方向上分布不均,在垂直方向和地形高度上显示出明显的一致性。山区一般为200～700 mm,盆地和走廊一般为40～200 mm,塔里木盆地仅为25～70 mm。冰川和积雪是该区水资源赋存和形成的一种独特形式,面积约3.24万km^2,蕴藏着丰富的固态水源,对水资源在时间分配上具有重要的调节作用。

整个区域蒸发强烈,蒸发能力远大于供水能力,多年平均水面蒸发量为1 500～3 000 mm,盆地中心地带高达4 000 mm,是降水量的几十倍到几百倍,产水系数较低,是区域水资源短缺的主要原因。

1.2.1.2 地表水资源分布不均

西北干旱区的大部分内陆河均发源于山区,主要依靠冰川融雪水补给,一些水量不大的小河流在流出山区后不久即消失于沙漠与戈壁中;一些水量较大的河流在盆地低洼处形成内陆湖泊。区内大小内流河共有676条,其中,新疆有570条,河西走廊有55条,柴达木盆地有51条。受自然地理条件和水文气象条件控制,这些河流大多长度短,流量较小;而较大河流虽然数量少,但却集中了绝大部分的河川径流量。年径流量大于10亿m^3的河流20条(18条在新疆,柴达木和河西走廊各1条),集中了内陆河年径流量的50%以上(约为528亿m^3)。因此,导致区域河川径流量地域分布不均。在地域分布上,新疆西部和北部的伊犁河、阿克苏河和叶尔羌河及额尔齐斯河,径流较丰富;南部和东部较贫乏;柴达木盆地和河西走廊径流深由东向西递减,三省(甘肃、青海、新疆)交界处径流深最小。山区地表径流量基本相当于山前盆地或几个盆地联合组成的盆地系统的总水资源量。

1.2.1.3 水资源总量严重短缺,时空分布极不均衡

区域内单位面积降水量最高的省(区)为宁夏,约占全国相应量的42.5%;最低的是

新疆,不足全国年相应量的18%。

从单位面积径流量和地下水资源量来看,区域各省(区)水资源是远远低于全国的平均水平(2 929 m^3/hm^2)。北疆地区因受北冰洋和大西洋气流影响,平原地区年降水量为100~200 mm,阿拉善地区东部在100 mm左右,南疆地区普遍不足80 mm,甘肃西部地区不足30 mm,塔里木盆地东南的若羌一带在10 mm以下,是全国最干旱的地区。

区内降水的季节分配差异较大。河西走廊、新疆东部一带均以7、8月份多雨,夏季降水量占全年降水量的60%。北疆与塔里木盆地西部,夏季降水只占全年降水量的40%左右。而伊犁、塔城地区,以春季降水最多,降雪主要集中在12月至来年2月。如果按照全国多年河流平均径流深的地带划分,在五个地带范围,西北占缺水的前二三名,其中属于干旱-干涸带的有宁夏、甘肃的荒漠和沙漠,青海的柴达木盆地,新疆的塔里木盆地,准噶尔盆地以及内蒙古的河套平原和鄂尔多斯高原,这些地区年降水量少于200 mm,年径流深在10 mm以下,属于没有灌溉就没有农业的地区:属于半干旱-少水带的有宁夏、甘肃的大部分地区,青海和新疆的部分山地,这些地区年降水量为200~400 mm,年径流深为10~50 mm。区内"十年九旱",农业生产很不稳定,有些地区生活用水也十分困难。

1.2.1.4 水文特征具有明显的内陆性

我国西北地区除新疆北部的额尔齐斯河属于北冰洋水系外,其余均属于内陆流域。大多数河流发源于周围山地,向盆地内部汇集,构成向心状水系。该区河川径流的补给也具有明显内陆型特征,它们在水盐平衡、水沙平衡、水热平衡等方面都有特殊性。西北干旱地区大部分河流以冰雪融水补给为主,冰雪融水占年径流量百分比大于47%的河流占到53%以上。

河川径流的补给以高山冰雪融水为主,径流特征主要表现为:

(1)年径流的 C_v 值较小,一般河流的 C_v 值都在0.3以下;

(2)河川径流量与气温有密切的关系。一般汛期发生在暖季,水量集中,枯水期出现在冬季,水量少,径流年内分配不均,大多数地区春季缺水。

另外,该区河川径流另一重要的补给来源为地下径流,地下水补给占年径流量的百分比可超过40%。同时,西北地区无论是地表水还是地下水,其矿化度、含盐量均很高,湖泊多为咸水湖或盐湖,造成灌区土壤盐碱化。

1.2.1.5 地表水与地下水在盆地内相互重复转化

在天然状态下,自山区流入盆地的地表径流,其80%~90%在流经山前戈壁带时渗入地下,转化为地下水;在戈壁带前缘60%~80%的地下水溢出地表,形成泉集河,流入绿洲,成为绿洲的主要灌溉水源,另一部分形成地下径流流入低平原,并通过潜水蒸发排泄。在绿洲的灌溉用水中,一部分回渗地下,形成回归水,可重复利用。

1.2.2 干旱地区水资源开发利用特征

干旱、半干旱地区水资源开发利用主要划分为三个阶段,即地表水开发利用阶段、地表水与地下水联合开发阶段、可用水资源经济利用阶段。

地表水开发利用阶段主要开发利用地表水用于农业灌溉,经历了2 000多年的历史,但是开发利用总体水平相对较低,水资源利用率较低;地表水与地下水联合开发阶段中,区域经济较为发达的内陆河流域，由于供水紧张，往往在充分利用地表水的同时大力开发地下水，在改变流域用水格局的同时，增加了水资源可利用量，但存在地下水开发利用过度，造成地下水位下降、水质恶化、下游地区荒漠化等问题；在可用水资源经济利用阶段，经济、高效利用可用的水资源，可以缓解水资源供需矛盾及水资源危机。

在水资源开发利用过程中，主要存在以下问题。

1.2.2.1 水资源利用不合理，生态环境破坏严重

我国西北地区部分地方的水资源开发程度已经超过当地水资源的承载能力，如天山北坡中段和东疆地区，甘肃河西走廊的石羊河、黑河流域等，这些地区的地表水、地下水大多经过三次转化和利用，下游来水量锐减，水质严重劣变，河流萎缩，湖泊干涸，地下水位下降，生态环境恶化。据统计，目前西北地区的荒漠化土地以每年0.2万~0.3万km^2的速度在增加，荒漠化面积已累计扩大了15万km^2，次生盐碱化面积已达到200 km^2，占全国盐碱化土地面积的1/3以上：另外，表现在多数内陆河流域的地表水开发利用程度很高，地下水未充分利用。长期以来，西北干旱和半干旱地区水资源的开发利用缺乏上下游的统一规划，片面提高地表水的利用率，在上游修建地表水水库，大量引水，不仅导致山前地表水锐减，而且山前区域地下水水位下降幅度较大。在流域中游，灌溉区由于过度引水，加上排水设施差，形成大片盐碱地或沼泽地，迫使采用大水漫灌进行洗盐，造成了水资源浪费的同时，更加剧了盐碱化程度，造成大片农田弃耕。

1.2.2.2 河水断流，泉水资源衰竭

从20世纪40年代开始，干旱区农耕规模飞速发展，地表水和地下水大都得到了利用，开发利用程度较高，河西走廊、准噶尔盆地和塔里木盆地等以及主要的平原区，水资源利用率都超过65%以上，远远超出世界干旱区平均水资源利用率为30%的水平。水资源利用程度的提高直接引起干旱区水文状况的剧烈变化。平原区石羊河、孔雀河、喀什噶尔河等较大的内陆河水系下游河道均干涸废弃，河道缩短。由于山区河流被拦截，导致地下水补给逐年减少，泉水资源严重衰竭。

1.2.2.3 地下水超采，地下水位持续下降

由于地表水文条件的变化以及人为大量开采活动，在下游地区及中游绿洲外围地带地下水位持续下降。石羊河流域由于泉水涸竭，不得不发展井灌以替代泉灌，但地下水补给来源断绝，因此目前开采的地下水，实际上大部分是不宜动用的储存量。据估计，年开采量达4亿m^3左右，约超采3亿m^3以上。下游盆地地下水位下降4~17 m，形成总面积达1 000 km^2的大型区域水位下降漏斗；黑河流域下游地区水位下降1.2~5.0 m，乌鲁木齐河流域河谷地带、北部山前倾斜平原和细土平原区，地下水位平均每年下降0.44~1.2 m；承压水埋深自1966年以来下降了70~110 m。

1.2.2.4 水质恶化

整个干旱区普遍存在水质恶化现象，表现在中下游天然水体（地表水、地下水）不断咸化和人为污染两方面。水资源利用程度的提高，加速了地表水与地下水之间的转化过程；水资源重复利用率的提高，使地下水经历了较为强烈的水岩相互作用，尤其是在土壤层中的盐分溶滤作用及水在渠系、河道和土壤层中的蒸发作用，使地下水中的盐分不断积累、浓缩，矿化度上升，发生咸化。

1.3 水资源评价

1.3.1 水资源评价的概念

1992年,联合国教科文组织和世界气象组织联合出版了《国际水文学词汇》,将水资源评价定义为:为了利用和控制而进行的水资源的来源、范围、可靠性以及质量的确定。在我国,水资源评价是指按流域或地区对水资源的数量、质量、时空分布特征和开发利用条件、水供需状况等做出全面的分析评估,是水资源规划、开发、利用、保护和管理的基础工作,为国民经济和社会发展提供决策依据。

一般的水资源评价是对于评价范围内的水资源的数量分布、年际年内变化、质量等方面的确定,并评估水资源利用和控制的可能性,包括基础评价、利用评价、灾害评价及水环境评价,是水资源可持续开发利用的前提,是科学规划水资源的基础,也是保护和管理水资源的重要依据,是进行所有与水有关活动的基础工作;从水文角度讲,水资源评价是对某一地区水资源的数量、质量、时空分布特征和开发利用条件进行定量计算,并分析供需平衡及预测其变化趋势;从水利科技角度讲,水资源评价是指在确定水资源的来源、数量、变化范围、保证程度及水质的基础上,评价其可利用及控制的可能性。

1.3.2 水资源评价的发展

1.3.2.1 国外水资源评价的发展

美国在1840年对俄亥俄河和密西西比河进行了河川径流量的统计,在19世纪末、20世纪初编写了《纽约州水资源》《科罗拉多州水资源》《联邦东部地下水》等专著,是水资源评价的最初成果。1965年开始进行全美国的水资源评价工作,并于1968年完成了评价报告,即《国家水资源》。该报告对美国水资源的现状和展望进行了研究分析,比较了水资源的供需状况,并且评价了水资源的专门问题,讨论了缺水地区的情况及问题,划分了主要的水资源分区,进行了约50年的需水预测。1978年美国开展了第二次水资源评价活动,经历了全国性分析、特定分析及全国性问题的分析,完成了《1975~2000年国家水资源评价》的最终报告,重点分析了可供水量和用水要求,并对局部地区地表水供水不足、地下水超采、水质污染、饮用水质量、洪水及泥沙灾害、海湾河口沿岸水质变差等问题提出了可能的解决途径。同时,针对水资源系统的动态性变化和条件及制约因素的不断发展变化,指出每5~10年进行一次全国水资源评价是很有必要的。

苏联把国家水资源登记和《国家水册》作为国家的水资源评价。自1930年开始编制了《国家水资源编目》和《国家水册》,1960年开始了《国家水册》的第二次修订,包含《水文知识卷》《主要水文特征值卷》和《苏联地表水资源卷》。同时,建立了国家自动化信息系统,内嵌地表水、地下水和水资源开发三个子系统,大大提高了水资源评价为生产建设服务的效率。

联合国教科文组织等国际组织也加强了水资源评价的国际协调与交流工作。1977年,联合国在马德普拉塔举行了第一届世界水会议,提出了《马德普拉塔行动计划》,第一项决议中明确指出，没有对水资源的综合评价，就谈不上对水资源的合理规划与管理，号召各国要开展一次专门的、国家水平的水资源评价活动，要求各国建立水资源评价机构，并开展国际合作。1988 年，联合国教科文组织和世界气象组织共同提出的文件中指出：水资源评价是指对水资源的源头、数量范围及其可依赖程度、水的质量等方面的确定，并在其基础上评估水资源利用和控制的可能性。1990 年发表的《新德里宣言》、1992 年发表的《都柏林宣言》及联合国环境与发展大会的《里约热内卢宣言》和《21 世纪议程》以及 1997 年第一届世界水论坛等都强调了水资源评价的紧迫性与必要性，水资源评价工作从此进入了全球性的阶段。

20 世纪 60 年代以来，随着大量水资源工程的出现及人口的快速增长，水资源问题日益突出，水资源约束日益趋紧，各国加强对水资源开发利用的管理和保护被迅速提上日程。

1.3.2.2 我国水资源评价的发展

我国自 20 世纪 50 年代进行各大河流域的规划时，对有关大河的全流域河川径流量进行了系统的统计。中国科学院地理研究所曾在 20 世纪 50 年代提出了我国东部入海大江大河的年径流量统计成果。1963 年，水利水电科学研究院通过系统整编全国的水文资料，编制并出版了《全国水文图集》，对全国的降水、河川径流、蒸散发、水质、侵蚀泥沙等要素的天然情况统计特征进行了分析计算，编制了各类等值线图、分区图表等，是我国第一次全国性水资源评价的雏形，带动了各省（区、直辖市）、各地区水文图集的编制工作，很大程度地推动了水资源评价工作的发展。1980 年前后，全国开展了水资源调查评价以及水资源开发利用的调查分析与评价工作，基本查明了全国各地区地表水资源的数量及其时空分布特性，研究了降水、蒸发及径流三要素的平衡关系，为全国各个地区水资源评价、水利规划及区划提供了重要的科学依据。1985 年国务院批准建立了全国水资源协调小组，于 1987 年提出了《中国水资源概况和展望》成果，包括了水资源量及其特点、水质、泥沙、水能、水资源利用概况及存在的问题和水土保持、水能利用、水源污染等若干方面，并提出了有关水资源开发和管理的政策性建议。随着水文循环过程的发展变化及气候变化，人类活动对水资源活动产生了较大的影响，区域水资源平衡发生了较大变化，加之第一次水资源评价资料系列短、侧重为农业及水利服务，因此我国于 2002 年开展了第二次水资源评价工作，全面评价了我国水资源的数量、分布情况与特征，并且制订了水资源综合规划，作为今后一段时期内水资源开发利用与管理活动的重要依据。

1.3.2.3 变化环境下的水资源评价

随着人类活动对水资源影响的日渐深入，土地利用变化、工业与城市发展、大规模水利工程建设等已将水循环从原来的“自然”驱动占主导逐渐转变为“自然—人工”（或“自然—社会”）二元驱动。气候变化、人类活动、水文循环三者之间互相影响。一方面，气候变化与人类活动对水文系统产生了较大的影响，自然界的水循环发生了较大的变化，水资源系统的结构、水资源的数量、质量、时空分布都发生了一定的变化，水安全形势日益严峻，由此引发了水资源供需与管理随之变化，如很多地区河川径流量呈减小趋势，我国西北地区表现得尤为明显；另一方面，水资源系统的变化又会反过来影响人类活动，并对局部地区的气候产生一定影响，从而在一定程度上加剧全球气候变化。因此，传统的利用长系列河川径流资料进行的静态水资源统计评价已不能满足相关的科研及生产需求，变化环境下（主要指人类活动及气候变化条件）的动态水资源评价成为了水资源评价中的关注焦点及研究的热点问题。

国际上许多组织对气候变化下的水资源开展了大量的研究与讨论。世界气象组织（WMO）和联合国环境规划署（UNEP）于1988年建立了政府间气候变化专门委员会，它的作用是在全面、客观、公开和透明的基础上，对世界上有关全球气候变化现有科学、技术和社会经济信息进行评估；在1995年的第二次评估报告中，汇总了全球范围内气候变化对水文和水资源管理的影响，指出降水总量、频率、强度的变化会直接影响径流量的大小、时程分配和洪涝与干旱的强度，尤其是在干旱、半干旱地区，温度和降水的较小变化有可能导致径流的大幅度变化；在2001年的第三次评估报告中，综合了气候变化对自然和人类系统的影响及其脆弱性，同时指出：气候变化对河川径流的影响主要取决于未来的气候情景，特别是降水的预测结果。在流域范围内，气候变化的影响随着流域的自然特性和植被的不同而不同。国际水文计划（International Hydrological Programme，简称IHP）是联合国教科文组织在水科学领域里一项重要的合作计划（包含其前身“国际水文十年”），从1965年开始执行。进入21世纪后，它开展了第六阶段的研究。2004年大会确定了国际水文计划第七阶段（2008～2013年）的研究方向为水的相互依赖与作用：来自各方面压力的系统和社会响应，全球变化、流域循环、生态水文及环境、食品及健康等相关的水资源研究再次成为未来水科学研究的热点问题，变化环境下水循环的演变规律及其对社会经济的影响等研究具有了十分重要的理论及现实指导意义。

我国学者也开展了大量的相关研究。2011年，由国际水资源协会、全球水系统计划、国际水文科学协会发起和组织的气候变化对干旱及半干旱地区水资源影响的国际学术研讨会召开，主要议题包括气候变化对干旱及半干旱地区水资源的影响、水资源评价、水资源工程规划和气候变化条件对区域水环境生态的影响。王渺琳等（2004年）以东江流域为例，构建了SCS月径流模型，认为径流对降雨的敏感性远大于对气温的敏感性；谢平、朱勇等于2007年针对非一致性年径流序列，提出基于降雨径流关系的水资源评价方法，推求过去、现在和未来各个时期变化环境下的地表水资源量并应用于无定河流域，得出未来多年平均地表径流量减小的结论；黄会平等（2009年）以张掖市甘州区为例，利用Arcinfo平台和遥感数据，对土地利用（覆被变化）及其对水资源的影响进行了分析研究，结果表明，土地利用（覆被变化）改变着工农业用水、地表蒸发、土壤水分状况及地表覆被截留量，对区域水资源产生重大影响；谢平（2009年）研制了考虑土地利用/覆被变化的流域水文模型，主要包含基于河链概念的单元划分方法、中国科学院土地资源分类系统、蓄满－超渗兼容产流模型等，可用于土地利用变化条件下的流域径流模拟，并将此模型应用于无定河流域，主要在流域水文条件的变异及土地利用信息的反演和预测基础上，对流域地表水资源评价；欧春平等（2009年）以海河流域为例，利用SWAT模型定量解析土地利用（覆被变化）对蒸发、径流等水循环要素的影响，结论表明人类活动对于海河流域的影响总体上是流域蒸发量在增加，而地表与地下径流和土壤水量在减少；刘淑燕等（2010年）以黄土丘陵沟壑区的2条支沟为研究对象，利用水文站观测资料，研究了小流域土地利用变化对径流输沙的影响，认为增加土地利用（土地覆被）能有效减少小流域的径流量,坡耕地改梯田的建设可能是导致水沙情势演变的主要原因;董雯(2011 年)针对艾比湖生态环境恶化的问题,选择新疆精河流域为研究区,分析了流域气温、年降水量、年径流量的变化趋势,探讨了流域 50 多年来气候与径流量的变化特性,为后期水文模拟提供了参考依据;丁文荣等(2011 年)依据实测资料,分析了 1950 年来龙川江流域气温、降水、水面蒸发与径流等水文要素的变化情况,研究结果表明,流域气温和降水量呈明显升高和增加的态势,年径流量则呈现出微弱的减少趋势;翟晓燕(2015 年)以淮河和新安江流域为例,运用流域污染物迁移转化机制、水动力学、系统水文学等知识,检测了流域水文环境要素的变化,识别了与流域水质变化紧密联系的人类活动影响因子,并构建了流域环境水文数值模型,评价了气候变化和人类活动对流域水文水环境过程的影响。

1.3.3　水资源评价的意义

水资源评价是保证水资源的可持续开发和管理的前提,是进行与水有关活动的基础。

水资源评价一般是针对某一特定区域,在水资源调查的基础上,研究特定区域内的降水、蒸发、径流诸要素的变化规律和转化关系,阐明地表水和地下水资源数量、质量及其时空分布特点,开展需水量调查和可供水量的计算,进行水资源供需分析,寻求水资源可持续利用的最优方案,为区域经济、社会发展和国民经济部门提供服务。

1.3.3.1　水资源评价是水资源合理开发利用的前提

随着人类社会的发展和人民生活水平的提高,用水需求量不断加大,同时水体污染范围及程度加大,水资源供需矛盾日益突出。一个国家或地区,若科学合理地进行水资源开发利用,首先必须对国家或区域水资源状况有全面系统的了解,包括水源的数量及质量、水资源可开采量、水环境和水资源开发利用现状等。因此,科学地评价区域水资源状况,是水资源合理开发利用的前提。

1.3.3.2　水资源评价是水资源规划的依据

水资源规划即在掌握水资源的时空分布特征、地区条件、国民经济对水资源需求的基础上,协调各种矛盾,对水资源进行统筹安排,制订出最佳开发利用方案及相应的工程措施规划。

在水资源数量及质量评价分析的基础上,水资源评价工作还包括区域水资源开发利用现状的分析与评价。系统了解现状条件下区域或流域的用水结构及状况、水资源供需情况、水资源开发利用存在的问题及变化趋势等,对水资源规划均具有重要的指导作用。

1.3.3.3　水资源评价是水资源保护和管理的基础

水资源虽然是可更新的自然资源,但并不是取之不尽、用之不竭的,因此科学有效地保护和管理水资源,才能保证可持续地满足社会经济发展和改善环境对水的需求。

水资源配置、调度、保护等主要的水资源管理手段,均需以水资源评价相关成果为基础。

第 2 章　降水与蒸发

降水与蒸发是水文循环中关键的环节和因素,直接影响着水文循环、水生态环境、水沙平衡和水资源量,是形成区域水资源中极为重要的因子。

2.1　大气水分循环与平衡

以水汽、水滴和冰晶形式存在于大气中的水称为大气水。全球大气中的水汽总量为 12.9 万 km^3,如果将它散布在整个地球表面,则相当于深 25 mm 的水量。大气水是降水的来源,亦即水资源的初始来源,它通过降水形式补给地表水、土壤水和地下水。

在平均情况下,全球每天约有 12% 的大气水降落在陆地或海洋表面。全球所有大气水分被置换的平均时间约为 8.1 天。

大气水的研究内容主要包括大气水分物理化学性质、分布特征、大气水分的循环和平衡以及大气水分输送量的计算等。本节仅就后两者做一些介绍和讨论。

2.1.1　大气环流与水汽输送

影响大气水汽含量与水汽输送的因素很多,如地理位置、海陆边界、下垫面因素等均会对大气水汽输送产生影响。大气环流是影响全球流场和风场的最主要影响因素,全球水汽的分布变化以及水汽输送的路径和强度则由流场和风场决定,进而决定了全球范围内水汽输送变化的基本格局。

海洋的蒸发、陆地的蒸发蒸腾是大气中水汽的主要来源,在大气环流的作用下在不同纬度间、海陆间进行输送和分配,对区域降水、气温等气候要素以及生态环境的形成起着重要的作用。水汽是大气降水的物质基础,水汽输送通过潜热释放对大气的能量和水分平衡起着非常重要的作用。大气水汽输送也是西北干旱、半干旱地区的降水的主要来源。

水汽是形成降水的必要条件,根据质量输送方程,在 t_1 至 t_2 的时间段内通过某一单位宽度垂直剖面输送的水汽量 Q 为:

$$Q = \frac{1}{g}\int_{P_z}^{P_s}\int_{t_1}^{t_2} q\bar{v}\,\mathrm{d}t\,\mathrm{d}P \tag{2-1}$$

式中　P_s——地面气压,hPa;

P_z——计算剖面上界气压,hPa;

q——比湿,g/kg;

$\bar{v}$——风速矢量,m/s;

g——重力加速度,m/s^2。

计算时先将流域(或区域)概化为平行于经度和纬度的多边形,将实测风速矢量分解为垂直计算边界的纬向分量 u 和平行计算边界的经向分量 v,则可利用式(2-1)求出通过边界的纬向水汽输送量 Q_u 和经向水汽输送量 Q_v：

$$Q_u = \frac{1}{g}\int_{l_u}\int_{P_z}^{P_s}\int_{t_1}^{t_2} q\bar{u}\,\mathrm{d}t\mathrm{d}P\mathrm{d}l_u \tag{2-2}$$

$$Q_v = \frac{1}{g}\int_{l_v}\int_{P_z}^{P_s}\int_{t_1}^{t_2} q\bar{v}\,\mathrm{d}t\mathrm{d}P\mathrm{d}l_v \tag{2-3}$$

式中 l_u、l_v——纬向和经向边界长度。

为便于计算，规定输入计算区域边界为正，输出计算区域边界为负。

大气水汽输送主要有两种数据源，一种是高空气象实测数据，精度较高，但其观测站点及数据量有限；另一种是采用大气再分析数据，该数据在国内外气候变化及水汽输送研究中得到广泛应用。所谓大气再分析数据，是科学家在利用数据同化技术恢复长期历史气候记录时把全球各种气象观测资料与数值天气预报产品进行融合所得到的产物。大气再分析数据资料的问世为我们加深认识大气环流的运动规律、深入地理解气候变化的成因和机制及更加可信地评估水循环和能量平衡提供了重要的信息来源，为现代气候变化研究提供了最重要的、甚至不可替代的“数据工具”，为大气科学及其相关领域的研究提供了重要的支撑，极大地推动了现代大气科学发展。再分析数据资料已在气候监测和季节预报、气候变率和变化、全球和区域水循环、能量平衡以及大气模式评估等诸多研究领域中得到了广泛应用。目前，常用的再分析数据主要有：NCEP/NCAR 和 NCEP/DOE 全球大气再分析资料、ERA－40 全球大气再分析资料和 JRA－25 等。

2.1.2 大气水分输送量的计算

大气水分循环的主要要素是大气水汽含量、大气降水和蒸发，由这些要素和大气水汽流间的关系就可计算出研究区域上空的水分循环过程，并确定它们同基本大气水汽源——海洋的关系。

任何地区的大气水汽平衡方程式均可以表示为如下形式：

$$a - C = P - E \pm \Delta W \tag{2-4}$$

式中 C——研究区域水汽输出量；

ΔW——大气中水汽含量（可降水量的变量）的变量；

a——水汽输入量；

P——研究区域降水量；

E——研究区域蒸发量。

如果式(2-4)中各项都取多年平均值，则变为：

$$\bar{a} - \bar{C} = \bar{P} - \bar{E} \pm \Delta\bar{W} \tag{2-5}$$

对于多年平均值而言，$\Delta\bar{W} \to 0$，则式(2-5)可以近似写成：

$$\bar{a} - \bar{C} = \bar{P} - \bar{E} \tag{2-6}$$

由于

$$\bar{Q} = \bar{P} - \bar{E} \tag{2-7}$$

所以

$$\overline{a} - \overline{C} = \overline{Q} \tag{2-8}$$

式中　$\overline{Q}$——流出区域的多年平均径流量，m^3/s。

式(2-4)和式(2-8)表达了地表与大气之间的水平衡关系。输入研究区域的大气水汽从以下三方面输出该区域：

(1)由大气平流方式直接输出研究区域。

(2)通过降水和地表凝结，使部分水汽转化为地表水，其中一部分通过河网流出研究区域。

(3)降落在地表的雨水(雪)通过蒸发转化为大气水汽；在一定的天气条件下，又有一部分降落在地面，形成河川径流，流出区域外，剩下的部分随着大气环流以大气水的形态输出研究区域外，经过无数次的往返循环，最终使从输入区内的大气水逐步以蒸发、河川径流、水汽输送等方式排出区外。

由此可见，陆地区域水循环和水量平衡与大气水分循环和平衡之间具有相互依存的联系。

2.1.3　宁夏[1]大气水分的循环与平衡

降水是一个地方水分收支的主要来源，受青藏高原阻挡，西南暖湿气流很难到达我国西北地区。另外，受西太平洋副热带高压强度和位置的影响，来自东南到达西北地区的暖湿气流存在年代和季节的变化，从而影响西北地区降水的变化。

宁夏位于西北地区东部、黄河中上游地区，是沙漠与黄土高原的交接地带，跨东部季风区域和西北干旱区域，是海洋暖湿气流进入西北内陆的门户，是维系西北内陆地区空中水汽输送的关键区。研究表明，旱涝等降水异常与水汽输送异常存在着直接的联系，厄尔尼诺现象显著影响着宁夏降水量的变化。影响宁夏春季降水的水汽有两支，一支是来自于孟加拉湾洋面上向东北方向输送的水汽，一支是从里海沿我国新疆地区向东输送的水汽。典型涝年这两支水汽带汇合区域明显向北抬，且汇合区域大，中心值大；典型旱年这两支水汽带汇合区偏西、偏小，中心值也较平均年值减小。同时，宁夏透雨出现的早晚对海温有很好的响应，同时偏早年、偏晚年环流特征存在明显差异：偏早年前期海温以暖水位相为主，且3～4月宁夏处在500 hPa高度场正负距平交汇处，冷空气可以源源不断地进入，孟加拉湾洋面上水汽向北输送，给宁夏带来充足的水汽条件；偏晚年前期海温以冷水位相为主，受脊前西北气流控制，不利于宁夏冷空气出现，从贝加尔湖伴随冷空气带来的向南输送的水汽影响宁夏，由于量小，不能带来明显的降水。宁夏地区的水汽来自3个方向：西向、西南向和东南向，其中西南向的值较大，是宁夏的主要水汽通道。

根据宁夏年降水量的空间差异及生态水文分区，将宁夏划分为三个区域：

(1)银川平原，年降水量在170～200 mm，主要包括宁夏主要的引黄灌区(即青铜峡灌区和卫宁灌区)。

(2)中部干旱带，年平均降水量在317 mm左右，包括吴忠市、中卫市的山区及固原北部。

---

[1] 本书中所指“宁夏”均为宁夏回族自治区。

(3)南部山区年均降水量在 400 mm 以上,主要包括固原市。

结果表明,在月尺度上,宁夏水汽输送变化较为明显。1～3 月各个区域的水汽通量较少,变化幅度缓慢,表明春季各个区域处在干旱状态,然而从 4 月开始各个区域的水汽通量呈现一个明显上升的趋势,表明进入夏季之后,由于风向的改变,水汽通量逐渐增加。8 月宁夏水汽通量达到最大值,之后逐渐减少,表明秋季为雨水多发季节,宁夏处于一个相对湿润的状态。10 月以后,水汽通量逐渐减少,宁夏又逐渐恢复到干旱状态。

在年际尺度上,纬向水汽通量表现出较明显的区域差异。从 1976 年开始,3 个区域的纬向水汽通量总体均在波动中减少。其中,从 1976 年开始,银川平原纬向水汽通量开始逐渐增加,随着年代的推移,纬向水汽通量在缓慢增加中微小变动;中部干旱带纬向水汽通量从 1993 年开始呈逐渐增加的趋势;而南部山区的纬向水汽输送较为稳定,无明显的增加或减少趋势。同时,银川平原经向水汽通量在 1979 年达到峰值之后,开始在波动中逐渐减少,1980～2000 年间一直维持较低值,2000 年以后逐渐缓慢增加;中部干旱带的经向水汽通量在 1979 年有一个最大值,之后逐渐减少;南部地区经向水汽通量的年际变化幅度与其他两个区域比较变化较小。

宁夏各季的水汽汇空间分布特点各不相同。春季宁夏的水汽汇西南方向有明显的增大趋势,水汽由东西方向流出宁夏,表明春季宁夏水汽支出大于水汽收入。夏季宁夏的水汽汇东南方向呈现增大趋势,而西北方向呈现减少的变化趋势,水汽借南风由东南和西南方向进入宁夏,表明夏季宁夏各区域水汽收入大于水汽支出。秋季宁夏的水汽汇南部增大,而处于东北、西北侧的干旱地区则明显降低,水汽自南部向北部流经宁夏,表明宁夏秋季水汽支出大于水汽收入,与夏季相似。冬季宁夏的水汽汇在西部减小,而东部呈现微小增大趋势,水汽由东部向西部流经宁夏,表明宁夏冬季水汽支出大于水汽收入,与春季相似。

宁夏三个区域的降水量与水汽通量存在一定的相关关系,南部山区经向、纬向水汽通量对各个区域的降水量有不同的影响(见表 2-1)。三个区域的降水量与南部山区的纬向水汽通量成正相关关系,与南部山区的经向水汽通量成负相关关系。受地理地形及气象因素的影响,宁夏各区域降水分布不均匀,南部山区年降水量达 500～700 mm,中部干旱带和银川平原一般在 200～450 mm;夏季降水量明显高于春、秋两季的降水,冬季降水稀少。因此,夏季是宁夏降水多发季节,且水汽输送集中于中低层。

表 2-1　宁夏不同区域降水量与水汽通量的相关系数

		银川平原		中部干旱带		南部山区	
		Q_u 全层	Q_u 底层	Q_u 全层	Q_u 底层	Q_u 全层	Q_u 底层
降水量	银川平原	-0.100	0.261*	0.375*	0.567**	0.556**	0.631**
	中部干旱带	-0.071	0.325*	0.448**	0.662**	0.647**	0.739**
	南部山区	-0.101	0.285*	0.419**	0.640**	0.652**	0.763**
		银川平原		中部干旱带		南部山区	
		Q_u 全层	Q_u 底层	Q_u 全层	Q_u 底层	Q_u 全层	Q_u 底层
降水量	银川平原	-0.484**	-0.562**	-0.573**	-0.622**	-0.650**	-0.681**
	中部干旱带	-0.515**	-0.634**	-0.625**	-0.694**	-0.713**	-0.751**
	南部山区	-0.515**	-0.642**	-0.615**	-0.694**	-0.711**	-0.749**

注: * 表示显著($P<0.05$),* * 表示极显著($P<0.01$);Q_u 指纬向水汽通量,Q_v 指经向水汽通量;全层指地面 -300 hPa,底层指地面 -850 hPa。(本表为相关系数表,无量纲)

由此可知,宁夏全年降水量与南部山区的大气水汽输送通量呈显著相关,说明在年际尺度上来自南北山区的大气水汽输送是全区降水的主要来源,并由南向北相关系数逐渐减小,南部水汽输送对降水的贡献也相对减弱。宁夏年降水量主要在汛期,即6、7、8、9四个月,其降水量占全年降水量的70%以上。此时,来自西南孟加拉湾的水汽及来自东南的南海水汽输送、西太平洋水汽输送占主导地位,对降水的贡献最大,并且越向北,水汽输送的影响越弱,这与已有的研究结论相一致。此外,在季节尺度上,夏季降水与南部山区显著相关,冬季降水主要与银川平原和中部干旱带的西风水汽输送显著相关,此时降水的主要水汽来源是西风水汽输送。

2.2 降 水

2.2.1 降水的成因及分类

从云雾中降落到地面的液态水或者固态水,如雨、雪、雹、霰等称为降水,此外,由于大气中的水汽在地面或者地物上直接凝结,也会形成液态或固态水,如霜、露等。由于此类固态及液态水数量极少,因此通常意义上的降水主要是指雨、雪等。

2.2.1.1 降水的成因

降水形成的宏观条件:一是大气中要有充沛的水汽,二是要有较强的气流上升运动;降水形成的微观条件就是云滴增长为雨滴的过程,其条件一是云滴凝结(或凝华)增长,二是云滴相互碰撞并增长。两种过程彼此虽是独立的,但在云滴增长为雨滴的过程中,两者同时起作用,并贯穿始终。在云滴增长的初始阶段,凝结(或凝华)增长过程起主导作用,当云滴增大到一定程度后(一般直径为50~70 μm),则以云滴相互碰并增长过程为主。

全球性降水主要受大气环流的影响,气压带、风带、季风等决定着全球大气降水的基本格局。高压带控制区降水偏少,低压带控制区降水较多;西风带控制的地区降水较多,信风带和东风带控制的地区降水偏少;同时季风也会对降水产生较大的影响。依据降水量的多少,将全球分为四个降水带:赤道多雨带、副热带少雨带、温带多雨带和极地少雨带。

局部地区的降水多少除了受空气运动,还要受海陆位置、地形、洋流、下垫面等因素影响。如喜玛拉雅山南侧迎风坡年降水量可达到20 000 mm,北侧背风坡年降水量不到500 mm,相差很大。另外,人类的活动、下垫面的不同等因素也会影响降水量。如修建水库、增加局部水汽含量,可以使水库地区年降水量增加,而大量的砍伐森林会使该地区降水减少,变得干旱。

2.2.1.2 降水的分类

根据降水上升气流的特性、降水的形式、降水量及降水强度的大小,降水分类如下。

(1)根据降水上升气流的特性,降水可分为对流性降水、地形性降水和系统性降水。

对流性降水:由于地表局部受热,气温向上递减速率过大,使得大气层不稳定,因而水汽发生垂直上升运动,形成动力冷却而产生降水,称为对流性降水,主要盛行于低纬度地区，尤其是赤道地区。其特点为雨区范围小、强度及其变化大、历时短，常伴有雷电、短暂强风，又称为热雷雨、雷雨或雷阵雨。

地形性降水：湿润空气在运移过程中，受到山脉等地形的抬升作用，因动力冷却而形成降水，称为地形性降水。过山脉后，气流沿山坡下降而增温，故而迎风面降水多，背风面降水少，甚至出现干旱少雨的区域，称为雨影区。世界上最多雨的地方，常常发生在山地迎风坡，称为雨坡；印度的乞拉朋齐年降水量 11 400 mm，也是因为位于喜马拉雅山迎风坡的缘故，成为世界上年降雨量最大的地方；而处于背风坡的青藏高原，年降水量仅为 200 ~ 400 mm。

系统性降水：锋面、气旋、切变线等天气系统，在大气低层的辐合流场引起大范围的上升运动，产生连续性降水，称为系统性降水。一般降水范围大，持续时间长，但是降水强度变化不大。锋面雨、气旋雨均属于系统性降水。

(2)根据降水的形式，降水可分为垂直降水及水平降水。

垂直降水：空气中降落到地面上的水汽凝结物称为垂直降水，主要形式为雨、雪、冰雹、雨凇等。雨凇是雨滴冷却过程中碰到冰点附近的地面或地物上，立即冻结为坚硬冰层，通常是透明或毛玻璃状的紧密冰层。其特点是边降落边冻结，立即黏附在裸露物外表而不流失，随附着物负重加大，发展至一定程度会产生灾害。

水平降水：大气中水汽直接在地面或地物表面及低空的凝结物，主要形式为霜、露、雾凇等。霜是水汽在温度很低时的一种凝华现象；露是空气中水汽以液滴形式液化在地面覆盖物体上的液化现象；雾凇则是空气中的水汽直接凝华，或冷雾滴直接冻结在地物迎风面上形成的乳白色冰晶（俗称树挂），最易形成于冷却云雾环绕的山顶上。形成初期为有气孔的雾凇层，后来雾滴在雾凇层上不断积聚，最终形成白色不透明的外表和粒状结构，在迅速冻结过程中内聚力较差，易于从附着物上脱落。

目前我国国家气象局《地面气象观测规范》(GB/T 35232—2017)规定，降水量仅指的是垂直降水，水平降水不作为降水量处理。

(3)依据降雨量及降雨强度，降雨可分为小雨、中雨、大雨、暴雨、大暴雨、特大暴雨。降雨量等级划分见表 2-2。

表 2-2　降雨量等级划分

降雨等级	12 h 降雨强度(mm)	24 h 降雨强度(mm)
小雨	<5	<10
中雨	5 ~ 15	10 ~ 25
大雨	15 ~ 30	25 ~ 50
暴雨	30 ~ 70	50 ~ 100
大暴雨	70 ~ 100	100 ~ 200
特大暴雨	>100	>200

2.2.2　降水量的观测

降水量的观测可参照水利部发布的《降水量观测规范》(SL 21—2015)相关规定执行。

降水量可采用器测法、雷达探测或利用气象卫星图估算。器测法用来测量降水量，雷达探测和气象卫星图一般用来预报降水量。

2.2.2.1　器测法

依据《降水量观测规范》(SL 21—2015)，降水量以降落在地面上的水层深度表示，以 mm 为单位，一般观测精度为 0.1 mm，当多年平均降水量大于 800 mm 时，精度可为 1 mm。

主要的观测仪器为雨量器、虹吸式自记雨量计、翻斗式自记雨量计。

1. 雨量器

雨量器是直接观测降水量的器具，它由承雨器、漏斗、储水瓶和雨量杯等组成，如图 2-1 所示。承雨器口径为 200 mm，安装时器口一般距地面 700 mm，器口保持水平。雨量器分辨率为 0.1 mm，一般采用两段制进行观测，即每日 8 时及 20 时各观测一次。雨季增加观测频(段)次，如四段制或八段制，雨大时还需加测。观测时用空的储水瓶将雨量器内储水瓶换出，用雨量杯量出降水量。当降雪时，仅用外筒作为承雪器具，待雪融化后计算降水量。每日 8 时至次日 8 时降水量为当日降水量。

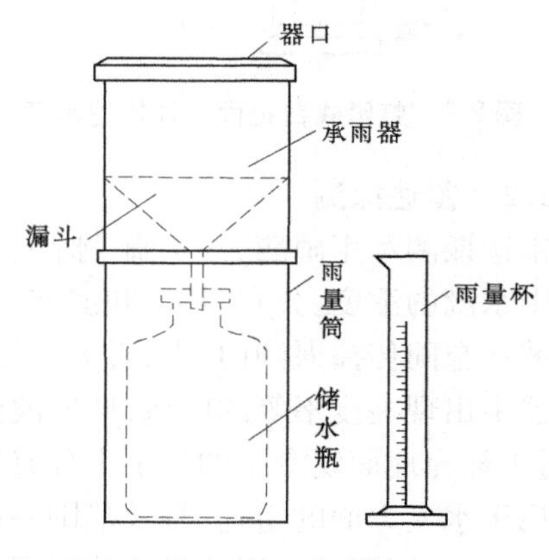

图 2-1　雨量器示意

2. 自记雨量计

同常规雨量器相比，自记雨量计能够自动连续地记录降雨过程，常见的有称重式自记雨量计、虹吸式自记雨量计、翻斗式自记雨量计。称重式自记雨量计能够测量各种类型的降水，其余两种雨量计基本上只限仪器观测降雨。按记录周期分，有日记、周记、月记和年记。其中称重式自记雨量计可以连续记录接雨杯上的以及储积在其内的降水的重量，可以记录雪、冰雹及雨的混合降水。虹吸式自记雨量计构造如图 2-2 所示，承雨器将承接的雨量导入浮子室，浮子随着注入雨水的增加而上升，并带动自记笔在附有时钟的转筒的记录纸上画出曲线。记录纸上记录下来的曲线是累积曲线，既表示雨量的大小，又表示降雨过程的变化情况，曲线的坡度表示降雨强度。翻斗式自记雨量计如图 2-3 所示。雨水经承雨器进入对称的翻斗的一侧，当接满 0.1 mm 雨量时，翻斗倾于一侧，另一侧翻斗则处于进水状态。每一次翻斗倾倒，都使开关接通电路，向记录器输送一个脉冲信号，记录器控制自记笔将雨量记录下来，如此往复，即可将降雨过程测量下来。自记笔记录 100 次后，将自动从上到下落到自记纸的零线位置，重新开始记录。翻斗式自记雨量计分辨率为 0.1 mm，适用降雨强度范围在 4.0 mm/min 以内。

称重式、虹吸式和翻斗式自记雨量计的记录系统可以将机械记录装置的运动变换成电信号，用导线或无线电将电信号传到控制中心的接收器，实现有线远传或无线遥测。

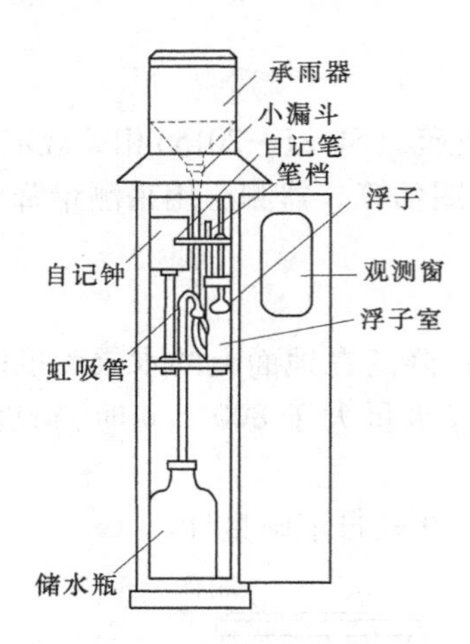

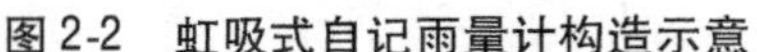

图2-2　虹吸式自记雨量计构造示意

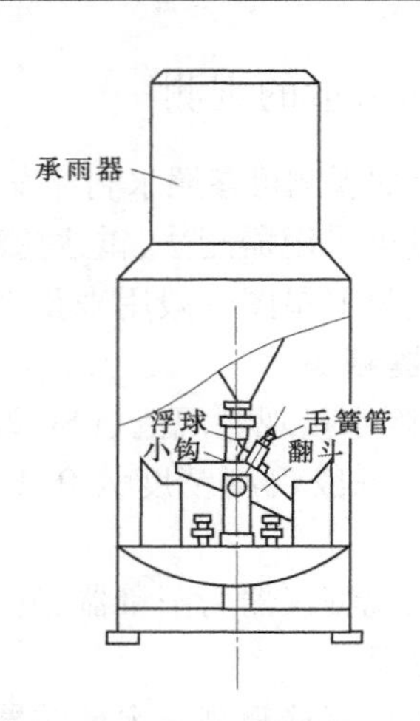

图2-3　翻斗式自记雨量计构造示意

2.2.2.2　雷达探测

雷达探测利用雨滴、云状滴、冰晶、雪花等对电磁波的散射作用来探测大气中的降水或云中水滴的浓度、分布、移动和演变,了解天气系统的结构和特征。当雷达天线发射的电磁波在空间传播遇到雨、雪、雹等目标物,就会有一部分被反射回来并被雷达天线接收,显示器中出现亮度不等的区域,即回波图像,可随时提供几百公里范围内的降水分布等情况,对于补充地面观测站的不足十分有效,精度较高。

用于水文方面的雷达,有效范围一般是40~200 km。雷达的回波可在雷达显示器上显示出来,不同形状的回波反映着不同性质的天气系统、云和降水等。根据雷达探测到的降水回波位置、移动方向、移动速度和变化趋势等资料,即可预报出探测范围内的降水、强度以及开始和终止时刻。

2.2.2.3　气象卫星云图

气象卫星按其运行轨道分为极轨卫星和地球静止卫星两类。目前地球静止卫星发回的高分辨数字云图资料有两种:一种是可见光云图,另一种是红外线云图。可见光云图的亮度反映云的反照率。反照率强的云,云图上的亮度较大,颜色较白;反照率弱的云,亮度弱,色调灰暗。红外线云图能反映云顶的温度和高度,云层的温度越高,高度越低,发出的红外辐射较强。在卫星云图上,一些天气系统也可以根据特征云型分辨出来。

用卫星资料估计降水的方法很多,目前投入水文业务应用的是地球静止卫星短时间间隔云图图像资料,再用某种模型估算。这种方法可引入人—机交互系统,自动进行数据采集、云图识别、降水量计算、雨区移动预测等项工作。

2.2.3　降水资料的整理

降水资源的整理包括降水资料的收集、审查与插补展延。

2.2.3.1　降水资料的收集

为获得可靠的分析成果,在分析计算降水量之前,应尽可能多地获取资料。除了在水资源评价区域(流域或地区)内收集雨量站、水文站及气象台(站)资料,还要收集区域外围的降水资料，既可以充分利用信息，弥补区域内的资料不足，还可以借此分析区域内资料的可靠性和合理性，更重要的是在绘制统计参数等值线图时不致被局部的现象所迷惑，使所绘出的统计参数等值线与相邻地区在拼图时避免出现大的矛盾。

当评价区域内雨量站密度较大，各站的观测年份、精度等都存在较大差异时，可以选择资料质量好、系列较长的雨量站作为分析的主要依据站。选择站点时，需考虑到它们在地区上的分布，选择的站点应尽可能控制降水在空间上的分布，可对照地形图上的地形变化根据降水量的地区分布规律和要求的计算精度确定。一般在多雨地区和降水量变化梯度大的地区，应尽可能多选一些站点；山丘地区地形对降水量的影响很明显而且复杂，也应选择较多有代表性的站点；平原地区降水量变化梯度一般较小，站点选择时应着重考虑其分布的均匀性。

对于雨量站不足进行的代表性分析，可根据当地降水特征及地形条件进行定性分析。对于站网过密的情况，可用相关系数法进行代表性分析，即用相关系数来论证不同站网密度对降水的代表性。

降水资料的主要来源是国家水文部门统一刊印的《水文年鉴》及各省(市、自治区)刊印的《地面气候观测资料》。此外，各省(市、自治区)及地区编印的水文图集、水文手册、水文特征值统计、水资源评价、水资源利用及其他有关文献都有较系统的降水资料或特征值。

2.2.3.2　降水资料的审查

降水资料的审查，包括可靠性、一致性审查和代表性的分析。

1. 可靠性审查

可靠性审查是指对原始资料的可靠程度进行鉴定。为提高审查效率，可着重对特大值、特小值等进行审查。

对降水资料的可靠性审查，一般可从以下几个方面进行。

1) 与邻近站资料比较

将本站的年降水量资料与同一年的其他站年降水量资料对照比较，看它是否符合一般规律。例如，特大值、特小值是否显得过分突出；与邻近站相比有偏大或偏小的情况，能不能查到其原因；是否在合理的范围内等。一旦发现某年的数值可疑，要深入仔细审查：汛期、非汛期逐月、逐日降水量分开检查，如能进一步确认某月、某日的降水量可疑，应再查原始记录。

但是，个别地区因夏秋暴雨常有局部性，相邻两站的降水量有可能相差较大。山区的降水量分布有时极为复杂，故发现问题后要分析测站位置、地形等影响，不要轻易下结论，以致随意抛弃资料。

用邻近站资料进行可靠性审查的具体做法有两种。一种是点绘逐年降水量等值线图及多年平均降水量等值线图，这样可从等值线图上直观地对与其周围点据相比明显偏大或偏小的数据进行审查，如《陕西省地表水资源》对降水资料可靠性的审查中，曾用此法发现了不少问题，进行了及时修正；另一种方法是相关分析法，即绘制审查站年或月降水系列同邻近站(单站或多站平均)的相应系列间的相关曲线图，对离差较大的点据进行审查与修正。

2）与其他水文气象要素比较

一般来说，降水与河川径流有较稳定的相关关系，降水量多，径流量就大；反之亦然。因此，对明显偏大或偏小的年降水量，可用年降水径流关系进行审查；对于时段降水资料，也可用时段降水径流关系进行分析。但是，由于暴雨在面上分布往往很不均匀，当水文站控制面积较大时，单站的暴雨径流关系往往不能确定暴雨资料的可靠与否。

一旦问题查清后，应设法校正，并采用校正后的数据；对于无法校正而又相差过远的资料，只得舍弃。在做出这一处理之前，必须从多方面论证该资料的不可靠性，并对校正或舍弃的情况详加说明，以备查考。

2. 一致性审查

资料一致性是指一个系列不同时期的资料成因是否相同。对于降水资料，其一致性主要表现在测站的气候条件及周围环境的稳定性上。一般来说，大范围的气候条件变化，在几十年的短期范围内，可认为是相对稳定的，但是由于人类活动往往造成测站周围环境的变化，会引起局部地区小气候的变化，从而导致降水量的变化，使资料一致性遭到破坏，此时就要对变化后的资料进行合理的修正，使其与原系列一致。另外，观测方法改变或测站迁移后往往会造成资料的不一致性，特别是测站迁移可能使环境影响发生改变，对于这种现象，要对资料进行必要的修正。常用的降水资料一致性分析方法有单累积曲线法和双累积曲线法。

1）单累积曲线法

设有年降水系列 $X_i(t=1,2,\cdots,n)$，则有：

$$X_{ct} = \sum_{i=1}^{t} X_i \tag{2-9}$$

式中　X_{ct}——第 t 时段的累积降水量。

绘制此过程线，若降水资料的一致性很好，过程线的总趋势呈单一直线关系；若降水资料的一致性遭受破坏，则会形成多条斜率不同的直线。

还可利用模比系数关系过程线图进行考察。

2）双累积曲线法

当分析站周围有较多雨量站，且认为这些雨量站降水资料的一致性较好时，可通过绘制单站（分析站）累积降水量与多站平均累积降水量关系曲线，对分析站降水资料的一致性进行审查，这种方法称为双累积曲线法。具体做法是分别计算分析期逐年的单站累积降水量和多站平均降水量累计值，然后以分析站累积降水量为纵坐标，以多站平均累积降水量为横坐标画出关系曲线。

如图 2-4 所示，通过建立某气象站模比系数过程线，证明资料的一致性较好。另外，可建立单站同多站的累积降水量双曲线图来进行资料一致性的考察，见图 2-5。

3. 代表性分析

资料代表性是指样本资料的统计特性能否很好地反映总体的统计特性，代表性越好的数据，误差越小。因此，资料代表性分析对衡量频率计算成果的精度具有重要意义。

降水资料的代表性分析，主要是通过对年降水系列的周期、稳定期和代表期分析来揭示系列对总体的代表程度。

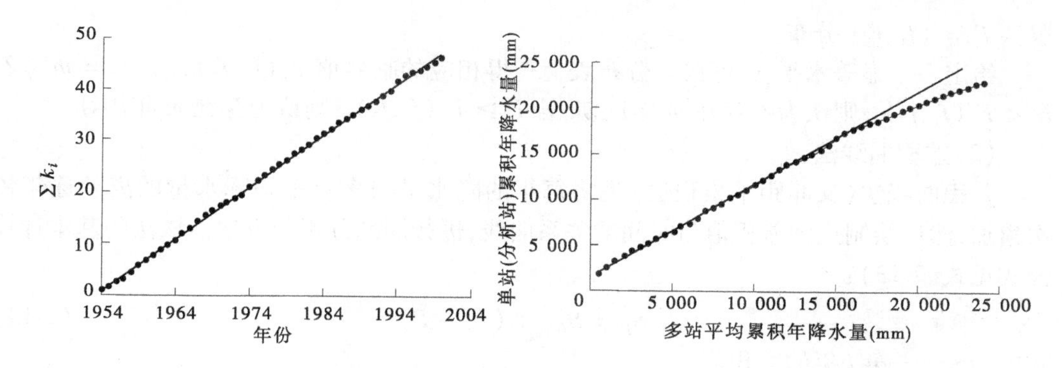

图 2-4　某气象站年降水量模比系数过程线

图 2-5　双累积曲线法示意

大量研究表明,降水量的年际变化具有明显的丰水年组和枯水年组交替出现的周期性趋势。我国主要江河的丰水年组的降水量与多年平均降水量之比一般为 1.1 ~ 2.0,枯水年组的一般为 0.4 ~ 0.9,当样本系列较短时,若其处于枯水期,则推算的平均降水量偏小,反之则偏大。

1) 周期分析

由于降水量的影响因子较多,同时受到随机因素的影响,降水系列的周期长度是不固定的,振幅也有变动。因此,降水量的周期只是概率意义上的周期,需要通过周期性分析来确定。

由于降水系列周期的不规则性,进行周期分析就需要较长的实测降水系列,以能保证在该系列中至少包含一个完整的周期。

常见的周期分析方法有方差分析法、差积曲线法和滑动平均值过程线法。

(1) 方差分析法。

假定某雨量站年降水系列 X(共 n 项)具有周期 m。由于直接从降水系列难以判断是否存在这一周期,故需先设试验周期的年数为 m',m'在 $2,3,\cdots,n/2$(n 为偶数)或$(n-1)/2$(n 为奇数)中逐一试验取定,然后将 n 个数据按 m'年时间间隔分组,得到 m'组数据,计算各组数据间的离差平方和 S_1 和组内离差平方和 S_2,见式(2-10)及式(2-11)。

$$S_1 = \sum_{j=1}^{m'} n_j(\overline{P}_j - \overline{P})^2 \tag{2-10}$$

$$S_2 = \sum_{j=1}^{m'} \sum_{j=1}^{n_j} (P_{ij} - \overline{P}_j)^2 \tag{2-11}$$

式中　n_j——第 j 组数据的项数;

$\overline{P}$——年降水系列的平均值;

$\overline{P}_j$——第 j 组年降水系列的平均值;

P_{ij}——第 j 组数据的第 i 个数值。

设各组数据相互独立,且服从方差相同的正态分布。令 $f_1 = m' - 1, f_2 = n - m'$,则统计量 F 通过式(2-12)计算:

$$F = \left(\frac{S_1}{f_1}\right) \Big/ \left(\frac{S_2}{f_2}\right) \tag{2-12}$$

服从 $F = (f_1, f_2)$ 分布。

给定一个显著水平 α，可在 F 分布表上查得相应的临界值 $F_a(f_1, f_2)$，令 $m = m'$，若 $F < F_a(f_1, f_2)$，则认为不存在 m 年周期；若 $F \geq F_a(f_1, f_2)$，则认为存在 m 年周期。

(2)差积曲线法。

差积曲线法(又叫距平累积法)是将每年的降水量与多年平均降水量的离差逐年依次累加，然后绘制这种差积值与时间的关系曲线，进行周期分析的方法。该法的基本计算公式见式(2-13)：

$$S_i = S_{i-1} + (P_i - \overline{P}) \tag{2-13}$$

式中　S_i——第 i 年的差积值；

S_{i-1}——第 $i-1$ 年的差积值；

P_i——第 i 年的降水量，$i = 1, 2, \cdots, n$；

$\overline{P}$——降水系列均值。

差积曲线法的基本特点是：曲线上一个完整的上升段表示一个丰水期，一个完整的下降段则表示一个枯水期，一个丰水期和一个枯水期可组成一个周期。但是，由于降水量实际变化的复杂性与不确定性，大周期内有小周期，因此要按曲线的长历时大趋势来判定大周期。当均值稳定的时间较短时，差积曲线表现为一种多峰式过程，说明年降水量实际丰枯变化较频繁，但变幅不大；当均值稳定的时间较长时，差积曲线则表现为一种单一半峰或馒头式过程，说明年降水量年际丰枯变化持续时间较长，变幅较大。

(3)滑动平均值过程线法。

所谓滑动平均值，就是在一个系列中，先确定若干年为计算平均值的滑动计算时段，求得一个均值，将其作为中间年份的修匀值，然后向后滑动一年，形成新的计算时段，计算均值。重复上述步骤，直至计算时段的最后一个数据为系列的最后一个数据。

一般，设滑动计算时段的年数为 m(m 取奇数)，则对于一个有 n 年数据($i = 1, 2, \cdots, n$)的系列，其滑动平均值计算如式(2-14)：

$$\overline{P}_{j,m} = \frac{1}{m}(P_j + P_{j+1} + \cdots + P_{j+m-1}) = \frac{1}{m}\sum_{k=j}^{j+m-1} P_k \tag{2-14}$$

式中　P_k——实测值；

$\overline{P}_{j,m}$——第 j 个 $m-1$ 年滑动平均值，$j = 1, 2, \cdots, n-(m-1)/2$。

滑动平均值过程线法是指把逐年变化过程用滑动平均的方法进行修匀，滤掉了小的波动，突出了趋势变化，使周期性更加突出，更加清楚地反映丰枯段及其演变趋势。

2)稳定期与代表期分析

稳定期分析的目的是通过降水系列某种指标或参数达到稳定的历时来确定代表期的方法，代表期则是指样本系列的统计参数能够较好地代表总体(长系列)的时期。

用降水系列的累积平均值与时间的关系以图示方法分析降水系列稳定期的方法，计算公式见式(2-15)：

$$\overline{X}_i = \frac{1}{i}(P_1 + P_2 + \cdots + P_i) = \frac{1}{i}\sum_{k=1}^{i} P_k \tag{2-15}$$

式中　P_k——实测值；

P_i——i年累积平均值，$i=1,2,\cdots,n$。

习惯上，多采用模比系数法，计算公式见式(2-16)：

$$\overline{K}_i = \frac{1}{i}\sum_{j=1}^{i} K_j \tag{2-16}$$

根据式(2-15)、式(2-16)计算出累积平均值或累积平均值模比系数后，即可绘制相应的累积平均值过程线。同差积曲线法一样，从系列代表期选取方便考虑，一般用逆时序法。

用累积平均值过程线法判断系列稳定期，主要看累积平均值是否接近系列(长系列)均值，即模比系数是否接近1。在从$i=1$到$i=n$的累积平均过程中，当经历一个周期后，累积平均值接近系列均值，而后略有波动，最后又接近，直到等于系列均值。因此，可从曲线上清楚地看出系列达到稳定所需的最短历时。

3)代表期的确定

通过上述分析，可用有较长实测降水系列的代表性雨量站或水文站的降水系列对评价区降水资料的代表性做出分析。但是，水资源评价是区域性的，评价区内各雨量站的降水量观测记录系列长短不一，若依据有较长降水系列站点的分析结果确定的代表期较长，则可能不得不对其他站点的资料进行大量插补展延，有可能使资料的可靠性降低。因此，确定代表期时要对现有资料站点的实测资料系列长短进行综合考虑，确定出合理的代表期。

2.2.3.3　降水资料的插补展延

当实测降水资料中出现资料缺失的情况时，应设法将实测系列中缺测年份的资料补充起来，或将系列的两端外延，称为系列的插补展延。对降水资料作插补展延的主要目的：一是扩大样本容量，减小抽样误差，提高统计参数的精度；二是在区域性水资源分析与评价中取得不同测站的同期降水资料系列，以使计算成果具有同步性。严格来讲，插补是指以某种方式对系列中缺测的值做出估算，使系列连续；展延(延长)则指利用不同测站长短系列的关系，对较短的系列中未观测的一段时间的值作出估算，使其达到与长系列或要求的长度相等的系列。

常用的降水资料插补展延的方法有地理插值法、相似法、相关分析法。

1.地理插值法

地理插值法也称为内插法，根据测站的位置、地形和下垫面条件，主要有移用法、算术平均值法、加权平均法、降水量等值线法。

(1)移用法：由于在小范围内降水量在面上的分布是比较均匀的，如果两个雨量站距离相近，且气候、地形条件一致，可直接移用邻近站(参证站)同年或同月降水量。

(2)算术平均值法：当插补站周围有分布较均匀的雨量站，且地理气候条件基本一致，降水量在面上的分布较均匀，各相邻站的降水量数值较接近时，可用相邻站降水量的平均值作为插补站的降水量。

(3)加权平均法：当研究区域内地形变化不大时，可按插补站所在区域的各雨量站(除插补站外)占研究区域面积的权数，计算出区域平均降水量，然后计入插补站，求出研究区域内各站(包括插补站)占研究区域的面积权数，并用计算的区域平均降水量的插补站的面积权数推求出插补站的降水量。

(4)降水量等值线法:利用研究的已有的雨量站资料绘制降水量等值线图,然后根据插补延长站在区域内的位置读取该站的降水量插补值,用降水量等值线图插补延长降水资料。

2. 相似法

当测站实测资料系列太短,用其他方法插补降水量难度大时,可用相似法。假设插补站与参证站降水量长短系列的均值有等比关系,可用式(2-17)计算:

$$\frac{\overline{x}_{NC}}{\overline{x}_{nc}} = \frac{\overline{x}_{NS}}{\overline{x}_{ns}} \tag{2-17}$$

式中 $\overline{x}_{NC}$、$\overline{x}_{nc}$——插补站降水量长短系列的均值,前者是估算值,后者是实测值,mm;

$\overline{x}_{NS}$、$\overline{x}_{ns}$——参证站相对于 $\overline{x}_{NC}$、$\overline{x}_{nc}$的降水量长短系列的均值,均为实测值,mm。

相似法的优点是使用方便,计算工作量小,但是不足之处是不能插补出逐年降水量值,而且使用该法必须满足当测站与参证站的地理位置和气候条件的相似性。

3. 相关分析法

相关分析法是水资源评价中插补延长资料系列最实用的方法。其基本思路是:当研究区域内拟插补延长测站的降水量与区域内部或外部系列较长的其他测站的降水量或其他水文、气象要素之间有密切关系时,可建立插补站降水量与邻近站降水量或其他水文、气象要素之间的相关关系,并用此来插补或延长降水系列。习惯上,常将拟插补的降水量称为研究变量,将用来建立相关关系借以插补研究变量的参变量称为参证变量。

用相关分析法插补延长降水资料的关键是要选择合适的参证变量,遵循的一般原则是:

(1)参证变量与研究变量之间必须有物理成因上的联系。一般来讲,处于同一气候条件下、具有相同成因的相邻雨量站的降水量具有较好的相关性,且两雨量站降水量之间的相关系数随两站之间距离的增加而减小。

(2)参证变量与研究变量应有一定数量的同步观测资料,以保证相关图有足够的点据,否则点据太少,只能得到一种局部的关系,而不能反映两变量间全部的统计规律。

(3)参证变量的系列要足够长,足以用同期资料建立的关系插补出计算需要的研究变量的缺测部分。

2.3 降雨量分析计算

2.3.1 面平均降雨量计算

由观测站观测到的降雨量,称为点雨量,而水文计算、洪水预报等工作需要全流域(或区域)的降雨量,称为面雨量,也是水资源评价、水资源规划及水资源论证工作中必不可少的计算内容。由点雨量推求面平均雨量的方法较多,常用的有算术平均法、泰森多边形法、等雨量线法、网格插值算法等。

2.3.1.1 算术平均法

当流域内雨量站分布较为均匀、地形起伏变化不大时,可以用各雨量站同时段降雨量之和除以雨量站数量,即为该时段流域平均降雨量。

2.3.1.2 泰森多边形法

当流域内雨量站分布不太均匀时,为了更接近实际情况,假定流域各处的降雨量可由与其距离最近的雨量站来代表。先用直线连接相邻的雨量站,构成多个三角形,然后在各条连线上做垂直平分线,将流域分为 n 个部分,各部分面积上正好有一个雨量站,每一个部分面积上的雨量站距离该部分面积上任何一点都最近。每个雨量站应控制的部分面积为 ΔA,评价区总面积为 A,则 $f_i = \dfrac{\Delta A}{A}$ 称为该雨量站的权重,$p_i(i=1,2,\cdots,n)$ 为雨量站观测的雨量值,流域面平均降雨量 $\bar{p}$ 可由式(2-18)进行计算:

$$\bar{p} = p_1 f_1 + p_2 f_2 + \cdots + p_n f_n \tag{2-18}$$

该法的基本原理是假定测站间的降水量是线性变化的,这对于地形无较大起伏的区域是符合的,若区域内或两站间有高大山脉,则此法会有较大误差。同时,如果某个时期因个别雨量站缺测、缺报或雨量站位置变动,将改变各站的权重,给计算带来麻烦。

2.3.1.3 等雨量线法

对于地形变化大、区域内又有足够多的雨量站,若能够根据降水资料结合地形变化绘制出等雨量线图,则可采用等值线法计算区域的平均降水量。方法是先用求积仪量算各相邻等雨量线间的面积 a_n,然后用式(2-19)计算区域平均降雨量。

$$\bar{p} = \frac{a_1}{A}p_1 + \frac{a_2}{A}p_2 + \cdots + \frac{a_n}{A}p_n = \sum_{i=1}^{n} \frac{p_i}{A}x_i \tag{2-19}$$

式中 a_n——各相邻等雨量线间的雨量平均值,mm;

其余符号意义同前。

等雨量线法理论上较完善,但要求有足够数量的雨量站,且每次降雨都必须绘制等雨量线图,并量算面积和计算权重,工作量相当大,故在实际中应用不多,只有在分析特殊暴雨洪水时使用。

2.3.1.4 网格插值算法

算术平均法、泰森多边形法和等雨量线法各有优点及不足。算术平均法计算简便,精度较低;泰森多边形法站点发生变动时需重新进行构建和计算;等雨量线法计算精度高,但是动态变化大,每次计算均需绘制对应时段的降雨量等值线图,计算工作量大。借助计算机技术,采用网格插值算法可减小工作量、提高计算精度。

具体做法如下:依据实际情况,将评价区划分为 $n \times n$ 个网格,根据各雨量点数据,用数学模型(克里金法、最小曲率法、邻近点插值法等)来模拟出一个连续变化的曲面,查出各网格点上的降雨量并计算其平均值,即为该评价区内的面平均降雨量。

2.3.2 降雨量统计参数的确定

降雨量的统计参数主要包括降雨量的均值及均方差、变差系数 C_v 和偏态系数 C_s。

2.3.2.1　均值和均方差

均值表示降水系列的平均情况，说明系列总水平的高低，采用算术平均值法进行计算；均方差 σ 则反映均值相同条件下系列集中或离散的程度，计算公式见式(2-20)。

$$\sigma = \sqrt{\frac{\sum_{i=1}^{n}(p_i - \bar{p})^2}{n}} \tag{2-20}$$

式中　p_i——第 i 年的降雨量，mm；

$\bar{p}$——降雨量平均值，mm。

2.3.2.2　变差系数 C_v

均方差与均值之比称为变差系数，又称为离差系数，计算公式见式(2-21)及式(2-22)。

$$C_v = \frac{\sigma}{\bar{p}} = \sqrt{\frac{\sum_{i=1}^{n}(K_i - 1)^2}{n}} \tag{2-21}$$

$$K_i = \frac{p_i}{\bar{p}} \tag{2-22}$$

2.3.2.3　偏态系数 C_s

偏态系数是衡量系列在均值两边对称程度的参数，计算公式见式(2-23)。

$$C_s = \frac{\sum_{i=1}^{n}(K_i - 1)^3}{nC_v^3} \tag{2-23}$$

当系列不对称时，$C_s \neq 0$，当正离差立方占优时，$C_s > 0$，称为正偏，随机变量大于均值出现的机会小；当负离差立方占优时，$C_s < 0$，称为负偏，随机变量大于均值出现的机会大。

我国一般采用 $\frac{C_s}{C_v} = 2.0$，在拟合不好的地区（不是个别站），可以调整 $\frac{C_s}{C_v}$ 值，但也应进行固定倍比适线调整和检验。

年降水量统计参数的合理性分析主要通过对比分析进行。例如，在秦岭、淮河以南广大的多雨地区，C_v 值一般为0.20～0.25，局部地区也可能小于0.15；在淮河以北，C_v 值逐渐增大，一般为0.30～0.40，平原地区也可达0.5以上；再往北至东北长白山、大小兴安岭一带，C_v 值又减小到0.25以下；西北内陆如阿尔泰、塔城和伊犁河谷地区，C_v 值的变异很大，干旱沙漠地区可达0.6以上。通过与这些一般规律的对比分析，或与邻近站的成果对比分析，可以间接地判断计算成果是否合理、可靠。

2.4　降水量的分布

降水量的分布包括时间分布及空间分布。

2.4.1　降水量的时间分布

降水量的时间分布特性直接影响区域工农业生产、防洪调度、水资源管理等。

降水量的时间分布包括年内分配及年际分配。

2.4.1.1 降水量的年内分配

降水量的年内分配主要指年降水量在年内的季节变化,它受气候条件影响比较明显。按照《水资源评价导则》(SL 322—2013)要求,区域降水资源评价应分析计算多年平均连续最大四个月降水量占全年降水量的百分数及其发生月份,用多年平均连续最大四个月降水量占全年降水量的百分数和相应的发生月份,粗略地反映年内降水量分布的集中程度和发生季节。

2.4.1.2 降水量的年际分配

降水量的年际分配分析主要包括降水量的多年变化幅度和丰枯分析。

1.降水量的多年变化幅度

降水量的多年变化幅度分析方法主要为极值比法、距平法和趋势法。

1)极值比法

极值比 k_m 计算见式(2-24):

$$k_m = \frac{p_{max}}{p_{min}} \tag{2-24}$$

式中 p_{max}、p_{min}——系列中的年最大、最小降水量,mm。

2)距平法

距平是指系列中的年降水量与降水系列均值之差,计算见式(2-25):

$$\Delta P_i = P_i - \overline{P} \tag{2-25}$$

式中 ΔP_i——第 i 年的距平值,mm;

P_i——年降水系列值,mm;

$\overline{P}$——降水系列均值,mm。

3)趋势法

趋势法是建立距平值与年份之间的线性回归方程,依据斜率判断降水量的变化趋势的方法,回归方程见式(2-26):

$$\Delta P_i = a + bn_i \tag{2-26}$$

式中 a、b——回归方程的截距和斜率;

n_i——第 i 年对应的序号。

若斜率为正,说明降水量有增加趋势;若斜率为负,说明降水量有减小趋势。

2.降水量的丰枯分析

降水量的丰枯分析多采用三点、五点、七点滑动平均计算处理后滤掉小的波动,突出趋势变化,反映丰、枯段及其演变趋势。

2.4.2 降水量的空间分布

掌握降水量的空间变化规律,对国民经济发展规划,特别是农业发展规划具有重要的指导作用。

我国降水量最大的地区是台湾的火烧寮,位于太平洋东北信风的迎风坡,又处于北回归线上,年降水最高记录是 8 408 mm;降水量最小的地区是新疆吐鲁番盆地的托克逊,属暖温带干旱荒漠气候,年均降水仅为 7 mm。我国降水量空间分布见图 2-6。

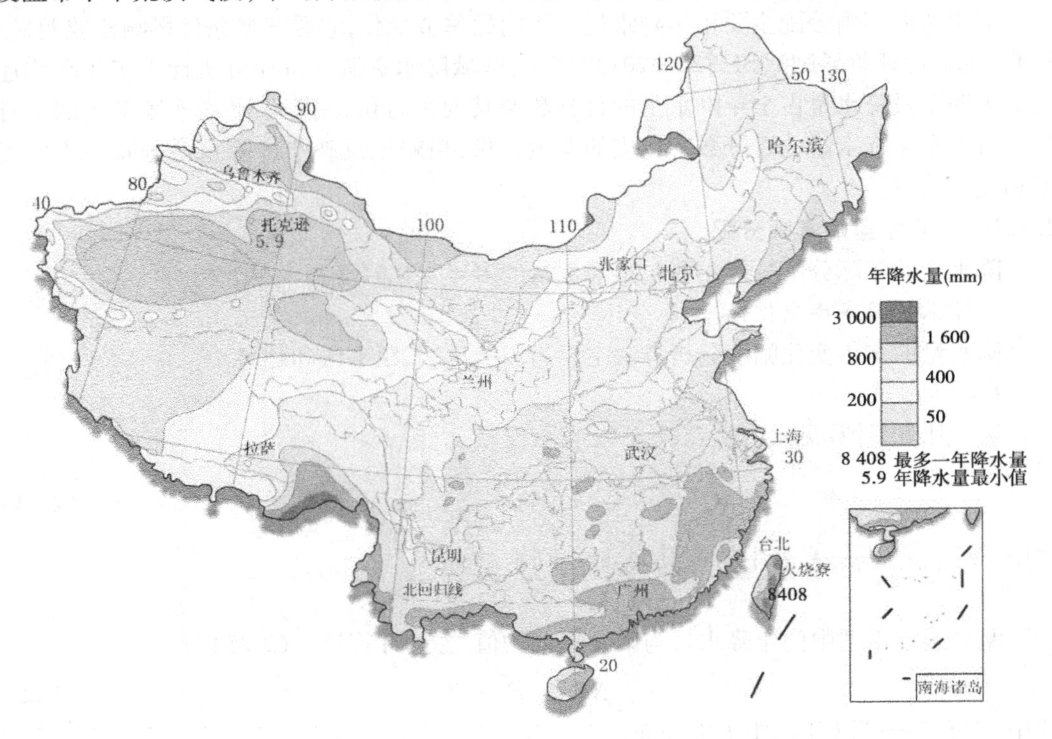

图 2-6　我国降水量空间分布

降水量的空间分布多用降水量等值线图来反映,包括多年平均降水量等值线图及多年连续最大四个月平均降水量等值线图等。降水量等值线图的绘制完成后,应对评价区域进行全面扫描观察,得出轮廓性概念,并用简洁的语言概述评价区域降水量的量级、高值区、低值区等分布情况,然后分小区域描述各区特点。

以西北干旱地区的宁夏为例。宁夏 2016 年降水深 301 mm,降水量呈现明显的由南向北递减趋势,南部山区六盘山东南地区降水量高于 800 mm,实测最大年降水量为 647 mm(泾源县泾河源站),北部引黄灌区黄河两岸不足 200 mm,实测最小年降水量 127 mm(惠农区达家梁子站)。六盘山、南华山、罗山、贺兰山是降水量的相对高值区,地区中心年降水量分别在 600 mm、300 mm、300 mm、500 mm 以上。宁夏 2016 年降水量等值线见图 2-7。

2.4.3　降水资源评价实例

2.4.3.1　宁夏盐池县沙地降水资源评价

宁夏盐池县位于宁夏中部干旱风沙区,总面积为 7 130 km^2,北部与毛乌素沙地相连,东南部与黄土高原相连,地形是从黄土丘陵向鄂尔多斯缓坡丘陵的过渡带,气候是从半干旱区向干旱区的过渡带,植被类型是从干旱草原向荒漠草原的过渡带,属于典型的过渡地带。其主要的土地利用方式为耕地、草地及林地。

受季风的影响，盐池县降水主要集中在夏秋两季，7～9月降水量占全年降水量的62%，多年平均降水量仅为280 mm，且年际间分布极不均匀。最大年降水量(418.8 mm，1961年)与最小年降水量(44.5 mm，1966年)之间相差9.4倍，变差系数 C_v 达到0.287，而且相对丰水年前、后的1～2年内即出现极端干旱年(接近最小值)，表现出三年两头旱的特征。

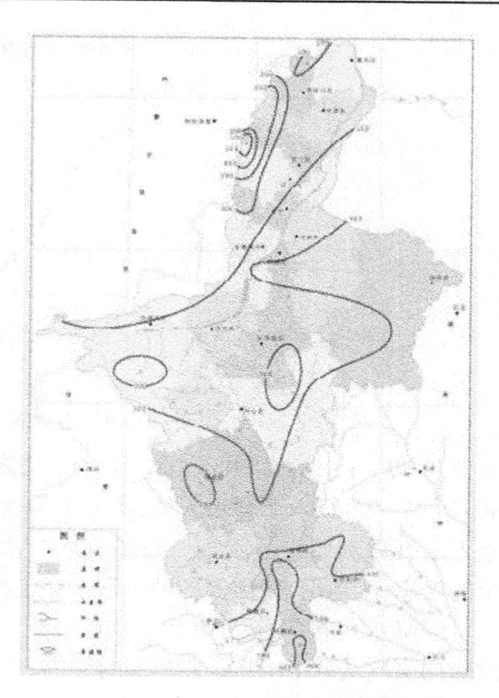

图2-7 宁夏2016年降水量等值线图

根据盐池县1954～2002年共计49年降雨量进行降水量分析。计算2～7年时段平均降水量并进行回归分析，表明每7年平均降雨量与时段序列编号具有显著的相关关系，可用式(2-27)进行计算：

$$y = 270 + 50\sin\left[(x-1)\frac{\pi}{3} + \frac{\pi}{2}\right] \tag{2-27}$$

式中 y——7年时段平均降水量，mm；

x——时段序号，$x \geqslant 1$。

盐池县7年平均降水量分析检验结果及趋势分别见表2-3及图2-8。

表2-3 盐池县7年平均降水量分析检验结果

系列序号	代表年份	7年平均降水量		误差分析	
		实测值(mm)	预测值(mm)	绝对误差(mm)	相对误差(%)
1	1954～1960	319.5	320	-0.5	0.2
2	1961～1967	292.9	295	-2.1	0.7
3	1968～1974	240.3	245	-4.7	1.9
4	1975～1981	224.0	220	4.0	1.8
5	1982～1988	260.7	245	15.7	6.0
6	1989～1995	304.5	295	9.5	3.1
7	1996～2002	316.0	320	-4.0	1.3

2.4.3.2 宁夏隆德县降水资源评价

宁夏隆德县地处六盘山西麓丘陵地带，位于宁夏回族自治区南部，是宁夏降水量相对丰沛的地区，东接泾源县，北邻原州区，西界西吉县，南部与西南部分别与甘肃省庄浪县、静宁县毗连。它地理位置为北纬35°21′～35°47′，东经105°48′～103°15′，东西宽41 km，

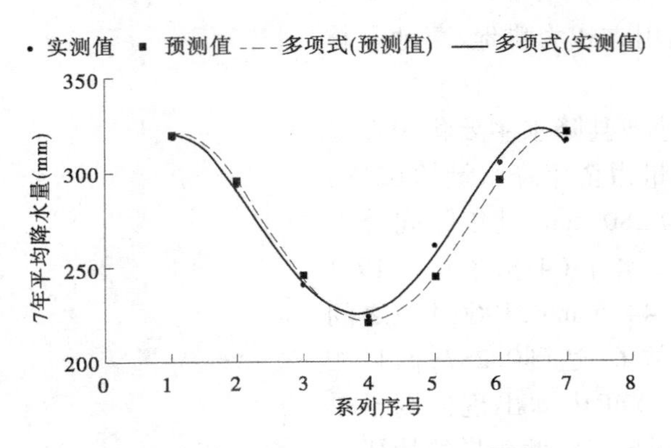

图 2-8　盐池县 7 年平均降水量趋势

南北长 47 km,总面积 985 km^2,多年平均降水量 520 mm 左右,多年平均水面蒸发量 1 200 mm 左右。区域内无客水入境,本身水资源贫乏,地下水资源更为缺乏,且地下水位较低,地下水开采利用十分困难。为了就地拦蓄降水,发展库(灌)区,保持水土,当地兴建了大量的水库、淤地坝、塘坝等各种水利水保工程,多采用空库度汛方式,水资源利用效率较低。

经降水资料的代表性及一致性分析后,选择隆德县雨量站 1933 ~ 2008 年共计 76 年的降雨资料为例,对隆德县降水的年内、年际规律进行分析。

1. 降水量时间分布规律

区域降水量年内分布不均匀,多集中在汛期(6 ~ 9 月),平均占全年降水量的70.2%,其中最高占 86.1%(1940 年),最低占 28.4%(1942 年)。

区域多年平均降水量 515.5 mm,最大年降水量 870.7 mm(1937 年),最小年降水量 198.3 mm(1941 年),极值比为 4.4,变差系数为 0.26。

应用距平法对降水趋势进行分析,将距平与年份建立线性回归方程,见式(2-28),区域降水量具有减小趋势,见图 2-9。

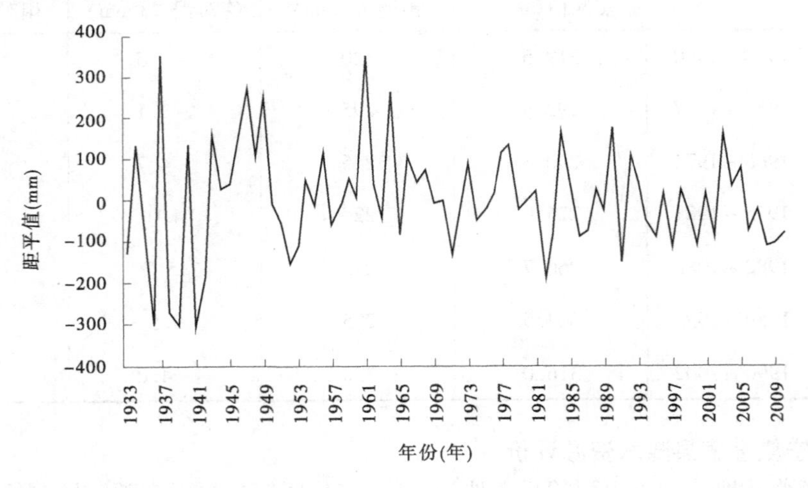

图 2-9　隆德县降水量趋势

$$\Delta P_i = 6.5197 - 0.1683 n_i \tag{2-28}$$

式中　ΔP_i——第 i 年的距平值，mm；

n_i——第 i 年对应的序号。

对区域降水量分别进行 3 年、5 年、7 年滑动平均处理，滑动平均降水量曲线见图 2-10 ~ 图 2-12。

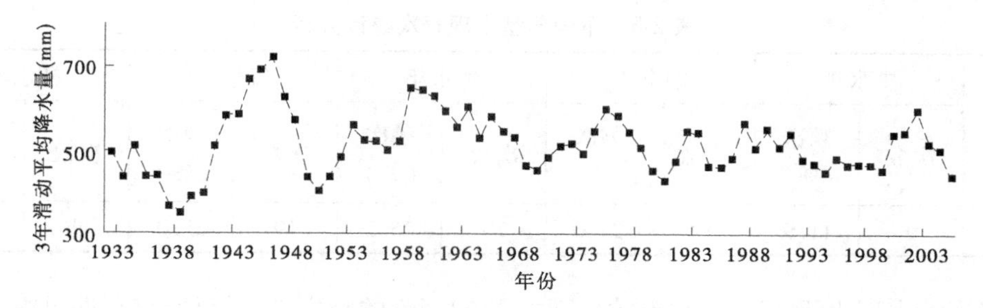

图 2-10　3 年滑动平均降水量曲线

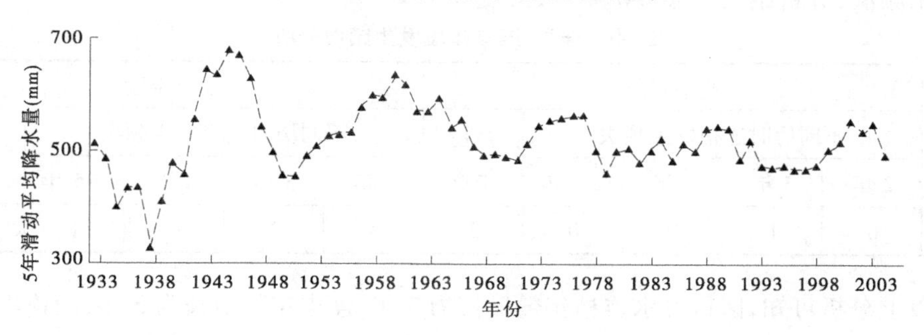

图 2-11　5 年滑动平均降水量曲线

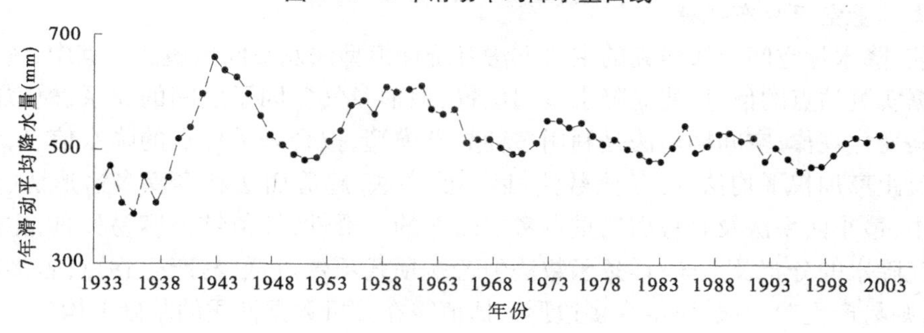

图 2-12　7 年滑动平均降水量曲线

由以上滑动平均降水量曲线可看出，1950 年以前降水量丰枯变化幅度较大，最大差值达 360 mm。20 世纪 60 年代后，降水量峰值降低，丰枯变化幅度减小，且多雨期或少雨期的时段趋向于加长。

通过频次法对降水系列进行连丰和连枯的统计分析。

年降水量按照经验频率进行划分，见表 2-4。

表 2-4　年降水量划分标准

经验频率(%)	<12.5	12.5~37.5	37.5~62.5	62.5~87.5	>87.5
年型	丰水年	偏丰年	平水年	偏枯年	枯水年

根据以上划分标准，对区域降水量进行统计和频次分析，结果见表 2-5。

表 2-5　不同年型出现频次统计分析

年数	丰水年		偏丰年		平水年		偏枯年		枯水年	
	次数	频次(%)	次数	频次(%)	次数	频次(%)	次数	频次(%)	次数	频次(%)
76	9	11.9	19	25.0	20	26.2	19	25.0	9	11.9

将连续出现小于 37.5% 和连续出现大于 62.5% 的频率进行统计分析，即可得出降水连丰连枯频次，分析结果见表 2-6。

表 2-6　连枯、连丰年段发生频次分析

年数	连枯年段					连丰年段				
	不同历时连枯发生频次				最长年数	不同历时连丰发生频次				最长年数
	2 年	3 年	4 年	≥5 年		2 年	3 年	4 年	≥5 年	
56	6	1	0	0	3	3	2	0	1	5

由以上分析可知，区域降水连枯年数最长为 3 年，连丰年数最长为 5 年，而连丰、连枯年数多为 2 年。

2. 降水量空间分布规律

目前，降水量空间分布研究的主要方法有统计模型法及空间插值法。其中，统计模型法是根据实测站点的信息，建立降水量同位置、地形及气象因子之间的关系，模拟降水信息的空间变化规律；空间插值法是利用多种数学模型，拟合未采样点的降水信息，常用的方法有反距离加权平均法、样条函数法、最小曲率法、趋势面法和泰森多边形法、克里金法。其中，最小曲率法及趋势面法重点考虑曲面的光滑性，插值结果容易失真，主要用于定性研究降水的分布及走向；样条函数法中若多项式项数过低，易产生拐点，若多项式项数过高，则易产生较大误差；泰森多边形法插值需在分析数据性质的基础上构建泰森多边形，工作量大，不易实现。

采用距离倒数加权法对流域汛期(6~9 月)降水量进行空间内插，选用区域管理系统软件 Region Manager(简称 RM)进行数据库建立后提取并绘制降水等值线图。将空间插值结果与统计模型法相结合，定量研究流域中降水的空间分布规律。

1)插值分区及计算

根据隆德县地理位置，为控制全县境内待定点，选定附近的六盘山气象站、宁夏原州区、宁夏泾源县、宁夏西吉县、甘肃静宁县、甘肃庄浪县已有的雨量观测数据，配合隆德县气象站已有观测数据，将隆德县分为 6 个区域，对各区域内各个待定点的雨量进行插值计

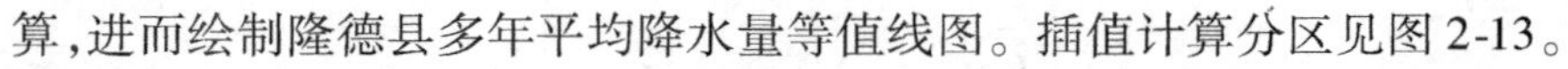
算,进而绘制隆德县多年平均降水量等值线图。插值计算分区见图 2-13。

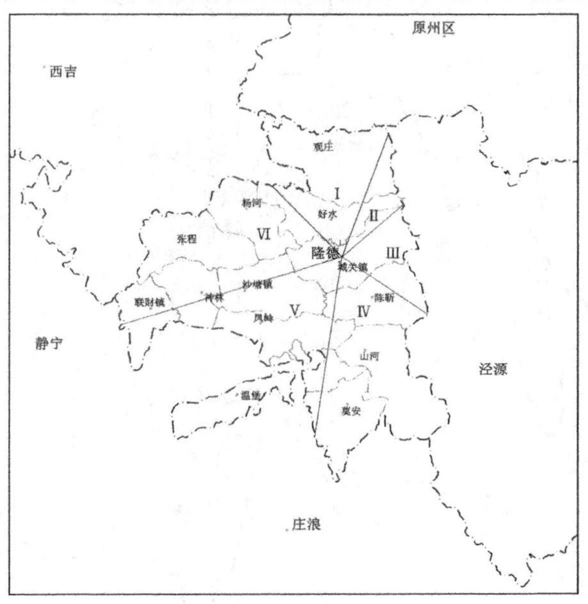

图 2-13　插值计算分区

插值计算公式见式(2-29):

$$P_{ij} = \frac{1}{2}\left(\frac{d_b + d_c}{d_a + d_b + d_c}\right)P_a + \frac{1}{2}\left(\frac{d_a + d_c}{d_a + d_b + d_c}\right)P_b + \frac{1}{2}\left(\frac{d_a + d_b}{d_a + d_b + d_c}\right)P_c \quad (2\text{-}29)$$

式中　P_{ij}——待定点降水量,mm;

d_a、d_b、d_c——各待定点至基准站距离,km;

P_a、P_b、P_c——各基准站降水量,mm。

2)等值线绘制

采用 RM 软件,结合插值结果,进行空间分布规律分析及等值线绘制。

在 RM 软件中,导入最新的 1∶10 000 地形图,创建点图层,提取其空间要素,通过 Info 工具对其属性进行赋值,然后创建三角网图层,生成汛期降水量等值线,见图 2-14(灰色区域为水利部公益性行业科研专项研究基地)。

3)空间分布规律研究

确定待定点空间要素(高程 a,经度 l_o,纬度 l_a),先通过相关分析定性研究汛期降水量同各空间要素之间的相关关系,再通过回归分析定量确定汛期降水量随空间要素的变化规律。相关分析结果见表 2-7。

表 2-7　相关分析结果

项目	高程(m)	经度(°)	纬度(°)
汛期降水量(mm)	0.794**	0.876**	-0.121

注:**表示相关性显著。

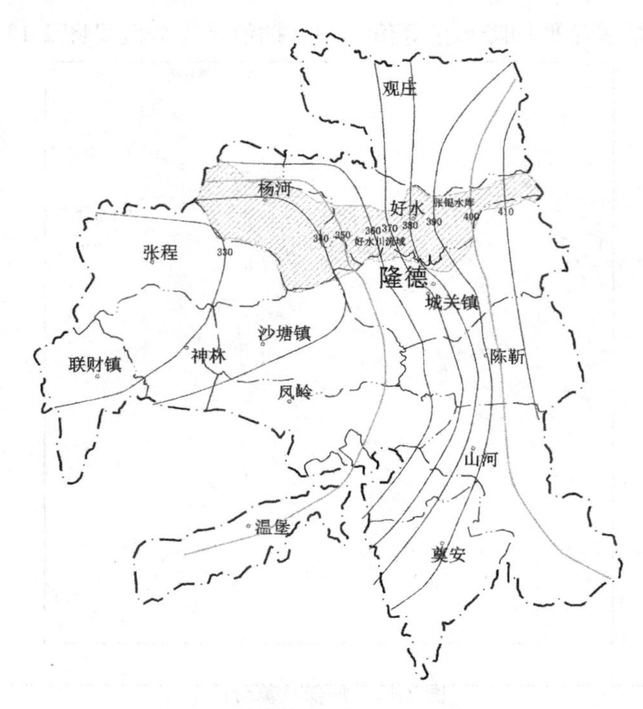

图 2-14　隆德县汛期降水量等值线

根据相关分析结果，汛期降水量与高程及经度相关性较高，而纬度对其影响则不显著。剔除纬度因子后，对汛期降水量、高程、经度进行回归分析及显著性水平检验，符合精度范围。建立降水量空间分布模型如下：

$$P_{js} = 22\,946.4 + 0.034a + 219.1l_o$$

从区域降水量等值线图及以上回归方程可以看出，隆德县区域降水量东多西少，降水量随着高程与经度的增加而增加。若将高程、经度视为相互独立的变量，对 a、l_o 分别求导，可获得区域降水在空间变化的平均梯度，即高程每增加 100 m，降水量增加 3 mm；经度每增加 0.1°，降水量增加 22 mm。

2.5　降水时间预报

在干旱、半干旱地区，降水是当地水资源的重要来源。降水在未来时段的分布情况，直接影响到水资源的开发利用和管理规划等。

2.5.1　降水预报方法

由于降水区域、预报对象、预报尺度、预报目的、预报数据基础各有不同，因此有多种不同的降水预报方法，并且各自具有不同的特点。常用的方法有人工神经网络法、统计降尺度法、灰色系统法、时间序列分析法等方法。

(1)人工神经网络(Artificial Neural Network，简写为 ANN)法采用系统运算模型，由大量的节点(神经元)之间互相链接构成，一般为某种算法或者函数的逼近，主要是在分类和识别已有数据基础上进行的，所需数据的信息量较大，建模预测过程中所考虑的因子也较多，常用于24 h、48 h等时段降水预报和降水等级预报。

（2）统计降尺度法具有明确的物理意义，是基于局地气候以大尺度气候为背景的原则，首先发现和确定大尺度气候要素（即预报因子）和局地气候要素（即被预报量）之间的经验关系，并将其应用于全球模式或者区域模式的输出，多为气象学的研究对象，需要巨大的原始观测数据信息，所需数据的时间与空间尺度均较大，同时还需借助已有的数值预报产品进行预报结果的输出，主要用于模拟全球气候变化对局部地区气候变化的影响与响应，输出的预报结果多为区域降水的变化趋势、极端事件发生的概率趋势等。

（3）灰色系统法常用来研究概率统计和模糊数学难以解决的“小样本、贫信息”的不确定问题，可通过少量数据直接建模，着重研究“外延明确、内涵不明确”的对象，多用于中长期降水预报。当已知样本超过5个、预报值超过3个时，预报的精度随着预报过程的继续而降低，预报值误差过大且数据不具备连续性。

（4）时间序列分析法是在分析时间序列变量的基础上，通过一定的数学方法建立相应的预报模型，使得时间趋势向外延伸，从而获得序列的变化发展趋势，确定变量的预测值，又称为历史延伸法或外推法。其基本特点是：假定事物的过去趋势会延伸到未来，预测所依据的数据具有不规则性，同时不考虑预测对象与其他影响因子之间的关系，获取原始的观测序列即可进行数据的分析及考察，将所考察的观测数据作为一个时间序列来寻找其内在的演变规律和发展趋势，并在假定该发展趋势延伸至未来的基础上，将分析得出的发展趋势及规律进行延伸与外推，获得较多的预报信息。

2.5.2　降水预报实例

以宁夏隆德县为例，进行降水预报的实例分析。

由于气象条件的变异性、复杂性和多样性，降水过程中存在大量的不确定性及随机性，通过物理成因来确定未来某个时段降水量的准确数值还存在较大的困难。因此，综合考虑原始数据信息容量、预报目的，结合以上各预测方法不同特点的分析，并考虑到区域降水预报主要是为地表径流模拟及地表水资源评价工作服务，所以采用时间序列分析法和周期预测法进行降水的时间预报。最终确定利用时间序列分析法中的较适用于状态离散、无后效性随机过程预报的马尔可夫链法预测未来时段降水量及其状态，并结合周期外延叠加法对未来时段的降水量数值进行验证预报。

选择1951～2010年汛期（6～9月）数据作为基础数据，来进行模型的构建及未来时段汛期降水的预报。

2.5.2.1　基于时间序列的马尔可夫链汛期降水预报

由于气象条件的变异性、多样性和复杂性，降水过程中存在着大量的不确定性和随机性，因此到目前为止还很难通过物理成因来确定未来某时段降水量的准确数值，常常将长系列的观测资料作为随机过程，找出其内在的演变规律，从而进行未来时段降水的预报。

1. 时间序列分析的概念及相关技术

1）时间序列的概念及组成

时间序列是指随着时间而随机变动现象的数值记录。水文时间序列则是指人们在江河湖海对降水、水文、流量、泥沙含量、流速等水文变量进行观测得到的、以时间 T 为自变量的一系列观测值。如果变量为连续的，称为连续时间序列，即随机水文过程；若变量是离散的，则称为离散时间序列，一般地称为水文时间序列，简称为水文序列。就多数情况而言，可以认为水文时间序列是由某个随机过程产生的，可将其看做一个待研究的随机过程的实际体现，并可通过合适的数学模型来描述。

水文时间序列是一定时期内气候条件、自然地理条件与人类活动共同作用下的综合性产物，一般由两部分组成（见图2-15）。一部分为受确定性因素影响的确定性成分，另一部分为受随机性因素影响的随机性成分，其中包括相依的和纯随机的成分，理想的纯确定性水文序列过程是不存在的。其中确定性成分具有一定的物理概念和依据，包括周期、趋势和跳跃成分，随机成分则由不规则的震荡和随机影响造成，是无法严格地从物理成因上进行阐明的。一般来讲，水文时间序列的随机性成分主要受到气候和地质因素等的影响，其变化规律常常需要一个漫长的地质年代才能改变，因此随机性成分的统计规律基本上是相对一致的；而确定性成分主要受到人类活动的影响，同时也不排除气候因素（如气候转型期）和下垫面自然因素（如火山爆发、地震等）的影响，其变化规律可以在较短的工程年代里发生缓慢的或者剧烈的突变，因此其确定性成分的变化规律往往是非一致的。

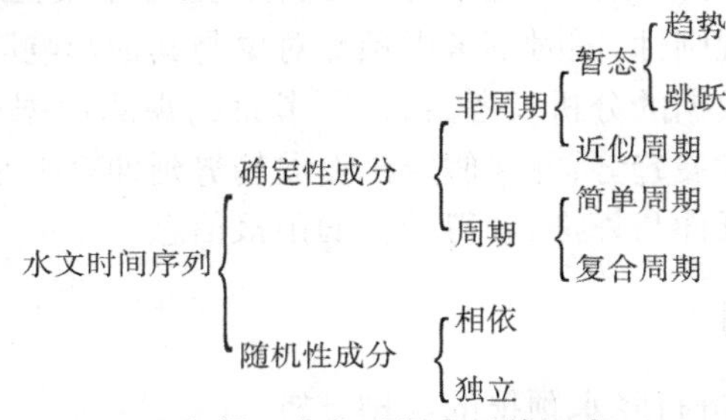

图2-15　水文时间序列的组成

2）时间序列的分类

通常，时间序列可以分为两类：平稳时间序列与非平稳时间序列。

大多数水文时间序列 $Y(t)$ 由三部分组成，如式(2-30)所示：

$$Y(t) = f(t) + p(t) + X(t) \tag{2-30}$$

式中　$f(t)$——趋势项，反映序列随时间 t 的变化，如水文要素随时间增大或者减小；

$p(t)$——周期项，反映水文要素的周期变化；

$X(t)$——随机项，反映随机因素对水文要素的影响。

如果时间序列的均值、方差等统计参数在整个时期内保持为常数，则称为平稳时间序列；如果序列受到大尺度气候变化、自然破坏（如地震、火山爆发等）和人类活动（兴建大型水库等）影响发生了变化，则称为非平稳时间序列。

3）时间序列分析法相关模型

时间序列分析法中用到的主要技术有自回归模型、逐步回归模型、均生函数模型、最近邻抽样回归模型和马尔可夫定性预测模型等。本书中选用马尔可夫链模型对汛期降水量进行未来时段降水量状态的定性预测，在此基础上进行具体时段汛期降水量的预测。

2. 马尔可夫链预测模型及其原理与过程

马尔可夫链预测模型（Markov Model）是应用马尔可夫链的基本原理和方法来进行时

间序列变化规律的分析和研究，从而预测序列未来变化趋势的方法，较适用于随机波动相对较大的预报问题。

1）马尔可夫过程

马尔可夫过程是俄国数学家 A A Markov 于 1906 年提出的，在物理学、生物学、天文学等领域已有较为广泛的应用。该过程最主要的特点是无后效性，即在已知目前状态的条件下，未来的演变趋势或者状态不依赖于其已往的状态，具体的定义如下：设 $X(t)$ 是一随机过程，当过程在时刻 t_0 所处的状态已知的条件下，过程在时刻 $t(t>t_0)$ 所处的状态与过程在时刻 t_0 之前的状态无关，则该随机过程可称为马尔可夫过程。马尔可夫过程的统计特性由其初始分布与转移概率所决定。

2）马尔可夫链及其基本原理

时间离散、状态离散的马尔可夫过程称为马尔可夫链，可以用来描述一个随机变化的动态过程和系统。其实现过程主要是通过状态之间的转移概率来预测一个系统未来时段的发展和变化，而转移概率则可反映各个随机因素的影响程度并反映不同状态之间转移的内在规律。

马尔可夫链将序列分为 n 个状态，以 E_1、E_2、E_3、…、E_n 表示，用 $p_{ij}^{(k)}$ 表示状态 E_i 经过 k 步转变为 E_j 的转移概率，如式(2-31)所示：

$$p_{ij}^{(k)} = \frac{n_{ij}^{(k)}}{N_i} \quad (i = 1,2,\cdots,n;j = 1,2,\cdots,n) \tag{2-31}$$

式中　$n_{ij}^{(k)}$——状态 E_i 经过 k 步转变为 E_j 的次数；

N_i——状态 E_i 出现的总次数。

由转移概率构成的 k 步状态转移概率矩阵，如式(2-32)所示：

$$P^{(k)} = \begin{bmatrix} p_{11}^k & p_{12}^k & \cdots & p_{1n}^k \\ p_{21}^k & p_{22}^k & \cdots & p_{2n}^k \\ \vdots & \vdots & & \vdots \\ p_{n1}^k & p_{n2}^k & \cdots & p_{nn}^k \end{bmatrix} \tag{2-32}$$

同时，概率矩阵中每个转移概率均为非负值，矩阵每行元素之和为 1，表达如式(2-33)：

$$\sum_{k=1}^{n} p_{ij}^{(k)} = 1 \quad (p_{ij}^{(k)} \geqslant 0) \tag{2-33}$$

3）马尔可夫模型的预测实现过程

马尔可夫模型预测的实现过程如图 2-16 所示。

3. 马尔可夫模型预测汛期降水量

1）汛期降水量状态及分级标准

利用马尔可夫模型预报降水的核心思想是根据发生的多年降水资料，将降水视为随机过程，确定不同状态之间互相转移的概率，因此降水状态划分的科学合理是提高预报精度的关键问题。

目前常用的状态划分方法是将降水完全视为随机的数学过程，通过模糊聚类等方法

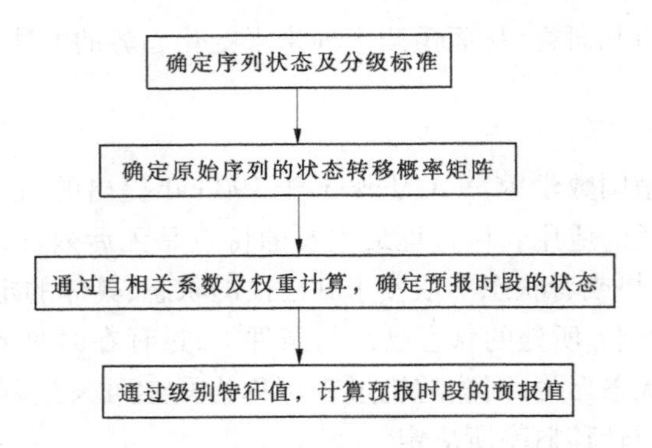

图 2-16　马尔可夫模型预测的实现过程

寻求不同数值之间的关系，从而将其划分为 4 ~ 8 个不同状态。这样的划分方法充分考虑了不同数据之间的关系，却忽略了降水作为水文循环因子的固有特征。因此，本次预报依据降水发生的概率，结合水文过程的统计分析参数，将汛期降水划分为 5 个状态，分别为丰水年、偏丰年、平水年、偏枯年及枯水年，具体的状态划分见表 2-8。

表 2-8　区域汛期降水状态划分及分级标准

状态	等级	汛期降水量(mm)
1	丰水年	$X \geqslant 498.5$
2	偏丰年	$405.1 \leqslant X < 498.5$
3	平水年	$342.7 \leqslant X < 405.1$
4	偏枯年	$258.2 \leqslant X < 342.7$
5	枯水年	$X < 258.2$

2) 确定状态转移概率矩阵

由于模型的预测精度尚需验证，因此考虑预测已发生年份的汛期降水量，通过实际观测值与预报值对比分析来确定模型的可靠程度。结合已确定选择的汛期降水量序列，采用 1951 ~ 2005 年汛期降水量预报 2006 年汛期降水量，以此类推预报 2007 ~ 2010 年汛期降水量，并通过 2006 ~ 2010 年实测汛期降水量进行误差分析。

确定状态转移概率矩阵，利用式(2-34)计算各阶自相关系数、式(2-35)计算权重后，预测 2006 年汛期降水量，见表 2-9。

$$r_k = \frac{\sum_{t=1}^{n-k}(x_t - \bar{x})(x_{t+k} - \bar{x})}{\sum_{t=1}^{n-k}(x_t - \bar{x})^2} \tag{2-34}$$

式中　x_t——t 时段的汛期降水量；

$\bar{x}$——汛期降水量序列的均值；

n——汛期降水量序列的样本数；

k——自相关系数的阶数。

各阶自相关系数进行归一化处理后，作为马尔可夫链的权重，见式(2-35)：

$$\omega_k = \frac{|r_k|}{\sum_{k=1}^{m} |r_k|} \tag{2-35}$$

经计算，自相关系数与权重见表 2-9。

表 2-9　2006 年汛期降水量预测

初始年	滞时(步长)	权重	状态转移概率矩阵				
			状态 1	状态 2	状态 3	状态 4	状态 5
2005	1	0.051	0/12	4/12	2/12	2/12	4/12
2004	2	0.051	3/14	2/14	3/14	3/14	3/14
2003	3	0.009	1/5	0/5	3/5	1/5	0/5
2002	4	0.587	1/7	1/7	2/7	3/7	0/7
2001	5	0.303	1/11	4/11	1/11	2/11	3/11
P_i加权求和			0.127	0.136	0.220	0.328	0.111

由于 $i=4$ 时，P_i加权求和最大，因而预报 2006 年汛期降水量状态为 4，即汛期降水量数值位于[258.2,342.7)。

传统的马尔可夫预测多为定性预报，即预报未来时段汛期降水量最可能的发生状态，并不能确定所预报数值在区间中的具体位置。引入级别特征值 H 后，可以有效解决这个问题。

首先给各状态赋以相应的权重，构成权重集 $D = \{d_1, d_2, d_3, d_4, \cdots, d_n\}$，其中权重的大小取决于各状态概率的大小，可以通过式(2-36)进行计算。

$$d_i = \frac{P_i^{\eta}}{\sum_{i=1}^{n} P_i^{\eta}} \tag{2-36}$$

式中　i——研究序列的状态；

η——最大概率的作用系数，通常取 4。

级别特征值 H 可以通过式(2-37)进行计算：

$$H = \sum_{i=1}^{n} i \times d_i \tag{2-37}$$

确定最大概率的状态 i 后，可以根据式(2-38)确定系统在预报时段的预报值：

$$\begin{cases} X_{预报} = \dfrac{T_i H}{(i+0.5)} & (H > i) \\ X_{预报} = \dfrac{B_i H}{(i-0.5)} & (H < i) \end{cases} \tag{2-38}$$

式中　T_i、B_i——预报状态 i 区间值的上限与下限。

通过计算得知，预报 2006 年汛期降水量时，级别特征值 H 为 3.751，计算预测出 2006 年的汛期降水量为 276.7 mm。

将 2006 年降水量观测值加入原序列中,重新计算状态转移概率矩阵、自相关系数、权重与级别特征值,通过上述过程,分别进行区域 2006 ~ 2012 年汛期降水量预报及误差分析,见表 2-10。

表 2-10　2006 ~ 2010 年汛期降水量预报及误差分析

年份	汛期实测降水状态	汛期预报降水状态	汛期实测降水量(mm)	汛期预报降水量(mm)	相对误差(%)
2006	4	4	286.8	276.6	3.56
2007	4	3	325.4	356.4	9.53
2008	4	3	303.0	349.5	15.35
2009	5	5	256.6	254.5	0.82
2010	4	4	264.7	272.9	3.10
2011	3	3	369.3	385.4	4.40
2012	3	3	395.2	373.8	5.40
平均					6.02

根据 2006 ~ 2012 年共计 7 年的预报结果可看出,除 2007 年、2008 年预报状态与实测状态不符外,其余预报状态均与实测状态相同。同时,即使预报状态不同于实测状态,预报数值与实测值相对较为接近,因此认为模型是可行的。另外,通过 7 年的观测值计算分析得知,预报相对误差为 0.82% ~ 15.35%,平均相对误差仅为 6.02%。对于中长期水文气象预报,一般认为相对误差低于 30% 即可,因此基于降水丰枯等级划分的汛期马尔可夫预测模型满足预报精度要求,可用于区域未来时段汛期降水量的预报。

利用汛期的马尔可夫预报方法,对区域 2013 ~ 2020 年汛期降水量进行预报,结果见表 2-11。

表 2-11　2013 ~ 2020 年汛期降水量预报(马尔可夫法)

年份	2013	2014	2015	2016	2017	2018	2019	2020
汛期降水量(mm)	284.1	415.5	434.7	358.8	397.5	332.9	272.9	492.5
状态	4	2	2	3	3	4	4	2

根据 2013 ~ 2020 年汛期降水量预报结果可看出,预报的 8 年汛期降水量有 2 年为平水年,3 年为偏枯年,3 年为偏丰年,变化趋势符合连丰、连枯 2 ~ 3 年的固有规律,可作为水资源研究的基础数据。

同时,需要特别指出的是,在 2006 ~ 2012 年共计 7 年的预报过程中,是将实测的汛期降水量加入原序列中进行下一时段的汛期降水量预报,而在 2013 ~ 2020 年的预报中,是将预报的汛期降水量加入原序列中预报出下一时段的汛期降水量,可能会导致误差的累积,预报精度可能会低于 2006 ~ 2012 年的预报。因此,应再考虑一种新的预报方法——周期外延叠加预测法,进行未来时段汛期降水量的预报,与马尔可夫模型预报出的数值进行对比，互相验证预报结果是否可靠。

2.5.2.2　基于周期外延叠加预测法的汛期降水量预报

一个区域长系列的降水观测记录，可能在全球性或者地域性气候变化的干扰影响下，比如受全球气候影响或者随机的干扰，就会显示出较强的随机性和不确定性。同时，在一定的条件下，降水要素又存在一定的演变规律，尽管外部和内部的影响因素十分复杂，甚至不能将其一一辨认出来，也无法确定相应因素的影响程度，但是所有因素的综合影响都毫不遗漏地反映在该要素的历史记录中。因此，只要找出内在的演变规律，识别要素的周期，就可利用这些规律进行水文气象要素的预报，使得基于周期外延的定量预报成为一种新的预报途径和方法。

1. 周期外延叠加预测法及其关键问题

一个水文要素随时间变化的过程是多种多样的，但是总是可将其看作是有限个具有不同周期的周期波互相叠加而成的过程，数学模型表达如式(2-39)：

$$x(t) = \sum_{i=1}^{l} p_i(t) + \varepsilon(t) \tag{2-39}$$

式中　$x(t)$——水文要素序列；

$p_i(t)$——第 i 个周期波序列；

$\varepsilon(t)$——误差项。

对于平稳时间序列而言，若根据实测要素的资料序列能够分析并识别出其所含的周期，而且这些周期的预测期间保持不变的话，可以将这些周期分别外延，然后进行线性的叠加来实现未来时段降水量预报的目的，称为周期外延叠加预测法。

实现周期外延叠加预测法的关键问题是进行序列所含周期的分析与识别，需要解决的具体问题如下：所要预报的水文要素序列是否存在周期；如果序列存在周期，周期的长度是多少；根据实测数据分析得到的周期是否可靠；周期成分的识别。

时间序列内部特性的计算方法比较多，可以用来检测的方法包括自相关分析法、方差分析法、功率谱分析法、滤波器分析法、逐步回归分析法等。其中每类方法又包含许多的子方法，但是用来进行水文序列分析检测的方法相对有限，如方差分析法、简单分波法、功率谱分析法、小波分析法等。

1）周期成分识别的基本思路

一个随时间变化的等时距水文气象要素的观测样本，可以看作是有限个不同的周期波叠加而成的过程。从样本序列中识别周期时，可将序列划分为若干个组别，如果分组的组数等于客观存在的周期长度，组内各个数据的差异较小，同时组间数据的差异较大。因此，如果组间的差异显著大于组内差异，序列即存在着周期，周期长度就是组间差异最大而组内差异最小的分组组数。

通常而言，一个序列的总体差异是固定不变的，组间差异的增大会导致组内差异的减小，组内差异比组间差异减小到一定程度，则可认为是差异是显著的。

2）显著性检验

对于识别的周期，要进行显著性检验，常用方法为 F 检验。

利用统计软件 SPSS 进行分析计算，会自动给出对应的相伴概率 ρ 值，与给定的显著

性水平 a(可信度)相比较。若 $\rho < a$,则表明在该信度水平上,组间差异与组内差异显著,有周期存在,所对应的分组组数即为周期长度;若 $\rho \geqslant a$,表明在该信度水平上,差异不显著,不存在周期。

2. 基于周期外延叠加预测法的汛期降水量预报

识别与检验的过程采用 SPSS17.0 软件进行,具体步骤如下。

(1)跳跃项及趋势项的识别及剔除。

研究区域降水量在 1950 年以前变化幅度较大,1950 年以后无明显跳跃,预测中采用了 1950 ~2010 年降水量观测数据,跳跃项无须专门剔除。同时,尽管区域降水量呈现降低趋势,但是趋势极不明显,因此可以不用专门考虑。

(2)建立等时距的观测变量序列组成的 SPSS 文件并保存,或自 Excel 直接提取。

(3)在数据中编辑构件分组变量,确定等时距水文观测分组组数。

由于降水观测的序列样本数为 60,因此分组组数 $b = 1, 2, \cdots, 30$,每组定义一个相应变量;变量的取值较为简单,如 $b = 3$ 时,依据顺序变量值为 1,2,3,1,2,3,…,排列至观测变量序列终止时刻(或者时段)。

(4)在 SPSS 的数据编辑窗口进行周期识别。

根据区域 6 ~9 月降水量序列,共识别了三个周期波,按照对照年限将三个周期波进行叠加。

根据历史拟合曲线(见图 2-17),可以看出,预测的汛期降水量同实测值拟合较好。同时,误差分析显示,误差较小,最大相对误差为 31%,最小相对误差为 0.12%,可以用来预测未来时段的汛期降水量。

(5)基于周期外延叠加预测法的 2013 ~2020 年汛期降水量预测。

根据识别的三个周期波分别叠加,预报出 2013 ~2020 年汛期降水量,见表 2-12。

表 2-12　2013 ~2020 年汛期降水量预报(周期外延叠加预测法)

年份	2013	2014	2015	2016	2017	2018	2019	2020
汛期降水量(mm)	284.4	400.6	400.6	339.6	465.2	360.4	162.9	575.8
状态	4	2	2	3	3	4	4	2

2.5.2.3　不同预报方法预报结果对比

将马尔可夫模型和周期外延叠加预测法预报模型得出的预报值进行比较,见表 2-13。

表 2-13　汛期降水量预报结果对比　(单位:mm)

年份	2013	2014	2015	2016	2017	2018	2019	2020
马尔可夫模型预报	284.1	415.5	434.7	358.8	397.5	332.9	272.9	492.5
周期外延叠加预测法预报	284.4	400.6	400.6	339.6	465.2	360.4	162.9	575.8
预报均值	284	408	418	349	406	347	283	534.15

依据马尔可夫模型与周期外延叠加预测法预报模型的预报结果可看出,两种方法预测结果较为接近,可以互相验证,证明预报结果具有较高的可靠性。由于两种模型都会产

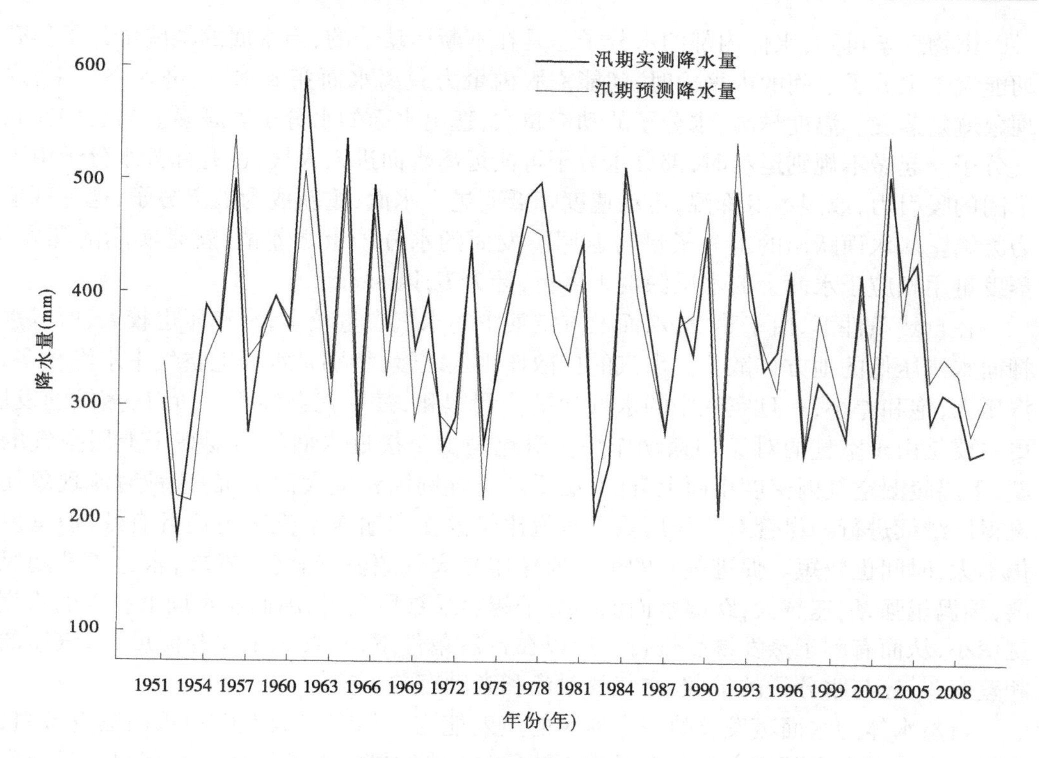

图2-17 历史拟合曲线

生误差累积,因此最终的预报结果采用两种方法的平均值,结果见表2-13。

2.6 蒸散发

蒸散发包括蒸发和散发。蒸发是水由液态或固态转化为气态的过程;散发或蒸腾是水分经由植物的茎叶散逸到大气中的过程。流域(区域)蒸发量是流域(区域)面积上的综合蒸发量,包括水面蒸发、土壤蒸发和植物散发三部分。水面蒸发是指流域内江河、湖泊、水库等水体表面的蒸发;土壤蒸发和植物散发又总称为陆面蒸发,包括流域内从土壤表面的蒸发和从植物叶面的散发。由于水面蒸发与陆地蒸发的机制不尽相同,通常都是将水面蒸发和陆地蒸发分别研究的。

蒸散发是水文循环中自然降水到达地面后由液态或固态转化为水汽返回大气的阶段,既是地表热量平衡的组成部分,又是水量平衡的组成部分。全球平均年蒸发量在1 100 mm左右,陆地表面的蒸散发为降水量的60% ~65%,是水文循环的重要环节。我国湿润地区年降水量的30% ~50%、干旱地区年降水量的80% ~95%耗于蒸发。

2.6.1 水面蒸发量分析及计算

水面蒸发是指在自然条件下,水面的水分从液态转化为气态逸出水面的物理过程,可概括为水分汽化和水分扩散两个阶段。

由物理学可知，水体内部的水分子总是在不断运动着的，当水面的某些水分子具有的动能大于水分子之间的内聚力时，就能克服内聚力脱离水面变成水汽，进入空气中，这种现象就是蒸发。温度越高，水分子的动能越大，逸出水面的水分子就越多。当它们在和空气分子一起做不规则运动时，部分水分子可能远离水面进入大气，也有部分水分子由于分子间的吸引力，或因本身降温，运动速度降低而进入水面，重新成为液态分子，这种现象称为凝结。从水面跃出的水分子量与返回蒸发面的水分子量之差值，就是实际的蒸发量。蒸发量用相应于水面上的水层深度来度量，计为 E，以 mm 计。

在自然条件下，由于蒸发，水面上方空气中的水汽含量较多，水汽压也较大，所以水汽将向水汽压低的地方扩散。但水汽的扩散作用很缓慢，特别是水面上空气中水汽较多，水汽压大，饱和差小，一旦空气中的水汽含量达到饱和，蒸发就会停止。所以，蒸发的发展，更主要是由于空气的对流和紊动作用。对流是由于接近水面的温度高于上层空气的温度，下层暖湿空气因密度小而上升，上层干冷空气则因密度大而下沉，这种对流现象使蒸发得以继续进行。尽管对流作用输送水汽比扩散作用输送水汽来得快且有效，但蒸发量仍不大，时间也较短。促进蒸发的最主要作用是大气湍流，当湍涡发展，水分子就随风飘离，湍涡越强，风速越大，跃离水面的水分子越容易被风刮走，因而使水面上空气的水汽含量变小，从而有利于蒸发继续进行。所以在自然条件下，蒸发量不仅与温度、水汽压的饱和差有关，还与水分子的扩散、空气的对流和紊动有关。

自然水体的水面蒸发反映一个地区的蒸发能力。如有实测大面积水面蒸发资料，可直接应用。但是大面积水面蒸发量的观测往往比较困难，很难得到实测资料。目前常用的都是通过观测小面积水面蒸发，找出小面积水面蒸发与大面积水面蒸发之间的关系来间接推求大面积的水面蒸发，这就是常说的蒸发器（皿）折算法，还可以通过精确的水量平衡方程中其他要素的观测来推求水面蒸发。此外，还有各种经验公式、概念方法、理论方法等。不论用何种方法，在计算前，都必须收集水文和气象部门的蒸发资料，并对各站历年使用的蒸发器（皿）型号、规格、水深等做详细调查考证。在此基础上，对资料进行审查。

2.6.1.1　蒸发量折算系数法

对于水面蒸发量资料的观测，不同的部门采用了不同型号的蒸发器，而且设站的下垫面情况也不一样。早在20世纪50、60年代，我国就在全国各地建立了20～100 m^2的大型蒸发池，20世纪80年代以前，水文部门使用的观测器皿比较复杂，20世纪80年代以后，已全部改用改进后的E_{601}蒸发器，北方结冰期有的改用ϕ20 cm 蒸发器。气象部门则统一使用ϕ20 cm 蒸发器。

由于气候、季节、仪器构造、口径大小、安装方式及观测等因素的影响，各种仪器的实测水面蒸发值相差悬殊，为了使不同型号蒸发器观测到的水面蒸发资料具有相同的代表性，必须将不同型号蒸发器的观测值，统一折算为同一蒸发面。按全国统一规定，水面蒸发以E_{601}型蒸发器的观测值计算，其他类型的观测值应通过折算系数折算为相应的E_{601}蒸发值。因此，折算系数就有两种概念。一种是折算为自然大水体的蒸发量，即：

$$K_Z = E_{100}/E_x \tag{2-40}$$

或

$$K_Z = E_{20}/E_x \tag{2-41}$$

式中　E_{100}、E_{20}——面积为100 m²、20 m²蒸发池的实测蒸发量，mm；

E_x——小型蒸发器与相应蒸发池同时的实测蒸发量，mm；

K_Z——折算为自然大水体的蒸发量的换算系数。

另一种是折算为E_{601}蒸发量的折算系数，即：

$$K_{E601} = E_{601}/E_x \tag{2-42}$$

式中　K_{E601}——折算为E_{601}型的蒸发量的换算系数；

E_{601}——E_{601}型蒸发器的实测蒸发量，mm。

我国部分蒸发实验站的水面蒸发折算系数以E_w型的折算系数最大，亦即最接近大水体情况，其次是Φ80 cm型，Φ20 cm型的折算系数最小。

由于目前许多地区尚无实测的折算系数，实际计算中往往是用邻近地区数值进行计算的，而且以E_{601}蒸发器的蒸发量作为代表值。

根据对比观测资料求得水面蒸发折算系数，即可据此系数K和实测蒸发器水面蒸发量E_0'计算出大面积水面蒸发量，即：

$$E_0 = KE'_0 \tag{2-43}$$

2.6.1.2　道尔顿经验公式法

道尔顿经验公式为：

$$E = f(u)(e_s - e_d) \tag{2-44}$$

式中　E——蒸发量，mm/d；

e_s——蒸发表面的饱和水汽压，mbar（1 mbar = 100 Pa）；

e_d——空气水汽压，mbar；

$f(u)$——风速函数。

道尔顿经验公式首次把蒸发量与水汽压、风速联系起来，这个公式可用于计算水面蒸发量。许多水文气象站曾根据实测水面蒸发量、水汽压和风速资料，得出了适合于本地区的经验公式，如：

$$E_{20} = 0.20 \times (1 + 0.32u_{200})(e_s - e_{200}) \tag{2-45}$$

式中　E_{20}——相当于20 m²蒸发池的蒸发量，mm/d；

u_{200}——2 m高度处的风速，m/s；

e_{200}——2 m高度处百叶箱温度条件下的水汽压，mbar；

e_s——水面温度条件下的水汽压，mbar。

通过气温与水温相关分析，得出水温（$T_{水}$）与气温（$T_{气}$）的相关关系为：

$$T_{水} = T_{气} + 2.9 \tag{2-46}$$

在无水温资料条件下，可以采用式（2-46）由气温换算水温，并推求e_s。

2.6.1.3　彭曼经验公式法

英国农业物理学家彭曼（H. L. Penman）于1948年首先提出了以空气动力学与能量平衡联立的综合法。彭曼对得出的这一计算方法和公式进行了广泛的试验，他利用这一方法计算水面蒸发量，其结果与水面蒸发器的实测值比较吻合。该公式的原式如下：

$$E = \frac{\frac{\Delta}{r}R_n + E_a}{\frac{\Delta}{r} + 1} \tag{2-47}$$

或
$$E = \frac{\Delta R_n + rE_a}{\Delta + r} \tag{2-48}$$

式中　E——自由水面蒸发量,mm/d;

Δ——气温等于 T_a 时饱和水汽压曲线的斜率,mbar/℃;

R_n——水面净辐射,亦称辐射平衡,mm/d,1 mm 蒸发量等价于 59 cal/cm^2 的气化热量;

r——干湿表常数;

E_a——空气干燥力函数,mm/d。

各项计算分别如下所述。

(1)Δ 的计算:

$$\Delta = \frac{e_a}{273 + T_a}\left(\frac{6\,463}{273 + T_a} - 3.927\right) \tag{2-49}$$

$$e_a = 33.863\,9 \times [(0.000\,789T_a + 0.802\,7)^3 - 0.000\,019 \times (1.8T_a + 48) + 0.001\,316] \tag{2-50}$$

式中　T_a——空气温度,℃。

(2)R_n 的计算:

$$R_n = R_s(1 - \alpha) - R_L \tag{2-51}$$

式中　R_s——太阳和天空短波幅射,又称太阳总辐射,J/(cm^2 · d)或 W/cm^2,可用辐射平衡表直接测得,当无实测资料时,可用下列经验公式计算:

$$R_s = R_A\left(a + b\frac{n}{N}\right) \tag{2-52}$$

其中　R_A——天空辐射量,即碧空条件下可能有的太阳总辐射量,该值和地理纬度及季节(月份)有关,参考有关文献;

N——天文上可能出现的最大日照时间,h,亦由地理位置和月份决定,参考有关文献;

n——实际日照时数;

a、b——经验系数,根据气象站的 R_s 和 n 的观测资料拟合求出,如无此资料,在温带地区 a、b 可分别取值为 0.18 和 0.55;

α——反射率,彭曼公式中水的反射率采用 0.05;

R_L——地面的有效长波辐射,彭曼在布朗特公式的基础上得出了下列有效长波辐射的公式:

$$R_L = \sigma T_K^4(0.56 - 0.092\sqrt{e_d})\left(0.1 + 0.9\frac{n}{N}\right) \tag{2-53}$$

其中　σ——斯蒂芬波尔兹曼常数,W/(cm · K^4),$\sigma = 5.670 \times 10^{-12}$;

T_K——热力学温标,$T_K = 273 + T_a$,℃;

e_d——当地空气温度为 T_a 时的实际水汽压,mbar。

所以,彭曼经验公式中实际的辐射平衡,即净辐射量 R_n 可写成如下形式:

$$R_n = R_A(1-\alpha)\left(0.18+0.55\frac{n}{N}\right) - \sigma T_K^4(0.56-0.092\sqrt{e_d})\left(0.1+0.9\frac{n}{N}\right) \tag{2-54}$$

其中,R_n 的单位为 mm/d。

(3)r 的计算:

$$r = 0.46\frac{P}{1\ 013} \tag{2-55}$$

式中　P——大气压力,mbar。

彭曼公式产生于欧洲低海拔的湿润地区。由于世界各地的自然地理情况相差很大,许多研究者在应用彭曼公式计算水面蒸发量或估算蒸发能力时,常常结合本地区情况对彭曼公式做某些修正。其中,一些修正对于世界各地区的应用都有参考意义,也有一些修正只适用于本地区的特定条件。我国比较典型的有中国科学院地理所洪嘉琏修正公式和中国气象局气象科学院裴步样修正公式,应用时请参考有关书籍。

2.6.1.4　水面蒸发的空间分布

水面蒸发是反映区域蒸发能力的重要指标。一个地区蒸发能力的大小对自然生态、人类生产活动,特别是农业生产具有重要影响。因此,了解水面蒸发的空间分布特点对国民经济建设具有不可低估的作用。

1. 水面蒸发等值线图的绘制

一个地区水面蒸发在面上的分布特点可用水面蒸发等值线图表示。水面蒸发等值线图的绘制方法同降水量等值线图绘制方法。等值线间距一般当蒸发量大于 1 000 mm 时为 200 mm,当蒸发量小于 1 000 mm 时为 100 mm,但一般来讲,蒸发观测站点少于雨量站点,因此给绘制工作造成一定困难。

2. 水面蒸发等值线绘图合理性检查

多年平均水面蒸发等值线的合理性检查比较简单,主要从以下几个方面检查:

(1)在一般情况下,气温随高程的增加而降低,风速和日照则随高程的增加而增大,综合影响的结果是水面蒸发随高程的增加而减小。

(2)平原地区蒸发量一般要大于山区;水土流失严重、植被稀疏的干旱高温地区蒸发量要大于植被良好、湿度较大的地区。

(3)水文部门和气象部门的资料各有不同特点,水文站多处于河谷,风速偏大,同时也比较靠近大水体;而气象站多位于城镇,会受城市气象效应的影响,分析时都应注意。

2.6.1.5　水面蒸发的时间分配

同降水和径流一样,水面蒸发在时间上的分配也是水资源评价的重要内容。

1. 水面蒸发的年内分配

由于水面蒸发是反映一个地区气候干旱与否的重要指标,在一年内,不同月份由于蒸发条件不同,蒸发量也就不同。水面蒸发量大,表明气候干燥、炎热,植(作)物生长需要较多的水分。因此,对水面蒸发年内分配的分析应包括不同月份及不同季节蒸发量占总蒸发量的比重,可用评价区内代表站的水面蒸发资料进行分析。在有蒸发站的水资源三级区内,至少选取一个资料齐全的蒸发站,参考降水量年内分配的计算方法计算多年平均水面蒸发量的月分配。

2. 水面蒸发的年际变化

水面蒸发的大小主要受气温、湿度、风速、太阳辐射等影响，而这些气象要素在特定的地理位置年际变化很小，因此决定了水面蒸发量年际变化较小。水面蒸发的年际变化特性可用统计参数等来反映（参考降水量的年际变化）。

2.6.2 地表蒸散发估算方法

2.6.2.1 土壤蒸发

土壤蒸发式土壤中所含水分以水汽的形式逸入大气，土壤蒸发过程是土壤失去水分或干化过程。土壤是一种有孔结构，具有吸收、保持和输送水分的能力，因此土壤蒸发还受到土壤水分运动的影响。由此可知，土壤蒸发比水面蒸发复杂。

湿润的土壤，其蒸发过程一般可分为三个阶段。第一阶段，土壤十分湿润，土壤中存在自由重力水，并且土层中毛细管也上下沟通，水分从表面蒸发后，能得到下层的充分供应。这一阶段，土壤蒸发主要发生在表层，蒸发速度稳定，蒸发量 E 等于或接近相同气象条件下的蒸发能力 EM。气象条件是影响蒸发的主要原因。第二阶段，由于蒸发耗水，土壤含水量不断减少，当土壤含水量降到田间持水量 $W_{田}$ 以下时，土壤中毛细管的连续状态将逐渐被破坏，从土层内部由毛细管作用上升到土壤表面的水分也将逐渐减少，供水条件越来越差，土壤蒸发率也越来越小。此时，土壤蒸发不仅与气象因素有关，而且随土壤含水量的减少而减少，供水条件越来越差，土壤蒸发率也越来越小，土壤蒸发率与土壤含水量 W 大体成正比。当土壤含水量减至毛细管断裂含水量 $W_{断}$，毛细管水完全不能达到地表后，进入第三阶段。在这一阶段，毛细管向土壤表面输送水分的机制完全遭到破坏，水分只能以薄膜水或气态水的形式向地表移动，运动十分缓慢，蒸发率微小，在这种情况下，不论是气象因素还是土壤含水量，对土壤蒸发均不起明显作用。

2.6.2.2 植物散发

植物散发是指在植物生长期，水分从叶面和枝干蒸发进入大气的过程，又称蒸腾。植物散发比水面蒸发及土壤蒸发更为复杂，它与土壤环境、植物的生理结构以及大气状况有密切的关系。

植物根细胞液的浓度和土壤水的浓度存在较大的差异，由此可产生高达 10 多个大气压的渗压差，促使土壤水通过根膜液渗入根细胞内。进入根系的水分，受到根细胞生理作用产生的根压和蒸腾拉力的作用，通过茎干输送到叶面。叶面上有许多气孔，当叶面气孔打开，水分通过开放的气孔逸出，这就是散发过程。叶面气孔能随外界条件变化而收缩，控制散发的强弱，甚至关闭气孔，但气孔的这种调节能力，只有在气温 40 ℃以内才具有，当气温达 40 ℃以上时便失去了这种能力，此时气孔全开，植物由于散发消耗大量水分，加上天气炎热，空气极端干燥，植物就会枯萎死亡。由此可知，植物本身参与了散发过程，因此散发过程不是单纯的物理过程，而是一种生物物理过程。植物散发的水分很大，吸收的水分约 90% 耗于散发。

植物散发的测定和估算有以下方法。

1. 器测法

在天然条件下,由于无法对大面积的植物散发进行观测,只能在试验条件下对小样本进行测定分析,过程如下。用一个不漏水圆筒,里面装满足够植物生长的土块,种上植物;土壤表面密封以防土壤蒸发,水分只能通过植物叶面逸出;视植物生长需水情况,随时灌水。试验期内,测定时段始末植物及容器重量和注水重量,按式(2-56)求散发量:

$$E = G + (G_1 - G_2) \tag{2-56}$$

式中　E——时段散发量,m^3;

G——时段注水量,m^3;

G_1、G_2——时段初和时段末圆筒内土壤的水量,m^3。

器测法不可能模拟天然条件下的植物散发,所以上述方法只能在理论研究时应用,实际工作中难以直接应用。

2. 水量平衡法

根据平衡原理,测定出一块样地或流域的整片植物群落生产期始末的土壤含水量、土壤蒸发量、降水量、径流量和渗漏量,再用水量平衡方程即可推算出植物生长期的散发量。

此外,还可以用热量平衡法或数学模型进行估算。

2.6.2.3　地表蒸散发遥感反演

蒸散发包括水体和土壤表面的蒸发和植被蒸腾。蒸发是水分以水汽的形式从水体和土壤中消失的过程;蒸腾是水分以水汽的形式从植物体中散失的过程。对于有植被覆盖的陆地表面,这两个过程是同时发生的。在1802年Dalton提出奠定的近代蒸散发研究理论基础的蒸发理论之后,随着相关学科的发展,其理论基础和研究计算方法得到长足发展,逐渐形成了一系列成熟可靠的蒸散发研究方法。传统的蒸散研究方法可以分为实际测定和估算两大类。实际测定方法主要有水文学方法(蒸发皿法、蒸渗仪法、水量平衡法等)、微气象学方法(能量平衡法、涡度相关法)、植被生理方法(蒸腾室法、示踪法以及气孔法等)。估算方法主要有经验公式法(Priestley - Taylor公式、Blaney - Cridle公式、Hargreaves公式等)、综合法(Penman - Monteith方程等)、波文比法、蒸发互补原理法(CRAE模型法、AA模型法、GG模型法等)。这些方法和模型各具特点,在全球范围内得到广泛的验证和应用。在实际中,往往需要了解较大区域内的地表蒸散发情况,传统的地表热通量和蒸发测量计算方法得到的多为点数据,代表范围有限,由点数据推广到大尺度时,由于下垫面几何结构及物理性质的非均质性,往往难以取得满意的结果。虽然这种状况可以通过多点观测得到一些改善,但会使观测成本响应大幅增加,而效果却不甚理想,始终存在代表性差的缺陷。

遥感方法具有空间上连续和时间动态变化的特点,可以轻易实现由点到面的转换,同时可见光、近红外和热红外等波段能够提供与地表蒸散发和能量平衡过程密切相关的参数。经过多年的探索,用遥感手段研究全球和区域尺度的蒸发状况,已经成为遥感应用领域的一个重要分支。遥感方法监测地表蒸散发是一种间接的蒸散发测量方法,它不像涡度相关法那样直接测量地层大气的湍流通量,而是将遥感数据反演的地表参数以及大气参数输入模型中,计算得到实际的蒸发通量。尤其是多时相、多光谱及多倾角遥感资料能够综合反映出下垫面的几何结构、湿热状况以及表面热红外温度等,能够较客观地反映近地层湍流热通量的大小和下垫面干、湿差异，使得遥感方法在区域蒸散发计算方面比常规的微气象学方法精度高。

遥感估算区域蒸散发的方法大体可以分为指数法和剩余法两类。指数法主要指用遥感反演的指数（植被指数、微波土壤湿度指数、能量平衡指数），结合 Penman – Monteith 公式计算蒸散发。剩余法是用遥感得到的表面温度结合气温以及一系列阻抗公式计算显热通量，然后从能量平衡公式中减去显热通量和土壤热通量，从而得到蒸散发的估计值。

依据能量守恒方程，地表接受的能量以不同方式转换为其他形式，使能量保持平衡。这一交换过程可以用下列能量平衡方程表示，即：

$$R_n = LE + H + G \tag{2-57}$$

式中　R_n——地表净辐射通量，mm/d；

LE——潜热通量，mm/d；

H——显热通量，mm/d；

G——土壤热通量，mm/d。

实际上，式(2-5)中还应包含用于植物光合作用和生物量增加的能量，只是这部分能量很小，可以忽略不计。根据能量平衡公式，在已知地表净辐射通量 R_n、土壤热通量 G 和显热通量 H 情况下，可计算出潜热通量 LE，即可计算出瞬时的蒸散发量。

利用剩余法估算地表蒸散发的发展过程中，根据假设条件的不同，国内外学者先后提出各自不同的模型，可以分为单层模型、双层模型和多层模型三类，是目前地表蒸散发遥感反演的主要模型。

1. 单层模型

单层模型最初被称为大叶模型，将整个下垫面看作一个整体（一片大叶），通过“表面阻抗”及空气动力学阻抗直接将气象数据、遥感表面温度及能量通量联系起来，模型原理简单，需要参数少，因此被广泛应用于区域蒸散发的研究计算。目前较为流行的单层模型主要有 SEBAL（全称为 Surface Energy Balance for Land）和 SEBS（全称为 Surface Energy Balance System）模型。SEBAL 发展于美国植被密集的平原地区，采用的是迭代反馈的数学算法，需要的参数很少，可以应用到不同的气候条件下。这种方法适用于所有的可见光及近红外和热红外传感器，这就意味着可以得到不同时间分辨率和空间分辨率的数据，对于高空间分辨率的影像可以用实测数据进行校正，不需要大范围气温的精确测定。应用 SEBAL 模型可以得到较为准确的瞬时蒸散发和日蒸散发，在许多国家和地区得到了广泛的应用。

但是，单层模型在稀疏植被覆盖的区域会过高估计显热通量，尤其是在稀疏植被地区，植被下面土壤的热量传输阻抗通常会大于冠层上部的阻抗，因此单层模型不能取得良好的计算结果。研究表明，在水分不饱和状态下，土壤阻力对表面蒸散发的影响是不可忽略的，但在实际中往往用冠层气孔阻抗来代替表面阻抗，这样就会造成计算误差。为了避免表面阻抗计算不确定性带来的误差，常常采用余项法（Residual Method）来间接计算地表蒸散。

2. 双层模型

双层模型将冠层与土壤分开，分别考虑两者的动量吸收、能量和物质转化传输过程以及两者的相互作用,将单层模型中的表面阻抗分解为冠层阻抗和土壤表面阻抗两部分。这种方法分离了作物蒸腾和土壤蒸发,并用遥感表面温度计算土壤和植被温度,解释了空气动力学温度和表面辐射温度之间的差别,是理论上的一大进步。Shuttleworth 等最早提出的双层模型是理想状态下土壤与植被相互关系的一种表述,将下层土壤和植被冠层看作上下叠加、彼此连续的湍流源,因此也称为串联模型(Series Model)。模型的基本思想是:整个冠层的湍流热通量由两部分组成,它们分别来自植被冠层和其下方的土壤,它们之间是互相叠加的关系,即下层的通量只能透过顶层才能传输出去,从整个冠层发散的总通量是各组分通量之和。

两层模型更接近于自然表面,但对于区域蒸发的遥感方法其冠层内阻力的推算仍是一个棘手的问题,并且要求非遥感资料要更加丰富,因此实际推广应用有较大难度。经典双层模型能够充分模拟植被—土壤—大气的能量传输特性,但由于需要输入较多的参数,往往难以满足而限制了其实用性。简化的双层模型能够直接使用遥感反演的表面温度来驱动模型,但是目前的模型大多是经验模型,模型中使用的经验参数限制了其在空间上的推广应用。

3. 多层模型

研究人员在单层和双层模型基础上继而提出不同的模型,如马赛克模型、冠层多层模型。马赛克模型也称为"补丁"模型(Patch Model),假设土壤和植被冠层二者是并列关系,即植被像马赛克或补丁一样缀在裸露的土壤表面,二者是截然分开的,它们的界限很明显,适用于尺度较大而又很稀疏的表面。由于没有考虑土壤与植被间的耦合作用,马赛克模型也被称为非耦合模型或分块模型,而双层模型所代表的方法则被称为耦合模型或分层模型(Layer Model)。

单层模型忽略了土壤的贡献,只考虑冠层与大气的交换;双层模型则在单层模型下面增加了一层土壤,对稀疏植被表面的通量描述更准确;多层模型是在双层模型的基础上对冠层进行细分的,将冠层分成若干个厚度层或组成部分,根据冠层的结构特征和冠层内部的风速、温度和水汽压廓线计算各层的辐射、显热和潜热等通量,各层通量积分得到冠层总通量,再加上土壤的通量,就是总的单位地表面积的通量。这类模型的建立是受到双层模型的启发,并且基于对冠层内部廓线的一定知识,在理论上是一种进步。这类模型的复杂性在于需要详细描述冠层的结构特征(叶倾角分布、叶面积密度等随高度的变化),以及风速、气温和水汽压在冠层中的垂直廓线,在遥感中的应用还比较困难。

遥感方法估算地表蒸散发也存在着许多亟须解决的问题。首先,模型算法以及参数都需要进一步的优化,力求在不同尺度上真实反映下垫面复杂的物理过程,减少假设、简化所带来的误差。其次,虽然多光谱、多时相的数据融合方法能够弥补遥感技术自身在时间、空间分辨率上的缺陷,使高分辨率、长时间序列的蒸散发的估算成为可能,并大大提高了地表蒸散发估算的精度,但在不同卫星平台遥感数据融合、时空尺度转换(扩展)上还缺乏相应的研究,限制了遥感方法的进一步应用。

2.6.3 流域蒸散发量分析及计算

流域蒸散发即流域的实际蒸散发,系流域内土壤和水体蒸发以及植被蒸腾散发的总和。它受众多因素的影响：首先是下垫面条件，水面、裸露面、植被面和冰川雪面等有明显的差别；其次是气候条件，在湿润和十分湿润地区，主要受气温、太阳总辐射量、干燥度的影响，而在比较干旱的地区，主要受降水条件的制约。

2.6.3.1　计算方法

由于直接观测流域蒸散发困难，目前都用水量平衡法估算，即由流域的年降水量和年径流量相减得到流域蒸发量。这样做，把降水和径流的误差全部计入流域蒸发中，使数据不准确，而且还使蒸发量对降水量和径流量二者不能独立计算，无法对降水量和径流量检查。但限于资料缺乏，国内还都采用该法。国外有根据气象水文资料独立计算流域蒸发量的方法，如 M · H · 布迪科提出联解月水量平衡方程和蒸发与土壤湿度的经验公式，即：

$$x = E + R + \Delta W = E + R + (W_2 - W_1) \tag{2-58}$$

式中　x——当月降水量，mm；

E——当月蒸发量，mm；

R——当月径流量，mm；

W_2、W_1——土壤水分变化层月末、月初的含水量，mm。

$$E = \begin{cases} E_m & W \geqslant W_0 \\ E_m \dfrac{W}{W_0} & W < W_0 \end{cases} \tag{2-59}$$

式中　W——土壤水分变化层月平均含水量，即 $W = \dfrac{W_1 + W_2}{2}$，mm；

W_0——土层临界含水量，当 $W \geqslant W_0$ 时，其蒸发量等于蒸发能力，mm；

E_m——当月蒸发能力，mm。

联解式(2-58)和式(2-59)得到：

$$\begin{cases} \dfrac{1}{1 + \dfrac{E_m}{2W_0}}\left[W_1\left(1 - \dfrac{E_m}{2W_0}\right) + x - R\right] & W < W_0 \\ W_1 + x - R - E_m & W \geqslant W_0 \end{cases} \tag{2-60}$$

在已知逐月的 E_m、x、R 后，即可用试算法推求各月的流域蒸发量。其步骤如下：

(1)假设1年中正气温第一个月月初土壤湿度 W_1，确定各月的 E_m。

(2)用式(2-59)中适用于 $W < W_0$ 的公式计算 W_2，如果 $\dfrac{W_1 + W_2}{2} < W_0$，则将计算的 W_2 作为下一个月的 W_1；反之，如果 $\dfrac{W_1 + W_2}{2} \geqslant W_0$，则改用 $W > W_0$ 的公式计算 W_2。以此连续逐月计算，可得各月的 E。

(3)计算至正气温最后一个月的 W_2，若恰好等于假设的气温月份的 W_1，则计算有效；否则，重新假定 W_1，再进行上述计算。

(4)负气温时期(冬季)各月的 E 不作计算(本法假定1 m厚表层土壤的湿度在负气

温时期不发生变化）。

（5）W_0的大小，可用经验方法确定。

在全年有较高正气温的地区，取雨季结束时间作为计算起始时间，此时的 W_1 接近 W_0。对植物截留量大的地区，其截留的降水量直接作为植物的蒸散发量，在土壤水分计算中不再考虑。在灌溉地区，灌溉水量可以和天然降水量加在一起，作为以上各式中的降水量 x。

布迪科法可用于计算平原地区各月和各年的陆面蒸发值。当用于计算山区的陆面蒸发量时，还要计及当地的高程和蒸发量垂直梯度等因素，计算中要分析蒸发和辐射平衡值随高程的变化。通常在气候湿润区，当高程超过 200 ~ 500 m 时，高程每上升 100 m，蒸发量减少近 10 mm/a。在非湿润地区，不超过某一高程时，降水量随高程增加，蒸发量也随高程增加；超过某一高程后，随着高程的增加，温度降低，蒸发量也随之减少，每上升 100 m，蒸发量减少 15 ~ 20 mm/a。

因布迪科法是建立在地区平均气候参数基础上的，用于计算那些与周围地区自然地理条件差别较大的小区蒸发量时，其误差比较大。

各月的蒸发能力 E_m 值可用布迪科公式计算，也可用彭曼经验公式法、道尔顿经验公式法等计算。据研究，布迪科法计算的 E_m 值，其误差在夏季达 7% ~ 10%，春秋季因 E_m 本身较小，相对误差可高达 15% ~ 20%，年误差为 4% ~ 5%。彭曼和道尔顿经验公式法计算值往往偏小，且其适用范围较小。

2.6.3.2　流域蒸发时空分布特征

1. 流域蒸发的时程变化

流域蒸发在时间上的变化包括年内和年际变化，一般来说和降水、径流一致，但其变幅较小。主要原因是雨季虽然降水量多，但由于雨季多为阴雨天气，地面受到的辐射量较小，旱季则一方面有较强烈的辐射，另一方面除降水外，还有流域土壤蓄水量可供蒸发，故流域蒸发量相对较高，往往高于同期降水量。

深入分析研究流域蒸发的时空变化规律，对农作物合理布局与水资源合理利用有重要参考价值。

2. 流域蒸发的空间分布

由于流域蒸发主要受降水量和辐射等条件制约，在面上的分布较降水和径流均匀，但与降水和径流相反，在同一气候区内，山区的蒸发一般小于平原地区，降水量少的地区小于降水量多的地区。如陕西省流域蒸发量最高与最低的比值小于 2.5，但降水量最高与最低比值达 4.0，径流量最高与最低比值则大于 100。从面上分布看，关中平原和汉中盆地为高值区，秦巴高山区较低，关中北部及陕北因受降水控制也较低。

流域蒸发的空间分布可用流域蒸发量等值线图反映，其绘制步骤如下：

（1）根据实测资料等情况，选定代表流域，用水量平衡法或其他方法计算出各流域多年平均蒸发量，分别标在流域中心处，它们是勾绘等值线图的主要依据。

（2）如果已有多年平均降水量和径流量等值线图，可用一定方法计算出一些辅助点据，如取降水量与径流量等值线交叉点的差值作为相应点的蒸发量。

（3）分析面平均降水量、径流量、流域蒸发量及流域高程之间的关系，并按地形、土壤、植被、地质等条件将点据分类。在对流域蒸发量的地区分布定性了解的基础上，参考以上因素初步勾绘出等值线图。绘出的等值线图应符合前述流域蒸发的空间分布规律。

通过上述步骤绘制的流域蒸发量等值线图是否合理，尚需进行合理性检查。在检查过程中，应对不合理的等值线进行修正。

对流域蒸发量等值线图的合理性检查，可同水量平衡三要素一并考虑，即可以将降水量、径流量与蒸发量三张等值线图进行综合对比分析，使各流域三要素在数值上达到平衡，并将精度控制在10%以内。

2.6.4　干旱指数与生态水文分区

2.6.4.1　干旱指数的计算

干旱指数反映一个地区气候的干湿程度，用年蒸发量 E 与年降水量 P 的比值表示，即：

$$r = \frac{E}{P} \tag{2-61}$$

式中　r——干旱指数。

当 $r>1$ 时，说明年蒸发量大于年降水量，气候干燥，r 值愈大，反映气候愈干燥；当 $r<1$ 时，说明年降水量大于年蒸发量，气候湿润，r 值愈小，反映气候愈湿润。我国以干旱指数将全国划分为五个气候带：十分湿润带（$r<0.5$）、湿润带（$0.5\leqslant r<1.0$）、半湿润带（$1.0\leqslant r<3.0$）、半干旱带（$3.0\leqslant r<7.0$）和干旱带（$r\geqslant 7.0$）。

计算干旱指数时一般采用 E_{601} 型蒸发器的蒸发值作为蒸发能力来计算干旱指数。干旱指数的精度取决于降水量和蒸发资料的可靠性和一致性。因此，要求降水量和蒸发量资料质量较好且尽可能是同一观测场的观测值。

多年平均年干旱指数可根据蒸发站 E_{601} 型蒸发器观测的多年平均年蒸发量与该站多年平均降水量之比求得，也可将同步期的多年平均降水量等值线图与多年平均水面蒸发量等值线图重叠在一起，用交叉点法（或网格法）求出交叉点（或网格中心）的干旱指数。

2.6.4.2　干旱指数等值线图的绘制

当计算出站（点）的干旱指数后，将干旱指数标在选择好的工作底图上相应的站（点）处，便可绘制多年平均干旱指数等值线图，方法同前。勾绘时可参考年降水量和年水面蒸发量等值线图，干旱指数等值线的分布趋势应与水面蒸发量等值线基本相似。全国拼图要求年干旱指数均值等值线值为0.5、1、1.5、2、3、5、7、10、20、50、100。

2.6.4.3　生态水文分区

1. 生态水文分区的概念

生态水文分区是在生态系统、水文水资源和社会经济状况等因素研究的基础上，充分考虑人类活动对生态环境、水文过程的影响，应用生态水文学与陆地系统科学的原理和方法，进行生态水文分区的划分与整合，计算各个生态水文分区的水资源总量、生态需水量，并提出生态保护、修复以及水资源开发策略。生态水文区划对缓解区域水资源开发利用和生态环境保护之间的矛盾有重要作用。进行区域生态水文区划是制订区域发展规划和工农业生产布局以及区域环境综合整治的基础，可为经济社会与生态环境协调可持续发展提供重要的生态水文学依据。

生态水文分区单元的划分和选择对于最终分区结果有较大的影响。分区单元的选择必须遵循以下原则。首先,分析单元必须具有代表性,应包括自然地理要素的地域区划特征,如地形、地貌、海拔、植被、降水、土壤类型等;其次,需要考虑社会经济数据的区域性,可以得到的相关社会经济数据(包括人口密度、国内生产总值、耕地比例、建设用地等),一般都以乡镇为基本统计单元。考虑到数据的准确性、完整性及获取的难易程度,本书以乡镇行政区划作为生态水文分区研究单元。

按照生态环境和水文要素的相似性及差异性,将宁夏264个乡镇划分为若干个生态水文分区,每个分区内有较为一致的生态水文条件,分区之间存在着一定差异。探讨每个分区内各生态水文要素的分布、变化规律,分析各要素之间的内在联系,探索制约这些规律的因素,为提出各分区的生态保护方案、制订可持续发展的水资源利用规划奠定基础。

2. 宁夏生态水文分区方法

宁夏生态水文分区应遵循以下基本原则:

(1)生态水文系统的分异性原则;

(2)生态水文系统的完整性原则;

(3)生态水文分区的相似性和区际间的差异性原则;

(4)人类活动对生态水文系统演变的影响强弱差异性原则。

分区指标是生态水文区划的基础,合理的分区指标能够使分区的结果更为科学,更能反映各区域之间的差异性和相似性,因此分区指标体系的建立必须遵循一定的指导思想和原则。建立生态水文区划指标体系应遵循主导因素性、特殊性、完整性、可操作性、相对一致性等原则。参考已有的研究成果,选择的生态水文分区指标为降水量、径流深、水面蒸发量、干旱指数、耕地比例、林地比例、草地比例、水域比例、建设用地比例、未利用地比例、人均国内生产总值和人口密度。

在已建立的指标值数据库基础上,利用系统聚类法对宁夏全区进行生态水文分区。采用一级分区系统,分区命名采用"地理位置+水文特征+人类活动影响程度"的方式。水文特征是主要水文指标的综合反映,分为平水、少水、缺水、极缺水4个级别;人类活动影响程度是耕地、建设用地等主要用地类型占幅员面积百分比等指标的综合反映,分为极强度活动、强度活动、中度活动、轻度活动4个级别。

宁夏地处西北内陆,干旱少雨,水资源短缺,干旱、半干旱面积占全区总面积的80%,自然地理存在明显的地带分区。考虑到宁夏行政区域较小,在全国水文分区的基础上根据上述分区方法,将宁夏分为4个生态水文分区(见图2-18)。

3. 宁夏生态水文分区特征

(1)Ⅰ区:南部黄土丘陵平水中度活动生态水文区,包括固原市原州区、西吉县、隆德县、彭阳县、泾源县,总面积为1.35万km^2,约占全区面积的21%。多年平均降水量472 mm,降水条件较好,气温相对较低,自然灾害频发,用地主要以农业生产为主,南部植被覆盖较好。当地水资源量为5.50亿m^3,占全区当地水资源总量的47.2%,其中地表水资源量5.50亿m^3。当地可利用的水资源总量为2.49亿m^3,无黄河干流分配指标。2010年该区域取用水量为1.04亿m^3,占全区总取水量的1.4%;耗水量为0.81亿m^3,占全区总

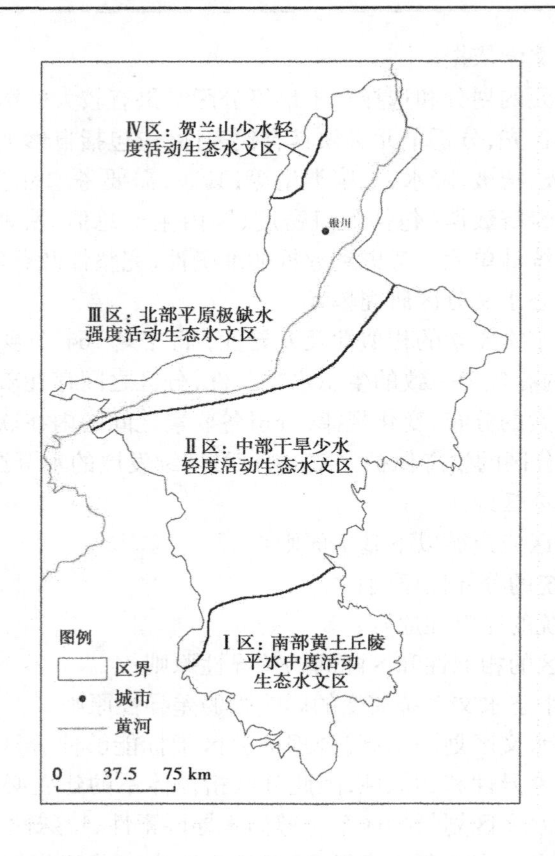

图 2-18　宁夏生态水文分区

耗水量的 2.2%。

(2) Ⅱ区：中部干旱少水轻度活动生态水文区，包括吴忠市红寺堡区、同心县、盐池县、海原县全部及中卫市沙坡头区、中宁县、灵武市、青铜峡市、吴忠市利通区的山区部分，总面积 3.35 万 km^2，约占全区面积的 50%。多年平均降水量 266 mm，降水稀少，人畜饮水困难；地广人稀，全区 2/3 的草场以及后备耕地资源大部分集中于此，畜牧业占据重要位置；风大沙多，土地荒漠沙化和水土流失严重。当地水资源量为 1.98 亿 m^3，占全区当地水资源总量的 17.0%，其中地表水资源量 1.71 亿 m^3。当地可利用的水资源量为 0.51 亿 m^3，加上黄河干流分配指标 7.15 亿 m^3 后，可利用水资源总量为 7.66 亿 m^3。2010 年该区域取用水量为 7.97 亿 m^3，占全区总用水量的 11%，其中黄河水为 7.23 亿 m^3；耗水量为 7.76 亿 m^3，占全区总耗水量的 21.7%。

(3) Ⅲ区：北部平原极缺水强度活动生态水文区，主要包括贺兰山东麓、引黄灌区、陶乐台地、黄河左岸诸沟、甘塘内陆地区、银川市、石嘴山市及中卫市沙坡头区、中宁县、青铜峡市、吴忠市利通区的引黄灌区和黄河左岸部分，总面积 1.74 万 km^2，约占全区面积的 26%。多年平均降水量 178 mm，年径流深 2 mm，天然水资源量极少，引用外来水多。地势平坦，土地肥沃，引黄河水便利，日照时间长、昼夜温差大，西侧贺兰山构成宁夏平原的天然屏障。得天独厚的农业生产条件，使得引黄灌区一直是宁夏工农业生产的重要地区，区内稻麦高产，瓜果品质优良，工业基础相对较好，素有“塞上江南”之称。

(4)Ⅳ区：贺兰山少水轻度活动生态水文区，主要包括贺兰山区，面积为0.2万 km^2，约占全区面积的3%。多年平均降水量330 mm，年均径流深26 mm，水面蒸发量年均1 200 mm。除北部部分矿区外，植被覆盖较好，以林地、草地为主。

由于Ⅳ区面积较小，除少数矿区外，以林地、耕地为主，且与北部平原区有紧密的水力联系，因此将其并入Ⅲ区。Ⅲ区和Ⅳ区范围内当地水资源量为4.16亿 m^3，占全区当地水资源总量的35.8%，其中地表水资源量2.28亿 m^3。当地可利用的水资源量为1.50亿 m^3，全部为地下水，加上黄河分配指标29.85亿 m^3 后，可利用水资源量为31.35亿 m^3。2010年该区域取用水量为63.37亿 m^3，占全区总用水量的87.6%，其中黄河水58.84亿 m^3；耗水量27.2亿 m^3，占全区总耗水量的76.1%。

4. 不同生态水文分区开发策略

水是我国西北干旱地区社会经济发展和生态环境保护的主要限制因素。在水资源短缺的情况下，根据当地的实际水文情势、土地利用、气候特征等生态地理要素，以水资源的可持续利用和经济社会可持续发展为目标，通过合理抑制需求、有效增加供水、积极保护生态环境等手段，因地制宜地采取各类工程及非工程措施实现有限水资源的经济、社会和生态环境综合效益最大。自西部大开发战略实施以来，宁夏工业用水、城市用水和生产建设用水大幅度增加，特别是近年来随着全区经济社会快速发展，工业化、城市化建设进程不断加快，水资源供需矛盾进一步加剧，已经成为制约自治区经济社会发展的瓶颈。

(1)南部黄土丘陵平水中度活动生态水文区（Ⅰ区）是宁夏水资源最丰富的地方，泾河、葫芦河、清水河等水系可提供大量水资源，生态环境整体较好。该区域社会经济水平整体不高，人口密度90.7人/km^2，以农业生产为主，工业发展具有较大潜力。应以开源节流为主，在保障农业用水、工业用水、居民生活用水以及生态环境用水的前提下，开展小流域综合治理，提高农业水利用系数及工业单位用水效益，积极开展生态环境建设和水源涵养工程，以此作为宁夏中南部缺水地区发展的重要水源地。

(2)中部干旱少水轻度活动生态水文区（Ⅱ区）是宁夏的干旱风沙区，水资源极为贫乏，区域性缺水严重制约当地的工农业生产及居民生活。应以调水为主要解决思路，一方面从南部黄土丘陵平水中度活动生态水文区（Ⅰ区）调水，另一方面依靠黄河扬水工程供水。近年来，为解决当地发展问题，宁夏回族自治区政府先后出台了退耕还草、生态移民等政策，大力发展干旱区节水补灌农业，不与生态系统争水，提高居民生活质量，确保当地生态环境的逐年恢复。

(3)北部平原极缺水强度活动生态水文区（Ⅲ区）和贺兰山少水轻度活动生态水文区（Ⅳ区）是宁夏工农业发展水平最高的地区，人口密度大。当地水资源非常匮乏，黄河水是该区域经济发展、居民安居乐业的主要保证，引黄灌溉造就了富饶的宁夏平原。应以大力发展节水为重点，一方面持续推进农业节水灌溉技术的推广，优化种植结构，逐步提高农业水利用系数，严格控制粗放管理造成的水资源损失；另一方面加强工业节水的力度，积极开展水权转换工作，以有限的水资源促进社会经济的持续发展。近年来，该区域大力建设以平原湿地为主的生态保护工程，在国家严格控制引黄水量的前提下，通过开展工农业节水保证生态环境用水，有力改善了当地的生态环境。

第3章　地表水资源评价

地表水资源量是指河流、湖泊等地表水体可以更新的动态水量,用天然河川径流量即还原后的多年平均天然河川年径流量表示。

3.1　径流资料的收集与审查

3.1.1　径流资料的资料收集

地表水资源量即指天然河川径流量,但由于人类活动等影响,许多河流的天然径流过程发生了很大变化,实测径流量往往与天然状态之间产生很大的差异。因此,在地表水资源评价中,除了收集径流资料,还必须收集各种人类活动对河川径流影响的资料。在地表水资源量的分析评价中,归纳起来主要收集以下几个方面的资料:

(1)区域社会经济资料。评价区域人口、耕地面积(水田、旱田等)、作物组成、耕作制度、工农业产值以及工农业与生活的用水情况,主要通过省、市、县的统计年鉴、国民经济发展计划获得。

(2)评价区域的自然地理特征资料。评价区域的地理位置、地形、地貌、地质、土壤、植被、气候、土地利用情况以及流域面积、形状、水系、河流长度、湖泊分布等特征资料。尤其是收集为制作基于 GIS 的区域专题图件所需要的数据资料库。

(3)水文气象资料。包括评价区域和邻近区域的水文站网分布,各测站实测的水位(潮水位)、流量、水温、冰情及洪、枯水调查考证等资料,应尽量使用水文部门正式刊布的资料。

(4)水资源开发利用资料。评价区域和邻近区域建成的和在建的蓄、引、提、配水工程,堤防、分洪、蓄滞洪工程,水土保持工程及决口、溃坝等资料。对农业用水比重大的区域,还要收集灌溉面积、灌溉定额、渠系水有效利用系数、田间回归系数等资料。

(5)以往的水文、水资源分析、计算、评价和研究成果。包括以往省级、市县级水资源调查评价、水资源综合规划、灌区规划、城市应急供水规划、跨流域调水规划以及水文图集、水文手册、水文特征值统计等。

3.1.2　径流资料的审查

同降水量一样,径流分析计算成果的精度与合理性取决于原始资料的可靠性、一致性和代表性,对其审查主要通过对比(时间域与空间域)分析进行,通常以长系列降水资料、流域或区域主要水文要素(降水、径流)的统计参数、已有的水资源量和开发利用的成果作为对比的参照资料。

3.1.2.1　资料可靠性审查

资料可靠性审查要从资料来源、测验方法、整编精度和水量平衡等方面进行。审查的重点可放在质量较差的中华人民共和国成立前和"文化大革命"期间的资料，对测站控制条件、测验手段和人员等有变动的年份也应注意。审查工作贯穿在资料统计、插补延长、绘制等值线图等各个工作环节中，发现问题应随时研究解决。

3.1.2.2　资料一致性审查

资料的一致性是指产生资料系列的条件要一致，其主要目的是处理由于工农业生产、基础设施建设和生态环境建设等人类活动导致流域下垫面条件变化，从而对径流产生的影响。

1. 一致性处理方法实践

从水文学原理可知，降水过程是大气向流域供水的过程，是径流形成的必要条件。径流形成过程是一个复杂而连续的物理过程，它与降水特征、时空分布及流域下垫面条件密切相关。如求河川径流总量，对于一个闭合流域，无论超渗产流还是蓄满产流，降水量一经满足田间持水量以后，就不再有损失量，一次降水径流关系满足下列水量平衡方程式：

$$R = P - (W_m - W_0) - E \tag{3-1}$$

式中　R——总径流量，mm；

P——一次降水量，mm；

W_m——包气带达到田间持水量时的土壤含水量，mm；

W_0——雨始时包气带土壤含水量，mm；

E——雨期蒸发量，mm。

如果将 W_0 用 P_a 表示，W_m用 I_m 近似表示，则式(3-1)可改写为：

$$R = P + P_a - I_m - E \tag{3-2}$$

式中　P_a——前期影响雨量，mm；

I_m——流域平均最大初期损失量，mm。

雨期蒸发量很小，可以忽略不计，径流量 R 的减少主要是由于 I_m 的增加，即植物截留、填洼和下渗等项，则式(3-2)可改写为：

$$R = P - E - \Delta V \tag{3-3}$$

式中　ΔV——年初与年终的蓄水变化量，m^3。

由于枯水期历时长，降水量小，对调蓄能力差的中小流域来说，可以认为年初与年终的蓄水量变化不大，ΔV 近似为零，可忽略不计，则式(3-3)可改写为：

$$R = P - E \tag{3-4}$$

则下垫面变化前 $R_1 = P_1 - E_1$，下垫面变化后 $R_2 = P_2 - E_2$。下垫面变化前后径流量的变化为：

$$\Delta R = R_1 - R_2 = P_1 - E_1 - P_2 + E_2 = \Delta P - \Delta E。$$

由于下垫面变化对降水量影响很小，ΔP 可不考虑，则：

$$\Delta R = - \Delta E \tag{3-5}$$

由式(3-5)可以看出，下垫面变化前后径流量的增大或减少是蒸发量的减少或增大所致，反映在降水—径流关系图上，下垫面变化前后的点据应呈偏离趋势，如图3-1所示。

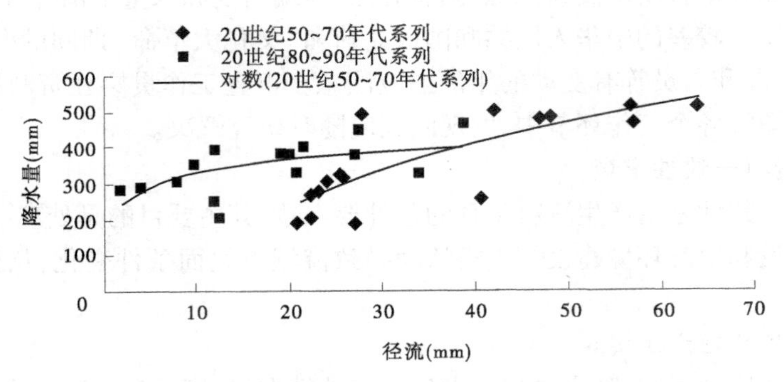

图 3-1　某测站降水—径流关系

2. 年降水—径流关系线的建立

在水资源计算中,对区域选用的径流分析站(点)采用点绘年降水与天然年径流相关图的方法进行一致性分析。根据系列长短要注意分阶段进行一致性分析,据此选择合适的线型进行延伸。

3. 系列一致性修正

根据下垫面变化前、后的两条降水—径流关系线,将下垫面变化以前系列修正到下垫面变化以后。修正方法有两种:①将下垫面变化前的系列按原来的降水量直接查下垫面变化后的关系线,得出径流量值;②求出不同等级降水情况下的下垫面变化前、后的两条关系线的径流量差值,然后用下垫面变化前同等级降水量的径流量减去差值,即可得修正后的径流量。

3.1.2.3　资料代表性分析

1. 多年期间资料的周期性变化

所选取的资料系列是否具有周期性变化,是分析资料代表性的一个因素,如资料不存在周期性,就可能使选取的系列时段偏丰或偏枯,致使评价成果偏大或偏小。一般从三方面分析降水量的周期性变化。

1) 从降水过程线及滑动平均值过程线分析

选取具有较长降水系列的站,绘制历年降水量过程线图,从图中可以看出降水呈丰、平、枯交替变化。为消除丰枯交替变化影响,可绘制滑动均值过程线,分析降水量大体存在的小周期。如图 3-2、图 3-3 所示,是对宁夏盐池县降水过程的分析。

2) 从模比系数差积(模差积)曲线分析

由于模差积曲线能反映丰枯变化的周期性趋势,可绘制年降水量模差积曲线,分析区域降水量大体存在的长周期。

差积曲线就是累积距平曲线,累积距平是由距平累加得到。模比系数差积曲线,类似降雨差积曲线。历年降雨减去多年降雨平均等于降雨距平,降雨距平逐年累加得到降雨累计距平,也就是降雨差积曲线。只需要把模比系数替换成降雨,即得到模比系数差积曲线。

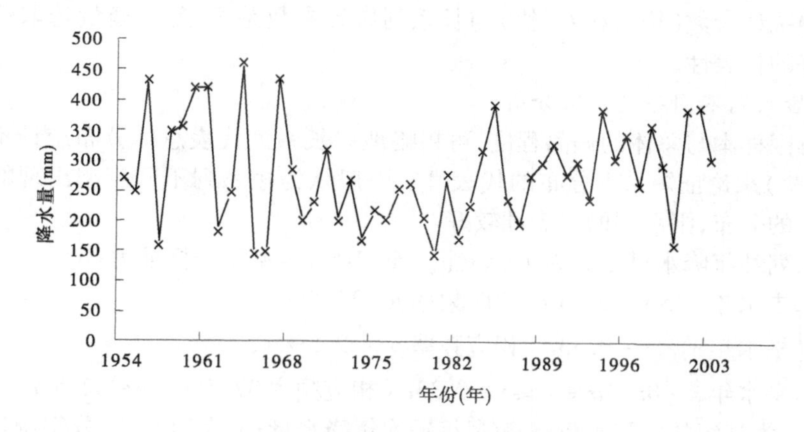

图 3-2　宁夏盐池县年降水量动态变化

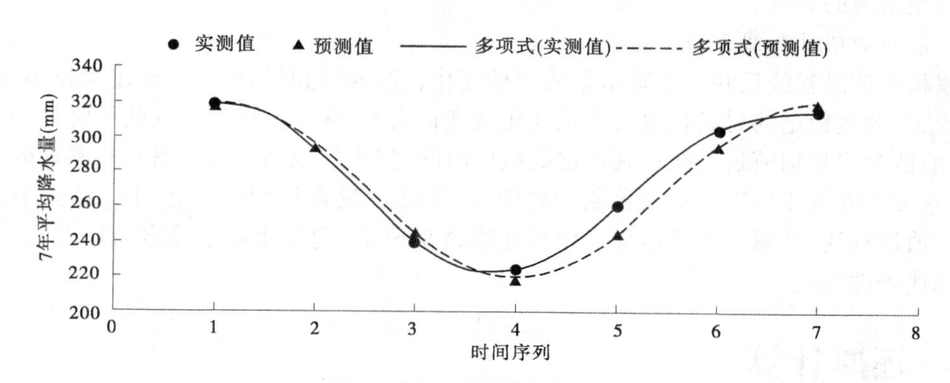

图 3-3　宁夏盐池县时段平均降水量实测与预报过程

3)分阶段绘制年降水量均值变化图

分阶段绘制年降水量均值变化图,分析降水量变化趋势,如图 3-4 所示为某区域各年份降水量均值变化。

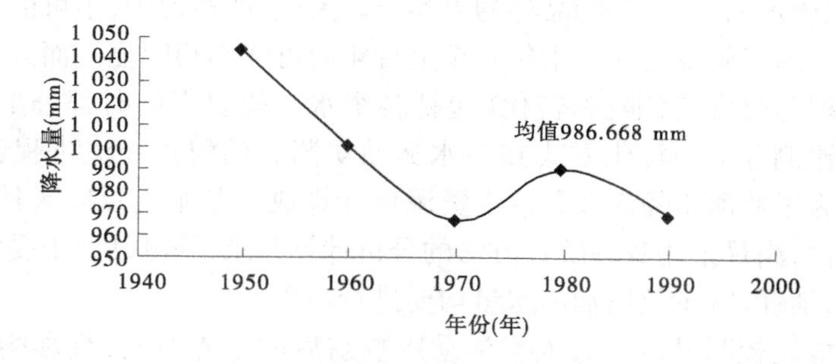

图 3-4　某区域各年份降水量均值变化

2. 统计参数对比分析

选取资料系列的统计参数与长系列的统计参数是否接近,是衡量资料代表性好坏的一个标志。为计算不同步长系列的统计参数(均值和 C_v 值),分区选取具有长系列的测站,进行逆进计算,并与长系列统计参数比较,进行长短系列统计参数对比分析,从而根据选取系列的统计参数(均值和 C_v 值)与长系列统计参数是否接近,衡量选取资料系列是否具有较好的代表性。

3. 长、短系列不同年型频次分析

判断有限样本与总体的偏离程度,可粗略地以长系列代表总体分布统计不同系列出现的频次(%)来论证短系列分布的代表性。一般认为短系列不同年型出现的频次接近于总体频次的分布,则系列的代表性较好。

将长系列站年降水量划分为丰、平、枯三种年型,年型划分标准为:

$$\begin{cases}\text{丰水年 } x_i > x + 0.33\sigma\text{(相应频率 } p < 37.5\%\text{)},\\ \text{枯水年 } x_i < x - 0.33\sigma\text{(相应频率 } p > 62.5\%\text{)},\\ \text{平水年 } x - 0.33\sigma \leq x_i \leq x + 0.33\sigma\text{(相应频率 } 37.5\% \leq p \leq 62.5\%\text{)。}\end{cases}$$

其中,x_i 为某年的年降水量;x 为多年平均年降水量;σ 为均方差,分别统计不同时段各种年型出现的频次。

4. 累积均值过程线分析

累积均值过程线反映了年降水量的丰枯变化,过程线随时间增长变幅越来越小,变化趋于稳定,到达稳定的时间长短与丰枯变化及变幅有关,在一定程度上反映了资料的代表性,一般认为累积均值过程线达到稳定的这段时间,代表性较高。选取具有长系列的雨量站,自基准年起逐年依次向前计算累积均值,以年降水量累积均值与时间(年)关系点绘累积均值过程线,从累积均值过程线增长变幅越来越小,到变化趋于稳定的这段时间,资料系列代表性较高。

3.2　还原计算

3.2.1　还原计算的内涵及要求

在天然情况下,气候条件在一定时期内会有缓慢的变化,如趋于温暖或寒冷;下垫面也在不断变化,如树木的生长、作物品种的更换等。因此,严格说来,不可能存在完全一致的资料。但大规模的气候变迁在几十年乃至上百年内可能不很明显。而人类活动对水资源的影响最终表现为改变其分配和转化(包括各个水平衡要素的时程分配、地区分配以及各要素之间的比例分配和转化方式),各水文站实测到的河川径流过程已不能反映其天然径流过程。为了使河川径流及分区水资源量计算成果基本上反映天然情况,并使资料系列具有一致性,满足采用数理统计方法的分析计算要求,凡测站以上受水利工程及其他人类活动影响,消耗、减少及增加的水量均要进行还原。

如果流域内能比较明显地区分人类活动影响前后的分界时间,且影响较大(如在北方地区,多年期间最大的年用水量等人类活动引起的径流量改变值大到多年平均年径流量的10%,或者枯水年的改变值占当年实测年径流量的20%),则应设法将受影响的资料加以还原。但受实测资料的限制,实践中可能无法判定大规模受人类活动影响前后的分界时间,甚至在开始观测时已经在一定程度上受人类活动的影响,故实际工作中往往把中华人民共和国成立前作为基本不受人类活动影响的天然状态。还原计算时要按河系自上而下对各水文站控制断面分段进行,然后累计计算。

3.2.2 还原计算的方法

3.2.2.1 分项调查法

分项调查法是还原计算的基本方法。当社会设计资料比较充分,各项人类活动措施和指标能落实时,会获得较满意的结果。该方法的优点是概念明确、能充分利用调查资料,分析成果定性准确,可以划分为不同措施的不同影响。不足之处是社会调查工作量较大,常有统计数字不落实以及单项指标任意性较大等情况。

从还原到天然状态的概念出发,各年天然径流、实测径流与还原水量间的水量平衡方程式为:

$$W_{天然} = W_{实测} + W_{还原} \tag{3-6}$$

$$W_{还原} = W_{农} \pm W_{引} + W_{蒸} \pm W_{蓄} + W_{工} + W_{渗} \tag{3-7}$$

式中 $W_{天然}$——还原后的天然径流量,万 m^3;

$W_{实测}$——实测径流量,万 m^3;

$W_{还原}$——还原总水量,万 m^3;

$W_{农}$——农业灌溉净耗水量,万 m^3;

$W_{引}$——跨流域引出(或引入)、分洪决口水量,引出为正,引入为负,万 m^3;

$W_{蒸}$——水面面积扩大增加的耗水量,万 m^3;

$W_{蓄}$——蓄水工程的蓄水变量(增加为正,减少为负),万 m^3;

$W_{工}$——工业和生活净耗水量,万 m^3;

$W_{渗}$——水库渗漏量,万 m^3。

根据调查资料的情况和对还原计算的不同要求,采用过程还原法或总量还原法。当调查资料齐全,还原计算要求较高,需要分汛期、非汛期或逐月、逐旬还原时,可用过程还原法;若只要求还原年总量,则用总量还原法。总量还原法首先根据式(3-7)分别求出各分项年还原水量,然后按式(3-6)计算天然径流量。

3.2.2.2 降雨径流模式法

降雨径流模式法,适用于难以进行人类活动措施调查,或调查资料不全的情况下直接推求天然径流量。具体步骤如下:首先建立人类活动显著影响前的降雨径流模式,然后根据人类活动显著影响以后各年的降雨资料,利用上述降雨径流模式,求得不受人类活动影响的天然年径流量及其过程。显然,相应的还原水量即为计算的天然年径流量与实测年径流量的差值。

用于还原的降雨径流模式有两种,一是多元回归分析法(即基于降雨径流模式的双累积法),二是参数分析法(即产流模式法)。

1. 多元回归分析法

此法的应用条件是:对流域内人类活动措施没有详细调查,或调查资料不很可靠,但人类活动前有较多的降雨、径流观测资料,可以满足建立流域下垫面显著改变前降雨径流模式的需要。

最简单的模式通常为降雨径流关系（$P \sim R$）。由于降雨径流关系是十分复杂的，它与流域内许多水文、气象因子有关。有条件时，可建立如下方程：

$$R = a_0 + a_1 P + a_2 P_{上} + a_3 T + \cdots \tag{3-8}$$

式中　R——年径流量，mm；

P——年降雨量，mm；

$P_{上}$——上一年 10～12 月总雨量，mm；

T——年平均气温，℃；

a_0、a_1、a_2、a_3——特定系数，如取式（3-8）右边前四项，其系数可由求解下列方程得到：

$$\begin{cases} na_0 + a_1 \sum p + a_2 \sum p_{上} + a_3 \sum T = \sum R \\ a_0 \sum p + a_1 \sum p^2 + a_2 \sum p_{上} p + a_3 \sum Tp = \sum RP \\ a_0 \sum p_{上} + a_1 \sum pp_{上} + a_2 \sum p_{上}^2 + a_3 \sum Tp_{上} = \sum RP_{上} \\ a_0 \sum T + a_1 \sum pT + a_2 \sum p_{上} T + a_3 \sum T^2 = \sum RT \end{cases} \tag{3-9}$$

方程组中的 n 为统计系列的年数，如为 9 年资料，则 $n=9$。在求解式（3-9）的系数时，要注意定性合理，即要符合一般产流成因概念。如式中系数 a_3 应为负值，a_0 一般也为负值，a_1、a_2 为正值。

2. 参数分析法

当设计流域的径流受人类活动多种措施的影响，难以逐项定量计算其影响量时，可按照设计流域的产流方式和影响产流的主要因素，初步拟定一个符合设计流域的、包含若干参数的产流模式。

从参数分析入手建立的产流模式，只需人类活动前有少数几年的降雨径流同步资料即可，这是该方法的一个优点。它主要适用于实测径流受多种人类活动措施的影响，其影响量逐年发展变化较大，又不易调查清楚的设计流域。

3.2.2.3　蒸发差值法

1. 方法概述

对于一个流域，在计算时段较长的情况下，可略去水量平衡方程式中流域蓄水量变化项。此时，还原水量可归结为人类活动前后流域蒸发的变化。流域蒸发可分为陆面蒸发和水面蒸发两种。人类活动前的陆面蒸发可以用经验公式计算，水面蒸发一般可用实测蒸发资料换算。这样，流域下垫面变化前的流域蒸发（$E_{前}$）就能算得。流域下垫面变化后的流域蒸发（$E_{后}$）可以用流域总损失量代替，即用实测降水（P）与径流深（R）的差值（$P-R$）代替，所以其还原水量为：

$$\Delta R = E_{后} - E_{前} = P - R - E_{前} \tag{3-10}$$

显然，天然径流量为：

$$R_{天然} = P - E_{前}$$

因人类活动前后的流域降水量的变化可忽略不计，关键是如何计算 $E_{前}$，现介绍如下。

$$E_{前} = \frac{(A - A_1) E_{陆} + aA_1 E_{水}}{A} \tag{3-11}$$

式中　$E_{前}$——设计流域天然状态下(即人类活动前)的蒸发量,mm;

A——设计流域总面积,km^2;

A_1——人类活动前流域内的水库、湖、塘等水面面积,km^2;

a——水面蒸发折算系数;

$E_{水}$——蒸发皿实测水面蒸发量,mm;

$E_{陆}$——陆面蒸发量,mm。

2. 应注意的问题与参数修正

当用蒸发差值法进行还原时,要注意两个问题。一是流域平均雨量的计算要有代表性,即要真正代表流域平均雨量,这是一项与还原水量计算直接有关的数值。若平均雨量偏大或偏小某个量级,相应还原水量也会偏大或偏小某个量级。由于降水量的绝对值比还原水量大得多,所以还原水量的相对误差要比降水量的相对误差大得多。因此,应尽量设法增强流域面平均雨量的代表性。二是要注意蒸发资料的代表性和蒸发公式的地区适用性。当采用凯江蒸发公式或黑龙江经验公式计算流域平均蒸发时,应选用气象站的高程位置与流域平均高程基本一致的气象资料,否则对有关要素应进行高程订正,特别是气温随高程变化的订正,一般每升高 100 m,气温下降 0.4 ~ 0.6 ℃。另外,要注意蒸发公式的适用性,若气候地理条件超过适用范围,应进行适用性检验。误差较大时,要适当修正有关参数,修正办法视资料条件而定。

3.2.2.4　还原成果的合理性检查

径流还原计算要求先选取少数站进行几种方法比较计算,然后选取精度较高的某种方法进行还原计算。对还原计算的正式成果,应从以下几方面进行合理性检查。

1. 单项指标的检查

当采用分项调查法进行还原计算时,人类活动措施数量和单项指标是否准确,是决定计算成果精度的关键。但有时一个因素偏大,而另一个因素偏小,还原计算成果可能得到补偿而接近实际。因此,当了解到某个调查资料有偏差(如发现实灌面积偏大),但又不能更改原始调查资料时,计算的单项指标宜采用变动范围的下限,使计算成果相对合理。

灌溉定额、灌溉回归系数等是合理性检查的重点,一般情况下,要有如下的量级概念:

(1)水稻单项灌溉定额 > 综合灌溉定额;

(2)保证灌面定额 > 有效灌面定额;

(3)汛期水面蒸发量 > 以深度计的灌溉净耗水定额;

(4)老灌区或小灌区的渠系利用系数 > 新灌区或大灌区渠系利用系数;

(5)灌区回归系数 > 灌溉回归系数 > 田间回归系数。

掌握和运用上述概念,可以帮助发现资料中存在的问题,以便即时改正。

2. 上下游、干支流及区间水量平衡检查

当上下游区间产流量较小时,可点绘还原前后上下游站年、月平均流量相关图。检查还原后下游站的流量是否较上游站稍大,从而分析上下游还原水量的合理性。

当各干支流都有测站控制时,可以把还原后支流站径流量之和与干流控制站径流量比较,其区间水量若出现负值,要查明原因,予以改算。

3. 用径流深和降雨径流关系检查

还原后的年径流代表天然情况下的空间分布情况，所以在全流域降水量基本均匀、下垫面基本一致的情况下，一般应有：

(1)山丘径流深 > 丘陵平原区径流深；

(2)上游径流深 > 中、下游径流深。

用还原后的径流深点绘的降雨—径流关系图，其相关点据一般比还原前的相关点据集中，相关系数提高，且符合本地区降雨—径流关系的一般规律。

4. 各种影响因素的序列对照及统计参数检验

把还原后的天然径流系列由大到小排列，同时把各种主要影响的因素(如降水量、蒸发量)也由大到小排列，对照次序检查其对应关系。

从径流参数地区分布情况进行检查，一般还原后的径流统计参数具有较好的地区分布规律性。

5. 匡算检查

还原计算环节很多，考虑的因素复杂，局部计算成果存在的问题常不易发现。例如农业灌溉净耗水量，可利用容易取得的有效灌溉面积和蓄、引水量等资料进行匡算，即采用有关部门提供的平均综合定额、回归系数等资料，推算出任一年的还原总量，与其他方法计算的成果比较。当流域的蓄、引、提水量资料比较完整时，可将蓄、引、提总水量打一折扣，其数量应与灌溉还原水量接近，这个折扣就是耗水系数。如果水利工程中只有蓄水工程，而引、提水工程很少，则可将蓄水工程有效库容乘以平均复蓄系数，再乘以耗水系数，其成果应与灌溉还原水量接近。

3.3 河川径流量的分析计算

3.3.1 径流的时程分配

径流的时程分配包括径流的年内分配和年际变化两个方面，其特点直接影响着水资源的开发利用和控制管理的技术经济指标(水利工程的规模、效益等)。

3.3.1.1 径流的年内分配

在一般情况下，径流年内分配的计算项目、方法和时段，应当根据国民经济各部门对水资源开发的不同要求、实测资料情况、流域面积大小和河川径流量变化的幅度来确定。

1. 正常年河川径流的年内分配的计算

正常年河川径流的年内分配常用多年平均的月径流过程、多年平均的连续最大四个月径流量占多年平均年径流量的百分率或枯水期径流量占年径流量的百分率等来反映。

1) 多年平均的月径流过程

计算各代表站各月径流量的多年平均值，它与多年平均径流量的比值，即为相应月份的年内分配的相对值(用百分比表示)，其分配过程可用柱状图、过程线或表格形式表示。

2) 多年平均的连续最大四个月径流量百分率

在各代表站各月径流量的多年平均值中选取连续最大四个月的径流量，并推求其占多年平均年径流量的百分率，将其数值连同出现月份都标注在流域形心处，绘制多年平均连续最大四个月径流量占年径流量的百分率等值线图，并按出现月份分区。

多年平均的连续最大四个月径流量出现月份的分区，应当尽量使同一分区内出现月份相同、同一分区内径流的补给来源相同，并且要保持天然流域的相对完整性。

3）枯水期径流量占年径流量的百分率

根据灌溉、养鱼、发电、航运等部门的不同需要，枯水期可分别选取不同时段，例如3～5月、5～6月、9～10月或11月至次年4月，用前述方法绘制相应时段径流量占年径流量的百分率等值线图，以供生产部门应用。

2. 不同频率年径流年内分配的计算

在水资源评价中，一般采用典型年的年内分配作为不同频率年径流的年内分配过程。其计算包括两个步骤：选择典型年和年径流的年内分配过程计算。

1）选择典型年

在选择典型年时，要遵循"接近"和"不利"原则。所谓"接近"是指，典型年的年径流量应与某一频率年径流量接近，这是因为年径流量越接近，其年内分配也越相似。所谓"不利"是指，典型年的年内分配过程要不利于用水部门的用水要求和径流调节。如于对农业灌溉，选取灌溉需水季节径流量较枯的年份作为典型年；对于水利发电工程，则选取枯水期较长，且枯水期径流又较枯的年份作为典型年。

2）年径流的年内分配过程计算

当典型年确定以后，就可以采用同倍比或同频率缩放法求得某频率年径流的年内分配，具体方法参考有关工程水文学教材。

3.3.1.2 径流的年际变化

径流的年际变化通常用年径流变差系数 C_v 和实测（还原）最大与最小年径流量之比来反映其相对变化程度。我国中等流域面积年径流变差系数 C_v 值的分布大体是：江淮丘陵、秦岭一线以南在0.5以下；淮河流域大部分地区为0.6～0.8；华北平原达1.0左右；东北地区山地和内陆河流域山地在0.5以下，平原盆地在0.8以上。最大与最小年径流量之比的地区差异也很大，长江以南诸河一般在5.0以下，北方河流可达10.0以上。全国最大与最小年径流量之比的极大值发生在半湿润半干旱地区，极小值发生在冰川融雪补给较大的河流。对于大江大河，其值有随面积增大而减小的趋势。

3.3.2 年径流的空间分布

年径流的空间分布其最好的描述是用年径流深或多年平均年径流深等值线图来反映径流量在空间上的变化，用年径流变差系数 C_v 等值线图反映年径流年际变化的空间规律。

3.3.2.1 代表站的选择

绘制多年平均年径流深及年径流变差系数等值线图，应以中等流域面积的代表站资料为主要依据，其集水面积一般控制在300～5 000 km²，在站网稀少的地区，条件可以适当放宽。代表站选定以后，应按资料精度、实测系列长短、集水面积大小等，将代表站划分为主要站、一般站、参考站三类，其分类条件参见表3-1。

表 3-1　代表站分类条件

代表站分类	分类条件
主要站	资料可靠,还原水量精度较可靠,实测资料超过 25 年,插补精度高,集水面积 300 ~ 5 000 km^2
一般站	资料可靠,还原水量成果合理,实测资料超过 20 ~ 25 年,插补精度较高,集水面积超过 300 ~ 5 000 km^2 不多
参考站	还原水量精度较差,实测资料不足 20 年,插补具有一定精度,集水面积超过 300 ~ 5 000 km^2 较多(具备条件之一者,即为参考站,可不计算 C_v)

注:本表参考水利部水文局《地表水资源调查统计分析细则》,1981 年 8 月。

如前所述,在集水面积过大的流域,上下游下垫面条件差异较大,径流模数不相同,往往使大面积站推求的径流深缺乏足够的代表性。因此,应当将大面积站及同水系的上游站多年平均年径流量相减,求得区间多年平均年径流量,除以区间面积得区间多年平均年径流深,供勾绘等值线时参考。

3.3.2.2　多年平均年径流深等值线图的绘制及合理性分析

1. 绘制多年平均年径流深等值线的步骤

1) 集水区域的确定

在大比例尺的地形图上,勾绘全部分析代表站及区间站集水范围。各选用测站的集水面积一般不应重叠,若有重叠,下游站应计算扣除了上游站集水面积后的区间面积的径流深。

2) 点据位置的确定

当集水面积内自然地理条件基本一致、高程变化不大时,点据位置定于集水面积的形心处;当集水面积内高程变化较大、径流深分布不均匀时,可借助降水量等值线图选定点据位置;区间点据一般点绘于区间面积的形心处,当区间面积内降水分布明显不均匀时,应参考降水分布情况适当改变区间点据位置。

3) 勾绘方法

首先,在选用站网控制性较好、资料精度较高的地区,以点据数值作为基本依据,结合自然地理情况勾绘等值线;在径流资料短缺或无资料的地区,如南方水网区、北方平原区、西部高山冰川区及高原湖盆区等,可根据已有的有关研究成果,采用不同的方法估算径流深,大体确定等值线的分布和走向。

其次,等值线的分布要考虑下垫面条件的差异,不能硬性地按点据数值等距离内插,等值线走向要参考地形等高线的走向。

再次,工作底图的比例尺不同,勾绘等值线的要求也不同。小比例尺图主要考虑较大范围的线条分布,局部的小山包、小河谷、小盆地等微地形地貌对等值线走向的影响可以忽略,大比例尺图则要考虑局部微地形地貌对等值线走向的影响。

最后,勾绘等值线时,应先确定几条主线的分布走向,然后勾绘其他线条。当等值线跨越大山脉时,应有适当的迂回,避免横穿主山体;当等值线跨越大河流时,要避免斜交。

对于马鞍形等值线区，要注意等值线的分布及等值线线值的合理性。干旱地区要调查产流区与径流散失区的大体分界线，以确定低值等值线的位置和走向。

4）年径流深均值等值线线距

径流深 >2 000 mm 者，线距1 000 mm；径流深800～2 000 mm 者，线距200 mm；径流深200～800 mm 者，线距100 mm；径流深50～200 mm 者，线距50 mm；径流深 <50 mm 者，线值分别为5 mm、10 mm、25 mm。各水资源一级区及各省（自治区、直辖市）可根据需要适当加密。

2．多年平均年径流深等值线图的合理性分析

1）从年径流与年降水地区分布的一致性来分析

在一般情况下，降水与径流深的地区分布规律应大体一致。如果年径流深与年降水量等值线的变化总趋势和高、低值区的地区分布都比较吻合，在年降水量等值线图已经进行了多方面合理论证的前提下，即可认为年径流深等值线也是基本合理的。

2）从年径流与流域平均高程的关系来分析

一般地，随着流域高程的增加，气温降低，蒸发损失减小，在同样降水条件下，径流深加大。为了验证径流深等值线图是否符合上述一般规律，可根据若干流域实测资料绘制多个平均年径流深与流域平均高程关系图，在本区范围内再选择几处无实测径流资料的天然流域，分别根据其流域平均高程，查得多年平均年径流深，若其值基本在原等值线的范围内，即说明原等值线的走向、间距都是比较合理的。

3）平面上的水量平衡检查

选择若干个大支流和独立水系的径流控制站，将从等值线图上量算的年径流量与单站计算的年径流量进行比较，要求相对误差不超过 ±5%。当相对误差超过 ±5% 时，应调整等值线的位置，直至合格。对于同一幅等值线图而言，各控制站由等值线图量算的年径流量与相应单站计算的年径流量相比，不应出现相对误差系数偏大或偏小的情况。

4）垂直方向上的水量平衡检查

垂直方向上的水量平衡检查，是指年降水、年径流、年陆地蒸发量三要素之间的综合平衡分析。将同期的年降水量均值等值线图与年径流深均值等值线图进行比较，两张图的主线走向应大体一致，高值区和低值区的位置应基本对应，不应出现一条径流深等值线横穿两条或两条以上降水量等值线的情况。同时，由于陆地蒸发量的地区分布具有相对稳定性，故以陆地蒸发量作为平衡项，并按式（3-12）计算其相对误差：

$$\Delta\overline{E} = \frac{\overline{E} - (\overline{P} - \overline{R})}{\overline{P} - \overline{R}} \times 100 \tag{3-12}$$

式中　$\overline{P}$——从降水量等值线图上量算的多年平均年降水量，mm；

$\overline{R}$——从径流深等值线图上量算的多年平均年径流深，mm；

$\overline{E}$——从陆地蒸发量等值线图上量算的多年平均年陆地蒸发量，mm。

检查方法是先将年降水量等值线图与年径流深等值线图套叠在一起，检查对应的高低值区及交点处的 $\Delta\overline{E}$，然后按网格法进行检查，若陆地蒸发量的相对误差 $\Delta\overline{E}$ 不超过 ±10%，且无系统偏差，即认为合理。如超出误差范围，应先考虑修改年径流深等值线图，

若径流深分布合理而 $\Delta\bar{E}$ 仍不合格，则修改年降水量等值线图，经过反复调整，直至三要素比较协调、$\Delta\bar{E}$ 在误差允许范围内。

5）与以往绘制的多年平均年径流深等值线图相互对照检查

与以往绘制的多年平均年径流深等值线图相互对照检查，要着重从等值线的走向、等值线量级的大小、高低值区的分布及其与自然地理因素的配合等方面进行比较。如果发现两种成果有明显的差异，则应从代表站的选择、资料系列长短、还原水量大小、分析途径和勾绘等值线方法上找出原因，以确保资料基础可靠，分析计算方法合理，最大限度地提高等值线图的精度。

3.3.2.3　年径流变差系数等值线图的合理性分析

年径流变差系数等值线图可从以下两方面进行合理性分析。

1. 检查年径流变差系数 C_v 值的地区分布特点是否符合一般规律

在一般情况下，湿润地区 C_v 值小，干旱地区 C_v 值大；高山冰雪补给型河流 C_v 值小，黄土高原及其他土层厚、地下潜水位低（地下水补给量小）的地区 C_v 值大；西北高原湖群区及沼泽地区中等面积河流下游 C_v 值小，支流及上游 C_v 值大。

在同一气候区，年径流变差系数等值线与径流深等值线应当相互对应、变化相反。因为勾绘年径流变差系数等值线时，除了依据实测点据，还参考了径流深等值线的走向，故年径流变差系数 C_v 等值线与径流深等值线的总趋势及高、低值区应当大体吻合，只是变化相反，即年径流深愈大，年径流变差系数则愈小；反之亦然。

2. 检查年径流、年降水、年陆地蒸发量变差系数是否合理

水平衡三要素（年径流、年降水、年陆地蒸发量）的变差系数通常是相互影响、相互制约的。我国大部分地区年径流变差系数 C_v 值相对较大，年降水变差系数 C_v 值次之，年陆地蒸发量变差系数 C_v 值相对较小。但在某些地区，由于气候与下垫面条件的改变，三要素 C_v 值的配合往往也会出现其他情况。例如，我国东南沿海降水十分充沛的地区，年降水和年径流的变差系数 C_v 值差别相对较小；相反，在华北干旱、半干旱地区，年降水变差系数的年际变化较大，年径流变差系数的年际变化可与年降水的变差系数有成倍的差别，二者 C_v 值相差比较悬殊，这种情况尤以平原区为甚，这类地区的年陆地蒸发量变差系数 C_v 值也比湿润地区大得多。但在我国西北某些干旱、半干旱地区，其年降水量虽然不大，年际变化也较小，但河流受冰川或地下水补给与调节，年径流与年降水的变差系数 C_v 值接近，个别地区年径流的变差系数 C_v 值反而比年降水的变差系数 C_v 值小。

3.3.3　面向用户的径流模拟与预报简介

3.3.3.1　径流转化机制

1. 产汇流机制描述

1）产流模式

一般产流有两种形式，蓄满产流及超渗产流。

（1）蓄满产流：在降水量较充沛的湿润、半湿润地区，地下潜水位较高，土壤前期含水量大，由于一次降水量大，历时长，降水满足植物截留、入渗、填注损失后，损失不再随降雨延续而显著增加，土壤基本饱和，从而广泛产生地表径流。此时的地表径流不仅包括地面

径流,也包括壤中流和其他形式的浅层地下水产流。蓄满产流方式往往发生在平原中。

(2)超渗产流:同期的降水量大于同期植物截留量、填洼量、雨期蒸发量及下渗量等的总和,多余出来的水量产生了地面径流。一般来说,植物截留量、雨期蒸发量、填洼量一般较小;而下渗量一般较大,且变化幅度也很大,它从初渗到稳渗,在时程上具有急变特性,空间上也具有多变的特性。下渗量的时空变化一般表现为:同一种土壤情况下,土壤干燥时,下渗能力强;土壤湿润时,下渗能力小。超渗产流的前提条件是:产流界面是地面(包气带的上界面);必要条件是要有供水源(降水);充分条件是降雨强度要大于下渗能力,多见于裸露的岩石区域。

2)产流机制及产流类型

在黄土高原土壤水资源考察中发现,黄土高原林地普遍存在下伏干燥化土层。黄土高原降水量在地表入渗—蒸散过程中,渗透深度只能到达干湿交替层下界,具有巨大水分亏缺量的干土层成为水分传递的隔离层,中断了降水垂直入渗补给地下水的路径,地表为地下厚度不等的黄土层,地下水埋深较大,补给来源已非降水入渗补给,因而黄土高原地区降水补给地下水量较小。同时,根据流域土壤水分监测结果,降水后基本不形成壤中流,故流域产流类型为超渗地面径流。

2. 流域径流减少机制分析

天然降水降落到地面后,被植被截留、土壤吸收、一部分储存于"土壤水库"及"地下水库",一部分消耗于植物蒸发或者被植物吸收并蒸腾。因此,水土保持措施在改变洪水形态的同时,也改变了径流在时间及空间上的分布状况。流域的蒸发蒸腾显著增大,在枯水期和枯水年的径流量相对增加,但是总的径流系数必然降低,在增加土壤水及地下水的同时,地表径流量减少,通常评价意义上的水资源总量将会呈现下降趋势。

仍以宁夏隆德县好水川流域为例,其2010年地表径流量同2005年径流量对比,地表径流量大幅度减少,这是由于水土保持工程建设完善,尤其是梯田工程的大量建设,将降水就地拦蓄于"土壤水库"中。

据2010年流域调查,流域内梯田、林地、草地等面积达到了74.2 km^2,占流域总面积的70%,均具有较强的减水减沙功能。

由于种树种草、兴修梯田、坡面治理等生态及水土保持工程的建设,流域水沙规律也随着发生演变。水土保持工程在提高植被覆盖度的同时,也改变了流域的下垫面条件,微地形、地貌、土壤结构等都发生了变化,在一定程度上增强了土壤的蓄水和下渗能力。

梯田及坡地蓄水情况对比分析结果表明:在一次降水中,当下垫面为梯田时,土壤蓄水占总降水量的80%左右;当下垫面为坡地时,土壤蓄水占总降水量的70%左右,梯田的减水效益优于坡地。

3.3.3.2 径流预报模型简介

1. 集总式模型

由于宁夏隆德县好水川流域内水文站水文资料极其缺乏,选择适宜黄土高原小流域、对观测数据要求相对较低的径流曲线数(Soil Conservation Service,简称SCS)模型进行流域径流的预报。

SCS模型是美国农业部土壤保持局研制的用于估算无资料地区径流量及洪峰流量的

经验模型，在许多国家的中小流域及城市水文预报中得到了较为广泛的应用，具有简单易行、所需参数较少、对观测数据要求不很严格的优点。它考虑了流域下垫面条件，如土壤、坡度、植被、土地利用情况等对径流的影响，将其列入水文模型的定量计算之中，并对某些细节问题进行了简化处理。SCS 模型在我国干旱、半干旱地区及黄土高原典型流域应用较广，且效果相对较好。利用 SCS 模型对定西安家沟小流域径流进行估算，探讨了区域径流曲线数值（CN）的取值问题，对 SCS 模型进行改进，界定了部分参数范围。彭定志等（2015 年）利用改进的 SCS 模型对汉江牧马河等 8 个流域进行长系列水文模拟，较大径流系数的流域模拟效果较好，而较小径流系数的流域则不够理想，为开展无资料地区的水文预报进行了一定的尝试。以上 SCS 模型的应用，以考虑下垫面条件及径流曲线数值 CN 参数取值为主，对气候变化的影响考虑较少。

SCS 模型是基于集水区的实际入渗量（F）与实际径流量（Q）之比等于集水区该场降水前的潜在入渗量（S）与潜在径流（P）之比的假定基础上建立的，首先提出了如式（3-13）的假设公式：

$$\frac{F}{S}=\frac{Q}{P} \tag{3-13}$$

式中 F——一次降水中的实际损失量，mm；

S——潜在的最大损失量，mm，是 F 的上限；

Q——径流量，mm；

P——一次降水的总量，mm。

其次，由于上面的公式没有考虑降水初损 I_a（数值上等于产流前的降水量），为此，式（3-13）可改为式（3-14）：

$$\frac{F}{S}=\frac{Q}{P_a} \tag{3-14}$$

式中 P_a——一次降水中产流后的降水量（又称有效降水量），mm。

最后，由于 $P_a=P-I_a$，$F=P_a-Q$，将上述关系式代入式（3-14）中，并采用经验公式 $I_a=0.2S$，解出径流量 Q，得到径流计算方程，如式（3-15）：

$$\begin{cases} Q=\dfrac{(P-0.2S)^2}{P+0.8S} & P>0.2S \\ Q=0 & P\leqslant 0.2S \end{cases} \tag{3-15}$$

在以上的径流计算方程中，S 的变化幅度可以很大，不便于取值。为此，引用了一个无因次参数 CN，即曲线数值，它是一个反映降水前流域特征的综合参数，其取值范围为 0～100。它与 S 的关系如式（3-16）：

$$CN=\frac{25\,400}{S+254} \tag{3-16}$$

因此，SCS 模型中最主要的环节即为 CN 值的选择及确定。

2. 分布式水文模型

分布式水文模型是具有物理机制的分布式降雨径流模型，利用数学物理方程来描述水分在地表和土壤中的运动，计算得到暴雨的降雨径流关系。国外具有代表性的分布式水文模型有 1979 年提出的 TOPMODEL 模型，是基于地理信息系统 DEM 推求地形指数，并利用地形指数来反映下垫面的空间变化对流域水文循环过程的影响，模型的参数具有物理意义，能用于无资料流域的产汇流计算，但未考虑降水、蒸发等空间分布对产汇流的影响。由 SHE(全称为 System Hydrological European)模型发展起来的 MIKE SHE 模型和 SHETRAN 模型，应用数值分析来建立相邻网格单元之间的时空关系，这类模型也称紧密耦合型分布式水文模型。美国农业部1995年开发的 SWAT(全称为 Soil and Water Assessment Tool)模型也具有很强的物理基础，目前在我国应用较广。TOPKAPI 模型假定土壤及地表网格内侧向水流运动可用运动波模型来模拟，将建立空间上的假设在一定空间尺度上进行积分，从而把初始的线性微分方程转换成非线性水库方程，最后求取数值解，它也可以应用 DEM、土地利用和土壤等信息来模拟较大空间尺度的流域水文情况，不影响模型和参数的物理意义。

我国在分布式水文模型的研制方面起步较晚。有基于网格的分布式月径流模型、基于 DEM 模型的径流参数识别模型、基于 GIS 和新安江模型结构的分布式水文模型。以时变增益水文模型(DTVGM)为代表的模型适用于缺水文资料地区或者不确定性干扰条件，集合了分布式水文概念性模型和水文系统分析适应能力相对较强。

CASC2D 是 The CASCAde 2 Dimensional 的简称，它是一个有物理基础的分布式水文模型，其最初的结构是源于科罗拉多州大学的 P. Y. Julien 教授对二维地面径流的计算方法的发展，他采用了 APL 语言编写二维地面径流计算程序。之后模型被逐渐加入了 Green - Ampt 下渗计算和显式扩散波河道计算、二维土壤侵蚀算法、地下径流模拟等，使得模型更加完善和系统化，模型名称也变更为 CASC2D - SED(The CASCAde 2 Dimensional Sediment Model)。CASC2D 分布式水文模型，是分布式水文物理模型研究的一个研究热点，可充分利用计算机技术、地理信息系统技术以及遥感技术。

3.3.3.3　径流预报

1. 集总式模型预报地表径流量

1)参数的选择

在 SCS 模型预报地表径流的过程中，最主要的环节是 *CN* 值的确定。

CN 值又称曲线数值，是反映降水前流域特征的一个综合参数，其主要影响因素有土壤前期湿度、土壤类型、覆盖类型、管理状况和水文条件，坡度也会产生一定的影响。实际条件下，取值范围为30~100。

美国土壤保持局根据流域土壤前期湿度条件，并根据 AMC 三级划分指标来客观定义土壤前期湿度。其中，AMC - Ⅰ为土壤干旱，但未到达植物凋萎点，有良好的耕作及耕种；AMC - Ⅱ为发生洪泛时的平均情况，即许多流域洪水出现前夕的土壤水分平均状况；AMC - Ⅲ是指暴雨前的5天内有大雨、小雨或低温出现，土壤水分几乎呈饱和状况。

据2010~2011年好水川流域土壤水分观测资料显示，浅层土壤(0~30 cm)，含水量变化剧烈，深层(60~90 cm)土壤含水量变化幅度相对较小；随着土层深度的增加，土壤含水量的稳定性增强，受外界影响程度降低。流域4~10月平均土壤含水量为13%~18%，土壤水分含量相对不高，但并未达到植物凋萎点，属于土壤前期湿度 AMC Ⅰ级。同时，好水川流域坡度10°~25°，土壤前期湿度一般，且流域分布有梯田、退耕还林还草用地、荒山造林用地等具有减水效果的土地面积，管理状况和水文条件一般，取 *CN* 值为82。

2)模型的建立

由于流域降水观测系列较短,无法建立降水径流模型。故借用宁夏隆德县1961~2010年逐日降水资料,考虑现状下垫面条件,对流域的径流深及汛期降水量进行分析计算,但是径流量同汛期降水量相关性相对不高,因此对模型进行改进。

即使在相同降水总量条件下,次降水量大小不同,也会对径流产生较大影响,因此结合流域实际情况,对流域逐日降水进行分级,分级标准如表3-2所示。

表3-2 逐日降水分级

降水等级	1	2	3	4	5
逐日降水量范围(mm)	10~20	20~30	30~40	40~70	>70

统计每年汛期不同降水的发生次数,分别用 a、b、c、d、e 表示1~5级降水发生的次数,用 x 表示汛期降水量,用 y 表示年径流深,用SPSS统计软件分析年径流深与不同等级降水发生次数及汛期降水量之间的关系进行相关分析,分析结果见表3-3。

表3-3 相关分析结果

方法	a	b	c	d	e	x
Pearson 相关性	0.293*	0.321*	0.497**	0.656**	0.412**	0.714**
显著性	0.039	0.023	0.000	0.000	0.003	0.000
N	50	50	50	50	50	50

注:*表示在0.05水平上显著相关;**表示在0.01水平上显著相关。

由分析结果可知:在0.05水平上,10~20 mm及20~30 mm降水发生的次数与年径流深具有显著的相关关系;在0.01水平上,30~40 mm、40~70 mm及>70 mm降水的发生次数及汛期降水量同年径流深具有显著的相关关系。

对年径流深、汛期降水量及不同等级降水发生的次数进行回归分析,建立线性回归模型,回归分析结果见表3-4。

表3-4 回归分析结果

模型	非标准化系数		t	R	R^2
	B	标准误差			
1(常量)	-7.870	4.452	-1.768	0.945	0.893
a	0.302	0.419	0.721		
b	1.713	0.814	2.105		
c	5.949	1.302	4.570		
d	15.366	1.588	9.676		
e	45.974	5.192	8.855		
x	0.040	0.019	2.127		

据回归分析结果,建立好水川流域径流预报模型,见式(3-17):

$$y = -7.87 + 0.302a + 1.713b + 5.949c + 15.366d + 45.974e + 0.040x \quad (3\text{-}17)$$

根据降水空间分布规律及已建立的预报模型,确定2010~2011年各工程汛期降水量,预报其径流深及径流量,见表3-5。

表3-5 2010~2011年径流深预报

工程名称	2010年			2011年		
	汛期降水量(mm)	预报径流深(mm)	预报径流量(万 m^3)	汛期降水量(mm)	预报径流深(mm)	预报径流量(万 m^3)
张银水库	272.6	13.01	16.3	317.2	13.39	16.7
后海子骨干工程	272.6	13.01	5.1	317.2	13.39	5.2
下老庄骨干工程	265.7	12.74	3.3	309.1	13.06	3.4
上岔骨干工程	251.1	12.15	5.3	292.2	12.39	5.4
岔口骨干工程	243.9	11.87	4.5	283.8	12.05	4.6

2. 分布式水文模型预报地表径流量

1)模型简述

CASC2D-SED模型在地理信息系统(DEM)和遥感(RS)技术的基础上合理描述了流域上的降水径流过程,见图3-5。

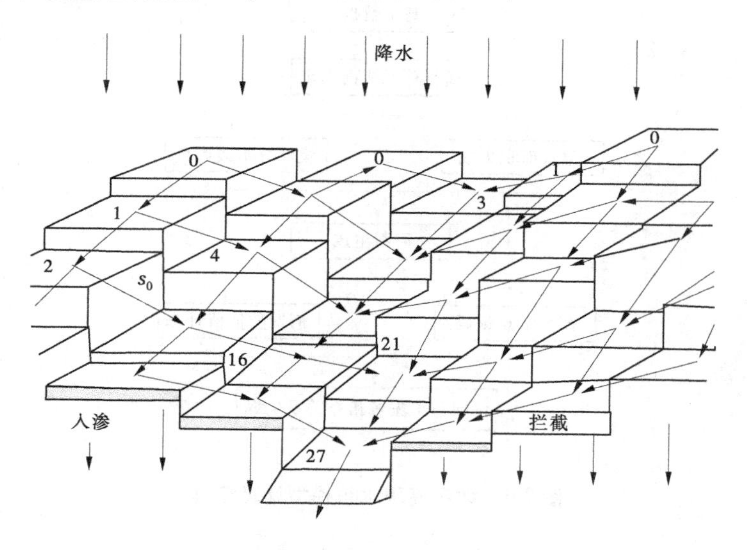

图3-5 地表径流和河道汇流结构示意

流域根据DEM资料被划分成若干栅格单元。对于一场降水过程,计算每个栅格单元上的降水量,采用距离平方倒数法反映降水的空间差异性。降水扣除截留等初始损失后开始下渗,栅格单元的植物截留与所对应的土地利用类型相关,采用Green-Ampt方程计算栅格上的下渗率和累计下渗量,Green-Ampt方程中的参数与栅格土壤类型相对应,同样考虑了空间差异性。土地利用和土壤类型数据从遥感资料中获取。

采用霍顿坡面流过程，当栅格单元上的降水强度大于下渗率时，积聚在栅格地面上的多余水量就会流向地势更低的栅格单元，通过坡面汇流流入河道，最后到达流域出口断面。采用二维显式有限扩散波差分法来描述坡面汇流，一维显式扩散波方程来计算河道汇流。地下径流汇流则采用线性水库或滞后演算方法进行计算。

分布式水文模型CASC2D通过质量、能量和动量方程来描述流域径流过程，采用连续方程描述水量以及能量的变化过程，并且考虑了水文响应和水文参数的空间变异性，因此CASC2D是具有物理基础的分布式水文模型。

a. 初始数字流域处理

首先应对DEM数据填洼，然后根据最陡坡度原则判定每个栅格点的水流方向，并根据流向数字图计算每个栅格点的上游集水区，然后设定计算生成河网的阈值，根据流向数据搜索出整个水系，进行子流域的划分，并对子流域与河网进行编码，构建河网结构拓扑关系。如图3-6所示为数字高程水系模型计算流程。

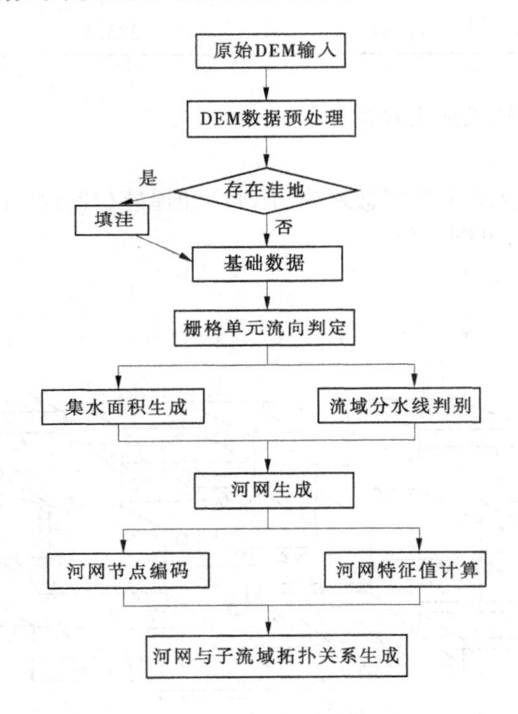

图3-6　数字高程水系模型计算流程

b. 水流演算

(1)降雨计算。

当流域上只有一个雨量站时，认为降雨强度是均匀分布的，即每个栅格单元上的降雨强度都等于雨量站处的降雨强度；当流域上有多个雨量站时，采用距离平方倒数法来插值估计每个栅格单元上的降雨强度，降雨强度在流域上是分布式的，从而减小了栅格单元上的估计降雨值与实际降雨值之间的误差，栅格单元降雨强度计算见式(3-18)：

$$i^t(j,k) = \frac{\sum_{m=1}^{NRG} \frac{i_m^t(jrg,krg)}{d_m^2}}{\sum_{m=1}^{NRG} \frac{1}{d_m^2}} \tag{3-18}$$

式中　$i^t(j,k)$——在时间 t 时栅格 (j,k) 处的降雨强度，mm/h；

$i_m^t(jrg,krg)$——位于栅格 (jrg,krg) 处雨量站实测的降雨强度值，mm/h；

d_m——栅格 (j,k) 与雨量站所在栅格 (jrg,krg) 之间的距离，m；

NRG——雨量站的总数目。

(2)植物截留计算。

在分布式水文模型 CASC2D 中，降水量首先用来满足植物截留，只有当累积的降水深达到植物截留深度 I 时，其后的降水才不再扣除截留损失。降水的植物截流深 I 根据栅格对应的土地利用类型求得，土地利用类型分为四种：林地、水面、耕地、草地。

(3)下渗产流计算。

为了准确描述涉及地表径流的物理过程，CASC2D 模型采用 Green - Ampt 方程对土壤下渗率进行近似模拟。

Green - Ampt 方程为：

$$f = K_s\left[\frac{H_c M_d}{F} + 1\right] \tag{3-19}$$

式中　f——下渗率，cm/h；

K_s——饱和土壤水力传导度，cm/h；

H_c——毛管水头，cm；

M_d——土壤缺水量，cm^3/cm^3；

F——累积下渗深度，cm。

为了将 Green - Ampt 方程应用于流域栅格上的下渗率计算，式(3-19)中三个独立的物理参数——饱和土壤水力传导度、毛管水头和土壤缺水量必须已知。

(4)地面径流计算。

在 CASC2D 模型中，描述地面径流的控制方程采用的是基于圣维南的连续方程和动量方程，运用显式有限扩散波差分方法来计算地面径流。两个方程表示为偏微分方程形式。

连续方程见式(3-20)：

$$\frac{\partial h}{\partial t} + \frac{\partial q_x}{\partial x} + \frac{\partial q_y}{\partial y} = R_e \tag{3-20}$$

式中　h——地面径流的深度，m；

q_x——x 方向上的单宽流量，m^2/s；

q_y——y 方向上的单宽流量，m^2/s；

R_e——超渗降雨，$R_e = i - f$，i 是降雨强度，f 是下渗率。

动量方程见式(3-21)及式(3-22)：

x 方向：
$$\frac{\partial u}{\partial t}+u\frac{\partial u}{\partial x}+v\frac{\partial u}{\partial y}=g(S_{ox}-S_{fx}-\frac{\partial h}{\partial x}) \tag{3-21}$$

y 方向：
$$\frac{\partial u}{\partial t}+u\frac{\partial v}{\partial x}+v\frac{\partial u}{\partial y}=g(S_{oy}-S_{fy}-\frac{\partial h}{\partial y}) \tag{3-22}$$

式中　t——时间；

S_{ox}、S_{oy}——x、y 方向上的坡降；

S_{fx}、S_{fy}——x、y 方向上的摩阻比降；

u、v——x、y 方向上的平均流速；

g——重力加速度，m/s^2。

式(3-21)、式(3-22)揭示了单位质量水流各方向上所受的力和指定方向上的水流加速度之间的关系。对于给定的 x 方向或 y 方向，等式的右边是单位质量水流受到的力，而等式的左边是水流速度随时间变化而产生的当地加速度和水流速度随空间变化而产生的迁移加速度。按照扩散波理论，忽略圣维南方程中的惯性项，将方程进行简化，得到扩散波水流方程，见式(3-23)及式(3-24)：

$$S_{fx}=S_{ox}-\frac{\partial h}{\partial x} \tag{3-23}$$

$$S_{fy}=S_{oy}-\frac{\partial h}{\partial y} \tag{3-24}$$

式中符号意义同前。

采用动力方程的扩散波形式的主要优势在于，它能够解释河道水流对地面径流的回水影响。

单宽流量 q_x、q_y 的计算，CASC2D 模型采用常用的曼宁阻力方程，见式(3-25)及式(3-26)：

x 方向上：

$$q_x=\alpha_x h^{\beta} \tag{3-25}$$

相似的，y 方向上：

$$q_y=\alpha_y h^{\beta} \tag{3-26}$$

按照曼宁公式，参数 α_x、α_y 和 β 的值见式(3-27)～式(3-29)：

$$\alpha_x=\frac{1}{n}|S_{fx}|^{\frac{1}{2}}\frac{S_{fx}}{|S_{fx}|} \tag{3-27}$$

$$\alpha_y=\frac{1}{n}|S_{fy}|^{\frac{1}{2}}\frac{S_{fy}}{|S_{fy}|} \tag{3-28}$$

$$\beta=\frac{5}{3} \tag{3-29}$$

式中　$\frac{S_{fx}}{|S_{fx}|}$和$\frac{S_{fy}}{|S_{fy}|}$——确定水流流向的参数；

α_x、α_y——沿 x、y 方向的等效植物附加粗糙系数；

β——曼宁系数。

(5)河道汇流计算。

CASC2D 模型中,认为河道水流为一维明渠流,河道汇流计算是一维显式扩散波公式,水流控制方程中一维明渠水流的连续方程如式(3-30)所示:

$$\frac{\partial A}{\partial t} + \frac{\partial Q}{\partial x} = q \tag{3-30}$$

式中　A——水流断面面积,m^2;

Q——河道总流量,m^3/s;

q——单位长度河道上的旁侧入流或出流流量, m^2/s。

假定河道演算为紊流形式,流量计算采用曼宁公式,见式(3-31):

$$Q = \frac{1}{n}AR^{\frac{2}{3}}S_f^{\frac{1}{2}} \tag{3-31}$$

式中　n——河道的曼宁糙率系数;

R——水力半径,$R = \frac{A}{x}$,m;

S_f——河道摩阻比降,$m^{2/3}/s^2$。

2)模型应用

a.数字高程模型资料

高程常常用来描述地形表面的形态,传统的高程模型是等高线,其数学意义是定义在二维地理空间上的连续曲面函数,当此高程模型用计算机来表达时,称为数字高程模型(DEM)。利用 DEM 提取流域的基本水文特征信息,随着 GIS 技术的应用与发展,自动从数字化等高线数据和数字高程模型数据中提取地形特征线的方法和技术对于扩充 GIS 系统的应用功能具有特别的意义。好水川流域通过对流域 1∶10 000 地形图矢量化后生成数字化地形图 DEM,进行拓扑检查、修正生成;流域总面积为 102 km^2,研究区 DEM 格网大小为 90 m,好水川流域数字高程模型图见图 3-7。

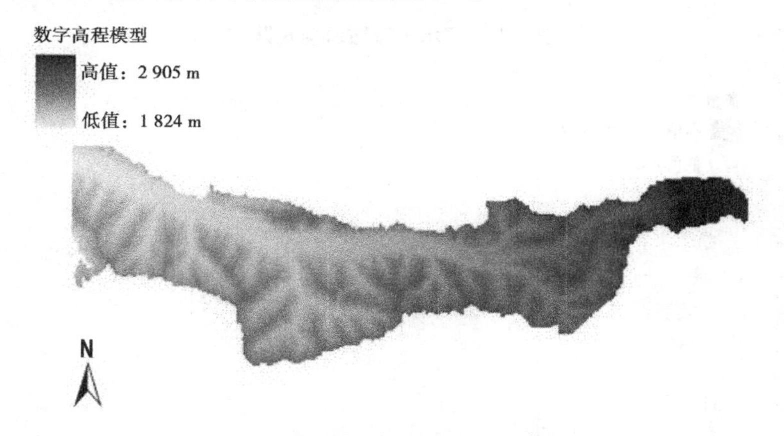

图 3-7　好水川流域数字高程模型

利用 ArcGIS 软件填洼处理后的好水川流域填洼数字高程模型见图 3-8 所示。

流域内最高点高程为 2 905 m,最低点高程为 1 824 m,最低点高程所在的流域栅格单元正是流域出口单元,然后计算流向矩阵、集水面积矩阵、水系图,见图 3-9、图 3-10 和图 3-11。

图 3-8　填洼处理后的好水川流域填洼数字高程模型

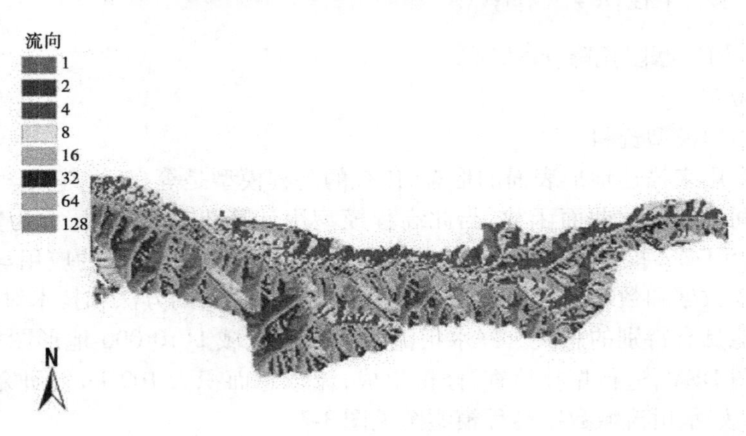

图 3-9　好水川流域流向矩阵

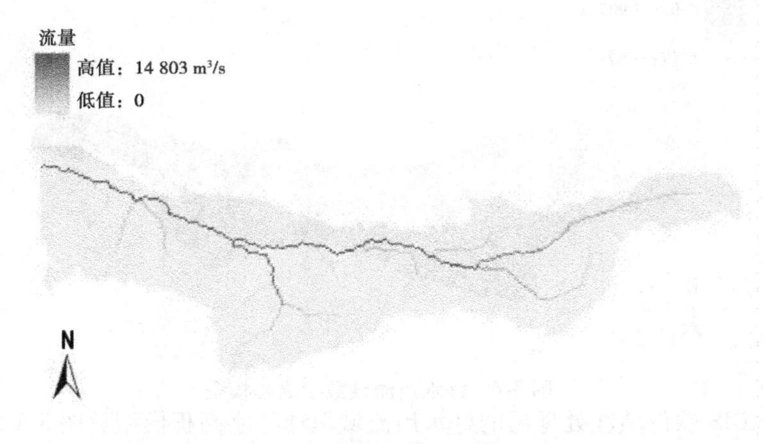

图 3-10　好水川流域集水面积矩阵

将好水川流域划分为 104 行、320 列，共有 15 175 个栅格单元，生成的河道网络见图 3-12。

图 3-11　好水川流域水系

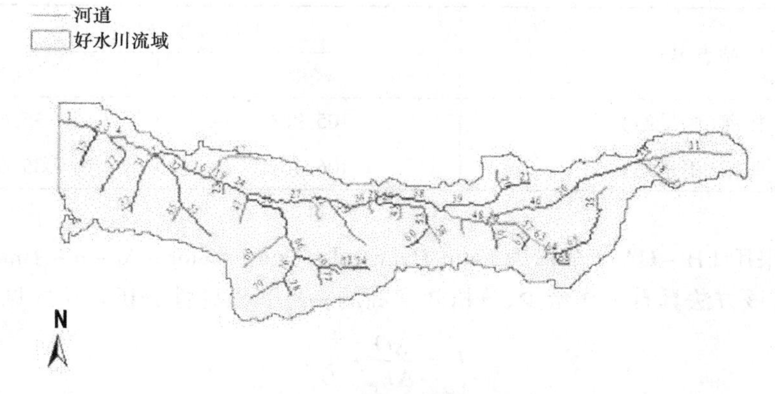

图 3-12　好水川流域河道网络

b. 土地利用

土地利用对流域水文形态、水文过程等都具有很大影响。土地利用通过影响植被截留、蒸散发、土壤入渗、径流路径等，进而对地表径流产生决定性作用，从而影响流域产汇流过程。本研究应用隆德县 2009 年遥感图片解译土地利用数据，在全面收集 2010 年研究区资料的基础上，开展野外资源调查，经调查整理后通过 GIS 软件矢量化后形成 2010 年好水川流域土地利用分类图，见图 3-13。

c. 土壤分类

好水川流域内主要土壤类型为黑垆土。

d. 流域测站资料

好水川流域内有两个雨量站：杨河和张银，雨量站点坐标见表 3-6。

3）参数敏感性分析

研究流域位于黄土丘陵沟壑区，降水常以暴雨形式出现，产流形式主要以超渗产流为主。研究中模拟期和验证期的模拟时段均为 4 ~ 9 月，模型研究以降雨产流为主。

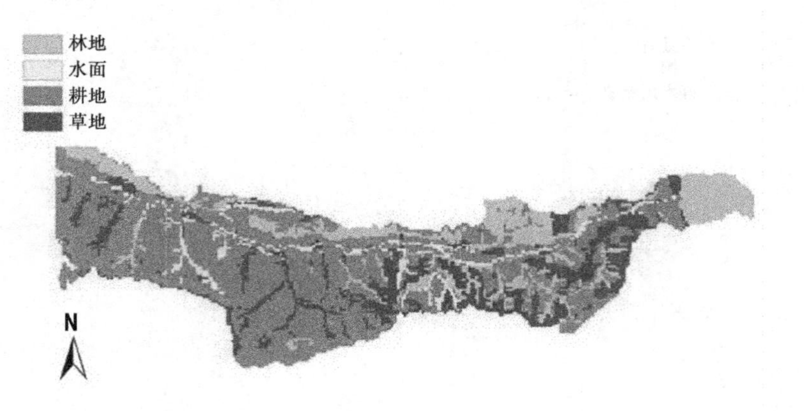

图 3-13　2010 年好水川流域土地利用分类

表 3-6　雨量站点坐标

站点名称	经纬度坐标(°)	
	经度	纬度
杨河(雨量站)	105.983	35.667
张银(雨量站)	106.101	35.656

研究中采用 LH－OAT(全称为 Latin Hypercube One－factor－At－a－Time)方法进行敏感性分析,该方法具有工作量少、分析效率高的特点。敏感性分析表达式见式(3-32):

$$I = \frac{\Delta O}{\Delta F_i} \cdot \frac{F_i}{O} \tag{3-32}$$

式中　I——敏感性指数;

O——模型输出结果;

F_i——模型输出因子;

ΔF_i——模型影响因子(参数)的变化量;

ΔO——模型输出结果的变化量。

模型参数敏感性分类见表 3-7, I 的绝对值在 0～1 变化,数值越大,表明参数的敏感性越高。

表 3-7　模型参数敏感性分类

分类	指数	敏感性
Ⅰ	$0.00 \leq \lvert I \rvert \leq 0.05$	不敏感
Ⅱ	$0.05 \leq \lvert I \rvert \leq 0.20$	一般敏感
Ⅲ	$0.20 \leq \lvert I \rvert \leq 1.00$	敏感
Ⅳ	$\lvert I \rvert \geq 1.00$	极敏感

a. 模拟时段步长的确定

为了水流数值计算的稳定性,模型模拟计算步长的范围为1~20 s,它的选取确定与模型采用的栅格资料的精度有关,还要综合考虑降水资料的时间步长。

在模型参数一致的情况下,分别取计算时段步长为1 min、30 s、10 s、2 s、1 s,所得到的计算结果会有差别,取1 min的时候,水流计算出现不稳定,经过比较,决定采用2 s作为模拟计算时段步长。

b. 土壤初始含水量对模拟结果影响

CASC2D作为分布式水文模型,需要流域内各网格的初始土壤含水量,在目前的技术条件下不能直接测量各网格的实际初始含水量,在研究区域的模拟计算中,考虑其为小流域,我们对流域的土壤含水量做均一化处理。

根据调试研究流域土壤缺水量参数,研究发现土壤缺水量越大,土壤的下渗能力越大,对于流域产流而言,由于下渗水量增加,总的产流量相应变小。

c. 河道糙率对模拟结果影响

在河道汇流计算中,CASC2D模型采用的是对明渠一维显式扩散波差分的方法来计算,河道糙率作为其中最重要的敏感参数之一,它的取值是否合理直接影响着计算结果的重要性。

现有的河网计算中大多采用手工调试来率定各河道断面的糙率,CASC2D模型同样把河道糙率作为模型参数来调试,但是河道糙率是与实际存在的河道相结合的,它是有物理意义的参数,其值是有一定范围的,通常河道糙率的变化范围为0.01~0.05。通过对糙率的调试,发现河道糙率越大,水流状态越紊乱,导致水流动能损失越大,模拟计算的峰值越小。

d. 参数校准和验证

(1)模型的评价标准。

模拟精度采用Nash效率系数Ens与模拟值和实测值的相关系数R^2来评价:

$$Ens = \left[1 - \frac{\sum_i (Q_i - \hat{Q}_i)^2}{\sum_i (Q_i - \overline{Q}_c)^2} \right] \tag{3-33}$$

式中　Q_i——实测径流量,mm;

$\hat{Q}_i'$——模拟径流量,mm;

$\overline{Q}_c$——平均实测径流量,mm。

模型效率系数的值在0~1,该值越大,表明效率越高。

相关系数是实测径流量和模拟径流量相关程度的比较,越接近1,表明两者越相关。

(2)参数校正。

土壤水文物理参数是影响流域产汇流的主要参数。土壤饱和导水率和土壤有效持水量是最为重要的影响因素。

研究选用2010年张银水库实测日径流和水库水量数据对模型参数进行校准,经校准后模型校准期的Nash效率系数为0.803,相关系数为0.833,校准后的结果见图3-14。

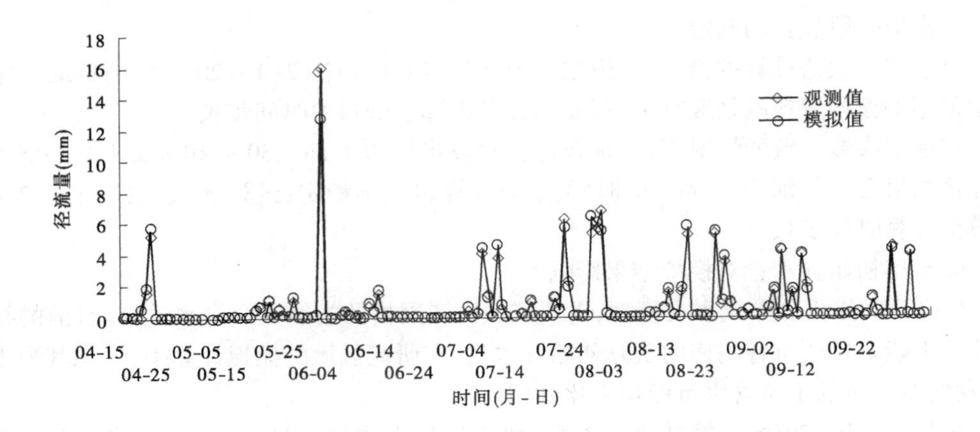

图 3-14　张银水库校准期日径流模拟值与实测值的比较

3. 流域地表径流预报

通过 2010 ~ 2011 年集总式模型与分布式模型预报地表径流的误差进行对比,选择相对误差较小的模型对流域不同水平年、规划年的地表径流进行预报。

因流域内无径流测站,依据水库、典型骨干工程的蓄水量进行模型的验证。

1) 水量还原

据统计,黄土高原淤地坝中蓄水量的 15% ~ 20% 均消耗于水面蒸发。另外,地质条件相对较好的工程,蓄水渗漏约占总蓄水量的 15%,而地质条件较差的工程,蓄水渗漏则会达到 25%。无效水面蒸发与深层渗漏损失量将会占总蓄水量的 30% ~ 40%。根据地质报告,库区地质条件相对较差,岩层相对松散,易渗透。同时,通过已有的水面蒸发观测结果,估算流域水面蒸发量。

利用 2010 ~ 2011 年水库即骨干工程蓄水量,对其进行还原后用于模型验证。水库蓄水变量中须还原项为水面蒸发量、水库渗漏量及引水量。水面蒸发量通过水面蒸发观测资料,配合工程水面积进行确定;水库渗漏量依据工程地质条件和经验确定;引水量根据现场观测确定。

a. 水面蒸发量

确定水面蒸发量的常用方法有经验公式法与器测法两种。经验公式法是在缺乏实测资料的情况下,根据湍流扩散理论建立的与风速、饱和水汽压有关的经验公式进行水面蒸发量的估算;器测法是直接利用蒸发器、蒸发池测定水面蒸发量,是最简便易行的方法,目前多用 E601 型蒸发皿进行测定。

由于蒸发皿的水热条件、风力影响和天然水面不同,蒸发皿测出的蒸发数据必须通过折算才能得出天然水面的蒸发量。隆德县水面蒸发量采用 E601 型蒸发皿测定,根据蒸发皿型号及地区特性,折算系数为 0.83。水面蒸发量及折算见表 3-8。

表3-8　水面蒸发量及折算

月份	蒸发皿蒸发量(mm)	折算后蒸发量(mm)
1	31.2	25.90
2	43.2	35.86
3	85.2	70.72
4	106.1	88.06
5	149.4	124.00
6	136.2	113.05
7	127.8	106.07
8	111.5	92.55
9	61.6	51.13
10	80.6	66.90
11	35.9	29.8
12	24.8	20.58
合计	993.5	824.62

研究区库坝水面蒸发量可以通过式(3-34)进行计算：

$$M = 0.1E \times F \tag{3-34}$$

式中　M——库坝水面蒸发总量，万 m^3；

E——折算后的水面蒸发量，mm；

F——水面蒸发面积，km^2。

根据张银水库、团结骨干坝、岔口骨干坝、上岔骨干坝2010年实测水位记录对应的库坝库容、库坝水面面积，以及现状泥沙淤积库容估算确定研究区库坝蓄水中水面蒸发量的比例，计算结果见表3-9。

表3-9　库坝水面蒸发量占蓄水量的比例

库坝名称	观测时间(年-月)	月平均水面面积(万 m^2)	月平均水面蒸发量(万 m^3)	月水库平均库容(万 m^3)	泥沙淤积库容(万 m^3)	实际蓄水量(万 m^3)	比例(%)
张银水库	2010-04	6.7	0.589	26.7	6.88	19.82	8.76
	2010-05	5.5	0.682	10.495	6.88	3.615	
	2010-06	5.3	0.6	10.82	6.88	3.94	
	2010-07	5.6	0.59	13.4	6.88	6.52	
	2010-08	5.9	0.55	19.55	6.88	12.67	
	2010-09	6.2	0.317	22.033	6.88	15.153	

续表 3-9

库坝名称	观测时间（年-月）	月平均水面面积（万 m^2）	月平均水面蒸发量（万 m^3）	月水库平均库容（万 m^3）	泥沙淤积库容（万 m^3）	实际蓄水量（万 m^3）	比例（%）
团结骨干坝	2010-04	9.5	0.837	23.65	13.9	9.75	9.84
	2010-05	7.6	0.943	30.64	13.9	16.74	
	2010-06	6.8	0.77	22.11	13.9	8.21	
	2010-07	5.5	0.58	25.315	13.9	11.415	
	2010-08	5.5	0.507	16.664	13.9	2.764	
	2010-09	6.1	0.311	16.484	13.9	2.584	
岔口骨干坝	2010-04	11.2	0.982	57.72	46.9	10.82	10.3
	2010-05	11.9	1.473	57.85	46.9	10.95	
	2010-06	12.5	1.415	62.89	46.9	15.99	
	2010-07	11.6	1.227	58.11	46.9	11.21	
	2010-08	11.2	1.039	59.37	46.9	12.47	
	2010-09	11.8	0.604	52.33	46.9	5.43	
上岔骨干坝	2010-04	2.2	0.194	10.41	6.4	4.01	9.71
	2010-05	1.9	0.236	8.98	6.4	2.58	
	2010-06	1.9	0.219	8.33	6.4	1.93	
	2010-07	2.0	0.208	8.68	6.4	2.28	
	2010-08	1.9	0.179	7.92	6.4	1.52	
	2010-09	2.0	0.102	7.25	6.4	0.85	

注：表中比例是指各库坝水面蒸发量占库坝实际蓄水量的百分比。

张银水库及三座骨干坝的观测资料及表 3-9 中的计算结果显示，水面蒸发量在年实际蓄水量中所占比例分别为 8.76%、9.84%、10.3%、9.71%。由于水库蓄水与放水时间一致，因此确定区域蓄水工程水面蒸发量约占蓄水量的 10% 左右。

b. 水库渗漏量

水资源工程兴建后，由于水位抬高、水体自身重力影响，水压力增大，工程中的蓄水通过具有透水性的坝身、坝底或者沿着大坝两端岩体中的空隙、裂缝、破碎带或岩溶通道等向下渗漏，前者称为坝基渗漏，后者称为绕坝渗漏。

这些通过库坝的总渗流量由以下几部分组成：

（1）从坝体渗出的流量，若防渗体没有贯穿性裂缝，这部分渗流量甚小；

（2）坝头绕流产生的渗流量；

（3）从坝基渗出地表的渗流量；

(4)坝基潜流流量。

好水川流域水资源工程大都是水深比较浅、水面面积较宽,与周围的接触点多的。由于地质条件一般,且工程中蓄水深度相对较低、水面面积较大,各工程以年蓄水库容计属于中等渗漏水平,取年水库渗漏量占水库蓄水量的20%计。

2)模型的验证

a. 集总式模型验证

工程水面蒸发及无效损失估算为蓄水总量的30%。考虑水面蒸发、深层渗漏、提(用)水量后对降水产生的径流总量进行还原,与预报径流量进行模型的验证,见表3-10及表3-11。

表 3-10　张银水库蓄水验证

年份	观测时间(月-日)	蓄水量(万 m^3)		蓄水变量(万 m^3)	提水量(万 m^3)	还原后径流量(万 m^3)	预报径流量(万 m^3)	相对误差(%)
		雨前	雨后					
2010年	05-22 ~ 05-29	26.87	27.32	0.450	0.36	15.0	16.4	9.3
	06-22 ~ 07-04	27.77	29.04	1.270	0.73			
	07-04 ~ 07-10	27.77	29.04	1.270	0.26			
	07-17 ~ 07-19	29.34	31.67	2.330	0.16			
	07-19 ~ 07-25	31.67	33.52	1.850	0.31			
	08-13 ~ 09-02	34.87	35.37	0.500	1.04			
2011年	07-21 ~ 07-30	27.50	27.80	0.30	0.864	15.53	16.74	7.8
	08-15 ~ 08-21	27.20	30.00	2.80	0.604 8			
	08-22 ~ 09-09	30.00	31.80	1.80	1.468 8			
	09-09 ~ 09-20	31.80	33.80	2.00	1.036 8			

表 3-11　骨干工程蓄水验证　(单位:万 m^3)

骨干工程名称	2010年径流量			2011年径流量		
	观测值	预报值	相对误差(%)	观测值	预报值	相对误差(%)
后海子	5.33	5.1	4.3	4.76	5.2	9.2
下老庄	4.63	3.3	28.7	3.88	3.4	12.4
上岔	2.26	5.3	134.5	5.1	5.4	5.9
岔口	1.43	4.5	214.7	3.44	4.6	33.7

通过2010 ~ 2011年水库及骨干工程蓄水情况对径流预报模型进行验证,最小相对误差为5.9%,最大相对误差为214.7%。其中张银水库预报径流量相对误差较低,2010年上岔及岔口骨干工程预报径流量与实测误差较大,2011年上岔及岔口骨干工程预报径流

量与实测误差相对较小。预报误差相对较大,可能是未分别考虑各骨干工程控制面积中的下垫面条件。

b. 分布式模型验证

由于缺乏详细流域长系列实测水文资料,无法全面地对下渗深度、地面径流等做出定量对比分析,只能以骨干工程蓄水变量分析其模拟结果的可靠性和精确程度。通过模拟 2010 年、2011 年好水川流域骨干工程来水量变化,对比分析骨干工程蓄水变量观测结果,其模拟结果见表 3-12。

表 3-12　CASC2D 模型模拟结果对比　(单位:万 m^3)

计算区	2010 年径流量			2011 年径流量		
	观测值	模拟值	相对误差(%)	观测值	模拟值	相对误差(%)
张银	15.01	17.1	14	15.49	16.8	9
后海子	5.33	6.01	13	4.76	5.22	10
下老庄	4.63	4.88	5	3.88	3.59	8
上岔	2.26	2.03	10	5.1	4.34	15
岔口	1.43	1.55	8	3.44	2.97	14

根据表 3-12 可知,通过本模型模拟出各骨干工程控制流域径流量相对误差为 5% ~ 15%,对于缺乏长系列水文观测数据的小流域而言,可满足水文预报的精度要求以及工程建设需求。

通过对平水年、枯水年、2015 年、2020 年 4 年作降雨径流模拟预测,预测结果见表 3-13。

表 3-13　不同代表年各工程控制子流域径流预测结果　(单位:万 m^3)

计算区	平水年	枯水年	2015 年	2020 年
后海子	9.3	7.1	16.4	24.2
后沟	8.4	6.4	14.8	21.9
何家岔	9.4	7.1	14.0	14.0
上岔	9.3	7.0	16.3	24.1
下岔	8.3	6.3	14.5	21.5
老张沟	10.0	7.6	15.0	15.0
范湾	8.5	6.5	15.0	22.2
瓦窑沟	1.3	1.0	1.7	1.5
南坡	3.3	2.5	5.7	5.1
张家南沟	5.0	3.8	8.7	10.0
陶家沟	3.3	2.5	5.7	6.0

续表 3-13

计算区	平水年	枯水年	2015年	2020年
通丰	2.8	2.1	4.8	5.2
吊岔	2.0	1.5	2.0	2.0
兵进湾	4.6	3.5	8.1	8.0
刘家岔	1.8	1.3	2.0	2.0
上岔1#	1.8	1.3	2.0	2.0
任家沟	2.7	2.1	4.8	4.0
阳山庄	5.3	4.0	9.2	6.0
苋麻庄	2.4	1.8	3.2	3.0
郭家台子	5.8	4.4	10.1	12.0
张沟	6.0	4.6	10.6	13.0
西沟	1.8	1.3	1.8	2.0

作为具有物理基础的分布式水文模型，CASC2D 模型的输出结果还包括流域内的水文响应状况，这些水文状况都是随时间和空间变化的序列，例如流域内各点的降雨强度，以及地表径流深、河道水深等，对其极值进行统计，能够有助于对流域内的降雨产流以及汇流作更深入了解，见表3-14。

表 3-14　研究区域内模拟水文极值

研究区域内模拟水文值	最小值	最大值
降雨强度(mm/h)	0.00	135.89
下渗深度(mm/h)	0.00	65.78
地面径流深(mm)	0.00	73.00
河道水深(m)	0.00	5.93

3)地表径流预报

经过集总式模型及分布式水文模型对比，分布式水文模型充分考虑下垫面条件，径流模拟精度相对较高，所以利用分布式水文模型对流域不同水平年及规划年地表径流进行预报，丰、平、枯、多年平均径流量分别为550.8万m^3、255.8万m^3、193.8万m^3、336.6万m^3。预报规划的2015年及2020地表径流量分别为448.8万m^3及663.0万m^3。

3.4　区域地表水资源分析计算

3.4.1　代表站法

在评价区域内，选择一个或几个基本能够控制全区、实测径流资料系列较长并具有足够精度的代表站，从径流形成条件的相似性出发，把代表站的年径流量，按面积比或综合修正的方法移用到评价流域范围内，从而推算区域多年平均及不同频率的年径流量，这种方法叫做代表站法。

3.4.1.1　逐年及多年平均年径流量的计算

如评价区域与代表流域的面积相差不大，自然地理条件也相近，则可认为评价区域与代表流域的平均径流深是一致的，计算公式见式(3-35)：

$$W_{评} = \frac{F_{评}}{F_{代}} W_{代} \tag{3-35}$$

式中　$W_{评}$——评价区域的年径流量，m^3；

$F_{评}$——评价区域集水面积，km^2；

$F_{代}$——代表站集水面积，km^2；

$W_{代}$——代表站的年径流量，m^3。

依据式(3-35)推求评价区域逐年径流量时，根据代表站个数及其自然地理等情况采取不同的途径。

1. 当区域内可选择一个代表站时

(1)当区域内可选择一个代表站并基本能够控制全区，且上下游产水条件差别不大时，可根据代表站逐年天然年径流量 $W_{代}$、代表站集水面积 $F_{代}$，量算评价区域集水面积 $F_{评}$，代入式(3-35)便可求得全区相应的逐年年径流量。

(2)若代表站不能控制全区大部分面积，或上下游产水条件又有较大的差别时，则应采用与评价区域产水条件相近的部分代表流域的径流量及面积(如区间径流量与相应的集水面积)，代入式(3-35)推求全区逐年径流量。

2. 当区域内可选择两个(或两个以上)代表站时

(1)若评价区域内气候及下垫面条件差别较大，则可按气候、地形、地貌等条件，将全区划分为两个(或两个以上)评价区域，每个评价区域均按式(3-35)计算分区逐年径流量，相加后得全区相应的年径流量。

(2)若评价区域内气候及下垫面条件差别不大，仍可将全区作为一个区域看待，其逐年径流量按式(3-36)推求：

$$W_{评} = \frac{F_{评}}{F_{代1} + F_{代2} + \cdots + F_{代n}} (W_{代1} + W_{代2} + \cdots + W_{代n}) \tag{3-36}$$

(3)当评价区域与代表流域的自然地理条件差别过大时，其产水条件也势必存在明显的差异。这时，一般不宜采用简单的面积比法计算全区年径流量，而应选择能够较好地反映产水强度的指标，对全区年径流量进行修正计算。

①用区域平均年降水量修正。在面积比方法的基础上，考虑评价区域与代表流域降水条件的差别，其全区逐年径流量的计算公式为：

$$W_{评} = \frac{F_{评} \overline{P}_{评}}{F_{代} \overline{P}_{代}} W_{代} \tag{3-37}$$

式中　$\overline{P}_{评}$、$\overline{P}_{代}$——评价区域和代表流域的区域平均年降水量，mm。

②用多年平均年径流深修正。采用式(3-36)计算全区逐年径流量,虽然考虑了评价区域与代表流域年降水量的不同,但尚未考虑下垫面对产水量的综合影响。为了反映这一影响,可引入多年平均年径流深进行修正,将式(3-37)改写为:

$$W_{评} = \frac{F_{评}\overline{R}_{评}}{F_{代}\overline{R}_{代}}W_{代} \tag{3-38}$$

式中　$\overline{R}_{评}$、$\overline{R}_{代}$——评价区域和代表流域的多年平均年径流深,mm,一般可由平均年径流深等值线量算。

③当评价区域内实测年降水量、年径流深资料都很缺乏时,可直接借用与该区域自然地理条件相似的代表流域的年径流深系列,乘以评价区域与代表流域多年平均年径流深的比值(评价区域的多年平均年径流深可采用等值线图量算值),再乘以评价区域面积,得逐年径流量,其算术平均值即为多年平均年径流量。

3.4.1.2　区域不同频率年径流量的计算

用代表站法求得的评价区域逐年径流量构成区域的年径流系列,在此基础上进行频率分析计算,即可推求评价区域不同频率的年径流量。

3.4.2　等值线法

采用等值线法推求区域多年平均年径流量的方法步骤如下:

(1)在本区域范围内,用求积仪分别量算相邻两条等值线间的面积f_i。

(2)计算相应于f_i的平均年径流深$\overline{R}_i$,$\overline{R}_i$可取相邻两条等值线的算术平均值。

(3)依据公式:

$$\overline{R} = \frac{\overline{R}_1 f_1 + \overline{R}_2 f_2 + \cdots + \overline{R}_n f_n}{F} \tag{3-39}$$

式中　F——f_i之和。

计算出区域多年平均年径流深,再乘以区域面积即为多年平均年径流量。

应当指出,对于面积不同的区域,应用等值线法计算多年平均年径流量的精度是不同的。例如,区域面积在5万~10万km^{2}以上,等值线法计算成果精度相对较高。但这种区域等值线法的实用意义并不大,因为较大区域往往具有较充分的实测资料。对于中等面积区域,使用等值线法的计算误差最小,一般不超过10%~20%,因为等值线主要是依靠中等面积代表站资料勾绘的,这种区域等值线法的实用意义最大。对于面积为300~500km^{2}以下小区域,等值线法计算误差可能大大超过上述范围。因此,小面积区域应用等值线法计算多年平均年径流量时,一般还要结合实地考察资料,充分论证计算成果的合理性。

3.4.3　年降雨径流相关法

选择评价区域内具有实测降水径流资料的代表站,逐年统计代表流域平均年降水量和年径流深,建立降雨径流相关关系。若评价区域气候、下垫面情况与代表站流域相似,则可由评价区域逐年实测的平均年降水量查代表站的降雨径流关系,求得评价区域逐年径流量,组成径流系列,对该系列进行频率计算,得到不同频率的区域年径流量。

在没有测站控制的地区还可通过水文模型由区域平均年降水系列推求年径流系列，同样对该系列进行频率计算，就可得到不同频率的区域年径流量。

在缺乏径流资料时，可应用水文比拟法来确定不同频率年径流的年内分配。这时，需选择与特定区域自然地理条件相似的代表流域，将其典型年各月径流量占年径流量的百分比，作为待定区域年径流的年内分配依据。

当代表流域较难选定时，可以直接查用各省、市、自治区编制的水文手册、水文图集中典型年径流年内分配分区成果。

3.5　地表水资源可利用量估算

3.5.1　地表水资源可利用量的概念

地表水资源可利用量是指在可预见的时期内，在统筹考虑河道内生态环境和其他用水的基础上，可供河道外生活、生产和生态用水的最大水量（不包括回归水的重复利用），与流域自然条件、水资源特性、经济社会发展及水资源开发利用技术水平、生态环境保护要求等密切相关。水资源可利用量是从资源的角度分析可能被消耗利用的水资源量，不单纯取决于当地水资源量的多寡，还受控于当时的社会经济及技术发展水平。它是个动态的概念，随着科学技术的进步及人们对生态完整性的认知程度和管理目标的提高，可利用量在一定程度上会有所变化。

与水资源可利用量相对应，水资源不可被利用量是指不允许利用的水量，以免造成生态环境恶化及被破坏的严重后果，即必须满足河道内生态环境用水量。不可被利用水量主要包括：超出工程最大调蓄能力和供水能力的洪水量，在可预见时期内受工程经济技术性影响不可能被利用的水量，在可预见的时期内超出最大用水量需求的水量。

地表水资源可利用量与工程措施密切相关，但水资源可利用量与工程可供水量概念有区别。工程可供水量是从供需分析的角度出发，强调的是不同水平年、不同来水保证率情况下，根据需水要求，各种工程设施供水量的总和。而可利用量是从资源的角度分析可能被开发利用的量，主要考虑工程措施与当地水资源条件，最大可能地控制利用不重复的一次性水量，不考虑回归水和非常规水源的重复利用量，可利用量小于当地水资源量。

3.5.2　地表水资源可利用量计算方法

3.5.2.1　**经验估算法**

河流的流量是水生态系统优劣的基本指标，一般情况下，河道内应保证60%的水质达标水量，流量减少会直接影响其生态功能。对于水资源开发利用程度尚未超过40%的河流，可以参照国际经验，按照水资源开发利用率来估算地表水资源可利用量。由于地表水资源开发利用量有一部分又回到天然水体，因此若地表水可利用率低于开发利用率，可取为30%，即地表水可利用量等于地表水资源量乘以30%。一般来说，对于水资源开发利用率已经超过40%的河流，按照兼顾历史现状和不再继续恶化的原则，最低要求是维持现状，不能再扩大利用规模。如果水资源开发过度引起的生态环境破坏已危及人类的生存和发展，则必须根据生态环境恢复目标重新分配生态用水量和人类利用量。但是，经验估算法是一个笼统的概念，适用范围尚不明确，因此采用这种方法所得的计算结果只能作为参考。

3.5.2.2　倒算法

倒算法可计算多年平均情况下的地表水资源可利用量，一般用于北方水资源紧缺地区、大江大河及其支流。

1.河道内生态环境需水量计算

生态需水量计算方法很多，我国多采用90%保证率最枯月流量法。Tennant法是美国目前用来确定河道生态环境用水量的一种方法，河道流量推荐值以预先确定的年平均流量的百分数为基础，主要针对干旱河流系统。Richter等于1997年提出RVA法建立河流流量管理模式，在加拿大、南非、澳大利亚等国家的30多项研究中得到应用。RVA法求算生态需水量与管理目标有关，其原理是使自然水流情势影响最小化，从而达到维持河流生态系统生态完整性的水资源管理目标。

2.汛期难以控制利用洪水量分析计算

汛期难以控制利用洪水量是指在可预见的时期内，不能被工程措施控制利用的汛期洪水量。它是根据最下游的控制节点分析计算的，不是指水库工程的弃水量。它应以未来工程最大调蓄与供水能力为控制条件，采用天然径流量长系列资料，逐年计算汛期难以控制利用洪水量，在此基础上计算多年平均情况下汛期难以控制利用的下泄洪水量。

将流域控制站汛期的天然径流量减去流域调蓄和耗用的最大水量，剩余的水量即为汛期难以控制利用的下泄洪水量。计算公式为：

$$W_{泄} = \sum_{i=1}^{n}(W_i - W_m)/n \tag{3-40}$$

式中　$W_{泄}$——多年平均汛期难以控制利用的下泄洪水量，m^3；

W_i——第 i 年汛期天然径流量，m^3；

W_m——流域汛期最大调蓄及用水消耗量，m^3；

n——系列年数。

3.地表水资源可利用量计算

多年平均地表水资源量减去非汛期河道内生态环境需水量的外包值，再减去汛期难以控制利用洪水量的多年平均值，就可得出多年平均情况下地表水资源可利用量。

3.5.2.3　正算法

正算法是根据工程最大供水能力 $W_{供}$ 或最大用水需求 $W_{用}$ 的分析成果，以用水消耗系数（耗水率）k 折算出相应的可供河道外一次性利用的水量 W，公式为：

$$W = kW_{供} \tag{3-41}$$

或

$$W = kW_{用} \tag{3-42}$$

正算法一般用于南方水资源较丰沛的地区及沿海独流入海河流，式(3-41)一般用于大江大河上游或支流水资源开发利用难度较大的山区，以及沿海独流入海河流；式(3-42)一般用于大江大河下游地区。

3.5.2.4 扣损法

扣损法是计算地表水资源可利用量较为传统的方法，即以流域总的地表水资源量为基础，扣除河道内生态环境需水量、生产需水量、跨流域调水量以及汛期难以控制利用的洪水量，得到整个流域的地表水资源可利用量。

1. 河道内总需水量

河道内总需水量包括河道内生态环境需水量和河道内生产需水量。其中河道内生态环境需水量主要有：维持河道基本功能需水量、通河湖泊湿地需水量和河口生态环境需水量。河道内生产需水量主要包括航运、水力发电、旅游、水产养殖等部门的用水。河道内生产用水一般不消耗水量，可以"一水多用"，但要通过在河道中预留一定的水量给予保证。

河道内总需水量是在上述各项河道内生态环境需水量及河道内生产需水量计算的基础上，逐月取外包值并将每月的外包值相加，由此得出多年平均情况下的河道内总需水量。

河道内生产需水量要与河道内生态环境需水量统筹考虑，其超过河道内生态环境需水量的部分要与河道外需水量统筹协调。

2. 汛期难以控制利用洪水量

汛期难以控制利用洪水量是指在可预见的时期内，不能被工程措施控制利用的汛期洪水量。汛期水量中除一部分可供当时利用，还有一部分可通过工程蓄存起来供今后利用外，其余水量即为汛期难以控制利用的洪水量。对于支流而言，是指支流泄入干流的水量，对于入海河流，是指最终泄弃入海的水量。汛期难以控制利用的洪水量是根据流域最下游控制节点以上的调蓄能力和耗用程度综合分析计算出的水量。

考虑到各地条件的差异，地表水资源可利用量计算要视不同区域的具体情况而定：大江大河由于河流较大，径流量大、调蓄能力强，地表水资源可利用量既要考虑扣除河道内生态环境和生产需水，又要扣除汛期难以利用的洪水量；沿海独流入海河流一般水量较大，但源短流急，水资源可利用量主要受制于供水工程的调控能力；内陆河流生态环境十分脆弱，对河道内生态环境最小需水的要求较高，需要给予优先保证；边界与出境河流除了考虑一般规律，还要参照分水的可能以及国际分水通用规则等因素确定。

3. 地表水资源可利用量

多年平均地表水资源量减去非汛期河道内需水量的外包值，再减去汛期难以控制利用的洪水量的多年平均值以及跨流域调水量，就可得出多年平均情况下地表水资源可利用量。可用式(3-43)表示：

$$W_{\text{多年平均地表水资源可利用量}} = W_{\text{多年平均地表水资源量}} - W_{\text{非汛期河道内需水量外包值}} - W_{\text{洪水弃水多年均值}} - W_{\text{跨流域调水量}} \tag{3-43}$$

扣损法在计算过程中，地表水资源总量是一个已知数，而不可利用的水资源量则根据流域多年天然径流资料分项进行计算，取其多年平均值。

3.6　气候变化与人类活动的水文效应

3.6.1　气候变化对地表水资源的影响

近20年来，北方干旱缺水与南方洪涝灾害同时出现，形成了北旱南涝的局面。进入20世纪90年代，干旱区向西南地区转移，黄河中上游地区（陕、甘、宁）、汉水流域、淮河上游、四川盆地1990～1998年9年的平均年降水量较多年平均偏少5%～10%，气温偏高0.3～0.8℃；黄河利津以上同期平均来水量估计较多年平均偏少32%。同时，海滦河和淮河的年径流量也都明显偏少。北方缺水地区持续枯水期的出现，以及黄河、淮河、海河及汉水同时遭遇枯水期等不利因素的影响，加剧了北方水资源供需失衡的矛盾。

与此同时，我国降水的时空分布极不均匀，洪涝灾害频繁发生，特别是进入20世纪90年代以来，长江、珠江、松花江、淮河、太湖和黄河流域均连续发生多次大洪水。此外，科学研究表明，气候变化对冰川也产生了影响。从16世纪开始，冰川开始退缩。20世纪冰川退缩速度开始明显加快。自20世纪气候变暖以来，我国山地冰川普遍退缩，西部山区冰川面积减少21%。

气候变化对水文水资源的影响研究，主要是通过研究气候变化引起的流域气温、降水、蒸发等变化来预测径流可能变化的增减趋势及对其流域供水影响。气候变化对水文水资源（水循环）的影响研究概括起来主要分为两类：基于统计学的方法和基于水文模型与气候模式的模拟方法。

基于统计学的方法主要应用于历史气候变化对水文水资源的影响研究。历史气候变化对水文水资源的影响研究主要侧重于当前水文气象要素的演变规律，通过对历史气候变化的分析研究，可以认知历史气候变化对流域水循环的影响规律，并预测未来气候变化对流域水循环的影响趋势。历史气候变化对水文水资源的影响研究根据长系列资料进行趋势分析、回归统计等统计方法，对已有的历史资料进行分析得出趋势规律，其基础是对长序列降雨径流要素分析历史演变过程中的气候变化特征。该类方法主要是在降雨径流要素趋势变化分析的基础上划分天然时期和人类活动时期，利用天然时期数据资料建立水文模型，模拟研究人类活动时期相对于天然时期的径流变化量来表征气候变化对流域水循环要素的影响量。

基于水文模型与气候模式的模拟方法主要针对现在和未来气候变化对水文水资源的量化分析，主要是将气候情景作为流域水文模型的输入条件，以此模拟分析量化气候变化对水文水资源的影响。按照气候情境的不同类型，未来气候变化对水文水资源的影响评价主要有两类：①利用假定的降水变化和增温情境的不同组合，即假拟气候情境，采用不同的水文模型分析气候变化对流域水文变量的影响。②通过全球气候模式或者局域气候模式获得各种气候模式下的气候变化情境数据，然后输入到水文模型中进行模拟量化分析，具体表现在以下三个方面。

3.6.1.1　评估模型研究

通常气候变化对水资源系统的影响，是将全球气候模式（Global Climate Model System,

简称 GCMS)的不同气候情境输入到水文模型中,模拟分析并输出径流变化结果。为解决陆—气耦合模型中的尺度差异问题,在发展全球气候模式的"降解尺度"技术的同时,大尺度水文模型和分布式流域水文模型也得到了不断的改进和发展。为进行无资料地区的影响评价,一些模型也充分利用了遥感数据和技术,有些改进的模型不仅被用于区域水量计算,而且可以评价气候变化对水质等生态环境的影响。如按照事先设定气候变化的影响条件,根据这些条件利用模型来进行计算水资源量的变化。通常采用国内外气候变化研究机构提供的多种气候变化模式,选取较为不利的参数组合,根据降水、气温、湿度、风速、日照等气候要素的变化,建立气候变化与蒸发、降水、径流等水文要素的关系模型,根据水量平衡模型分析计算气候变化对趋于水文水资源的影响。

3.6.1.2 影响评价研究

在评价内容上,需要分析水文水资源系统对气候变化的敏感性和脆弱性,而且需要研究导致水文水资源系统突变的危险水平和系统不可逆转的临界值,即系统变化的阈值。水资源系统对气候变化的敏感性是指流域的径流、蒸发及土壤水对气候变化情境影响的程度。若在相同的气候变化情境下,响应的程度越大,水资源系统越敏感;反之,则不敏感。在假定降水变化(0、±25%、±50%)和气温变幅(0、±1 ℃、±2 ℃)的条件下,对黄河、汉水、赣江、淮河、海河流域径流的敏感性分析表明:我国径流对降水的敏感性远大于气温,地面径流受气候变化的影响比总径流更显著;较湿润和较干旱的流域对气候变化的敏感程度小于半湿润半干旱的流域,且由南向北、自山区向平原区显著增加,干旱的内陆河地区和较干旱的黄河上游地区最不敏感,南方湿润地区次之;径流变化最为敏感的地区为半湿润半干旱气候区。总的看来,对比气候条件相似、人类活动不同的流域的分析结果,大规模水土保持和水利工程建设因增加了流域对径流的调节能力,从而减少了径流对气候变化的敏感性。此外,由于气温升高导致流域内冰川大量减少,使冰川对年径流的调节作用减小,从而引起年径流变差系数随气温升高而加大。

3.6.1.3 适应对策研究

过去十几年中,面对气候变化对水资源管理实践的挑战,适应技术被应用于农业、生态等水管理领域。需水量对气候变化的敏感性是适应对策研究的主要内容。需水量对气候变化的敏感性,是指各种需水,包括生产、生活及生态需水对未来气候变化情境的响应程度。其中尤以农业及生态需水对气候变化最为敏感,农业灌溉需水量取决于作物生长期的农田蒸散量和生长期间的有效降水量。它们受气温和降雨变化的影响,并且对气温变化的敏感性大于对降水变化的敏感性。研究表明,我国中纬度地区,气温升高1 ℃,灌溉需水量将增加6%~10%;未来10~50年气候变化将使西北地区天然来水量有所增加,同时气候变暖将增加生态需水量和农业灌溉需水量。

3.6.2 人类活动的水文效应

随着人类社会经济的不断发展,人类活动对流域水资源的影响日益强烈,这一扰动因素逐渐加强了对水循环的影响,从而使水资源除受气候因素变化所导致的变化,也受到因人类活动影响导致的时空分布变化。在水文学中,人类活动是指人类从事建造工程、改变土地利用方式和影响气候条件的生产、生活及经营活动。人类活动对水循环的影响主要包括两种情况：一种是人类直接干预引起水文循环的变化，另一种是人类活动引起的局地变化而导致的整个水循环变化。从水循环系统角度来看，概括起来人类活动对水文水资源影响的主要因素分为两类：

（1）引起水文水循环产汇流变化的下垫面因素，包括土地利用的变化以及水利水保工程等因素。下垫面是地形、土地利用、地质构造等多种因素的综合体，是影响流域水循环的重要因素，人类在不断地开垦农田、城市化建设，并开展一系列的改造自然的活动，这些活动改变了天然状态下的水循环产流机制。

（2）二元水循环中的人工侧支水循环，主要涉及生活用水、工农业取用水等。自然界里面人类是从事生产生活的主体，人类对地表、地下水的开采，供给农业灌溉和工业生活用水，使得天然水资源时空上重新分配，从而直接影响了自然水循环的空间分布状况。

目前，国内外人类活动对水文水资源的影响研究主要涉及土地利用变化、人工取用水、非点源污染和泥沙，以及生态水文响应等方面内容。人类活动对水循环的影响量化的研究技术手段经历了“简单的统计还原计算”“降雨径流关系模型的应用”以及“分布式水循环模型的应用开发”三个主要阶段，逐渐提高人类活动影响的识别能力，逐步精细地模拟量化分析人类活动影响。研究人类活动对水循环影响的量化方法归纳起来有以下几个方面。

3.6.2.1　基于统计的还原方法，量化人类活动影响

考虑人类活动取用水量修正实测径流量，利用还原后水资源量的变化状况分析人类活动影响。如利用长期水文观测数据，基于统计还原方法研究了我国北方地区人类活动对地表水资源的影响，认为除气候变化的影响外，河道外用水量的增加是导致我国北方地区实测径流减少的直接原因，干旱、半干旱地区人类活动对河川径流的影响程度强于湿润地区。

3.6.2.2　基于降雨径流关系建立相关模型，量化人类活动影响

通过识别人类活动影响较小时期建立的降雨径流关系式，并对人类活动影响较大的时期进行外推，可与实际径流值进行比较分析，达到人类活动影响量化的目的。如孙宁等（2007 年）以潮河密云水库上游流域为研究对象，利用双累积曲线将 1961 ~ 2005 年年降水—径流关系演变划分为三个阶段，对不同时段进行了人类活动量化分析；曹明亮等（2008 年）根据丰满五道沟以上流域的具体情况，将研究序列分为六个时段，分别建立降雨—径流关系，并就水利工程建设和下垫面变化对径流变化的影响作了定量分析；建立基准期降水—径流的相关关系，定量地计算出降水和人类活动对径流变化的影响。

3.6.2.3　基于流域分布式水循环模型，量化人类活动影响

人类活动影响因素具有区域或者流域空间的变化特征，仅仅利用简单模型是不能描述这种变化过程的，这时大尺度流域分布水文模型为其提供了有力的工具。通过构建不同下垫面条件下流域分布式水文模型，进行水循环模拟，并与变量实测值进行比较，进而量化分析这种影响。该方法不仅能够量化分析人类活动对径流的变化影响，还能量化分析其他水文变量的变化特征，如蒸发、土壤水等，尤其对于分析不同土地利用变化条件对水循环要素的响应方面尤为突出，因此基于流域分布式水文模型的人类活动量化分析，能

够获得流域空间分布的各变量的变化特征而受到国内外学者的青睐,目前已经取得许多研究成果。土地利用变化和人工侧支水循环是其中比较有代表性的研究领域。土地利用变化通过改变流域下垫面条件,以及植被蒸散发等,进而对流域水循环产生影响。如森林砍伐对流域洪水洪峰流量的影响、退耕还林和林地变为耕地等土地利用变化对流域水循环的影响、森林转化为耕地或者草地后对河道径流的影响等。人工侧支水循环对流域水循环的影响研究最早由王浩等(2005 年)提出,应用分布式流域水文模型 WEP－L 模型初步分析了人类活动影响下的黄河水资源演化规律;此后国内科研人员利用二元水循环模型模拟了不同情境下流域水循环过程,定量分析了降水、人工取用水以及下垫面条件这三个主要驱动因子对流域水资源演变的影响及流域水资源演变规律。

第 4 章　地下水资源

地下水是水资源的重要组成部分,地下水资源可开采量是指在可预见的时期内,通过经济合理、技术可行的措施,在不引起生态环境恶化的条件下允许从含水层中获取的最大水量。

地下水资源评价的主要内容包括:收集地形、地貌、水文地质、气象资料,地下水位动态观测资料,地下水开发利用资料,分析确定给水度、渗透系数、降水入渗补给系数、潜水蒸发系数等计算参数,分析确定评价区地下水资源量和多年平均可开采量。

4.1　资料收集与计算分区

4.1.1　资料收集

资料收集是分析计算地下水资源量的基础和前提。需要收集的资料主要有:

(1)评价区和邻近区有关的水文资料。包括降水、蒸发、径流、泥沙、水温、气温等资料,应尽量收集水文、气象部门正式刊印的资料。

(2)评价分区内的流域特征资料。包括地形、地貌、土壤、植被、河流、湖泊等,分区面积应采用水利部颁布的《全国水资源综合规划(2010～2030 年)》的分区面积,流域面积一般采用水文年鉴最近的刊印成果。

(3)评价区内水利工程概况。包括大、中型水库的蓄水变量和灌溉面积;引、提水工程的引、提水量、灌溉面积、灌溉定额、渠系水有效利用系数、田间回归系数等。

(4)评价区水文地质资料。包括岩性分布、地下水平均埋深、矿化度、补给与排泄特性、地下水开采情况、地下水位动态观测资料及有关参数分析成果。

(5)评价区经济社会资料。包括人口、耕地面积(水田、旱田等)、作物结构、耕作制度、工农业产值、工农业与生活、生态用水情况。

(6)水质监测资料。包括水文部门和环保部门的河流水质监测资料,工业、农业和城镇生活的排污量。

(7)以往水文、水资源分析计算成果。例如,《水文图集》《水文手册》《水文特征值统计》以及省级、市县级水资源调查评价成果。

水资源调查评价成果的精度取决于资料的可靠程度,为保证成果质量,对收集的资料都应进行必要的审查和合理性检查。

4.1.2　计算分区

地下水的补给、径流、排泄情势受地形地貌、地质构造及水文地质条件的制约,地下水资源量评价是按照水文地质单元进行的,然后归并到各水资源分区和行政分区。为确定评价方法和选用水文地质参数，一般可按表 4-1 划分地下水资源评价类型区。

表 4-1　地下水资源评价类型区名称及划分依据

<table>
<tr><th colspan="2">Ⅰ级类型区</th><th colspan="2">Ⅱ级类型区</th><th colspan="2">Ⅲ级类型区</th></tr>
<tr><th>划分依据</th><th>名称</th><th>划分依据</th><th>名称</th><th>划分依据</th><th>名称</th></tr>
<tr><td rowspan="6">区域地形、地貌特征</td><td rowspan="5">平原区</td><td rowspan="6">次级地形地貌特征、含水层岩性及地下水类型</td><td>一般平原区</td><td rowspan="6">水文地质条件、地下水埋深、包气带岩性特征及厚度</td><td rowspan="6">均衡计算区Ⅰ、Ⅱ、……</td></tr>
<tr><td>内陆盆地平原区</td></tr>
<tr><td>山间平原区（包括山间盆地平原区、山间河谷平原区和黄土高原台塬区）</td></tr>
<tr><td>沙漠区</td></tr>
<tr><td>一般山丘区</td></tr>
<tr><td>山丘区</td><td>岩溶山区</td></tr>
</table>

4.2　水文地质参数的确定

水文地质参数是地下水资源评价最重要的基础资料，包括潜水含水层的给水度、降水入渗补给系数、灌溉入渗补给系数、渗透系数、导水系数、潜水蒸发系数等。

测定这些参数的方法，可以概括为两类：一类是水文地质试验（抽水试验等），这种方法可以在较短时间内得出有关参数的数据，精度较高，因而得到广泛的应用；另一类是利用地下水位、流量等长期观测资料，经统计分析后求出参数，这是一种比较经济的测定方法，并且测定参数的项目比前者多，可以求出抽水试验不能求得的一些参数（如降水入渗补给系数）。但是由于天然地下水位波动幅度相对较小，利用这些资料求得的水文地质参数的精度比抽水试验要低一些，但因其成本低、适应面广、收效快，所以仍然是推求水文地质参数的一种基本方法。

4.2.1　稳定流抽水试验法

根据稳定流抽水试验资料，应用稳定流公式计算渗透系数 K 或导水系数 T。

4.2.1.1　利用单井稳定流抽水试验资料计算渗透系数

当单井抽水试验达到稳定时，可得到抽水稳定时的水位降深值 s 和抽水量 Q。一般情况下，单井稳定流抽水试验要求有三次降深（落程），则得出相应三组数据，即 s_1、Q_1，s_2、Q_2，s_3、Q_3。

对于均值、等厚、无限边界的完整井，则渗透系数计算式如下。

（1）承压水：

$$K = \frac{0.366Q}{Ms_{\mathrm{w}}}(\lg R - \lg r_{\mathrm{w}}) \tag{4-1}$$

（2）潜水：

$$K = \frac{2.3Q}{\pi(H^2 - h_w^2)}(\lg R - \lg r_w) = \frac{0.732Q}{(2Hs_w - s_w^2)}(\lg R - \lg r_w) \tag{4-2}$$

式中　K——含水层渗透系数，m/d；

Q——抽水稳定流量，m^3/d；

r_w——抽水井孔的半径，m；

H——潜水含水层厚度，m；

M——承压含水层厚度，m；

h_w——潜水含水层抽水稳定后井中水位，m；

s_w——抽水稳定时井内水位降深，m；

R——影响半径，m。

式(4-1)、式(4-2)即裘布依公式，利用裘布依公式计算渗透系数时，必须注意影响半径、水跃值、泥浆、混合流以及裘布依假定的失效等因素的影响。

根据单井稳定流抽水试验资料用裘布依公式计算渗透系数 K 往往偏小，这是因为裘布依公式没有考虑井内的三维流问题，采用偏大的降深 s 进行计算。因此，可以采用修正降深的方法对裘布依公式加以修正。

具体方法如下所述。

首先，绘制 s_w（或 Δh_w^2）~ Q 关系曲线。根据稳定流试验三次抽降和流量资料，当为承压水时，绘制 $s_w \sim Q$ 曲线；当为潜水时，绘制 $\Delta h_w^2 \sim Q$ 曲线，这里 $\Delta h_w^2 = H^2 - h_w^2$。

实际工作中，s_w（或 Δh_w^2）~ Q 曲线有 3 种类型，如图 4-1 所示。s_w（或 Δh_w^2）~ Q 关系曲线为直线Ⅰ，即表示不存在三维流，可直接利用式(4-1)、式(4-2)计算渗透系数；若为曲线Ⅱ、Ⅲ，则表明存在三维流，需要修正降深。三维流分布界限就是曲线段与直线段的交接点。

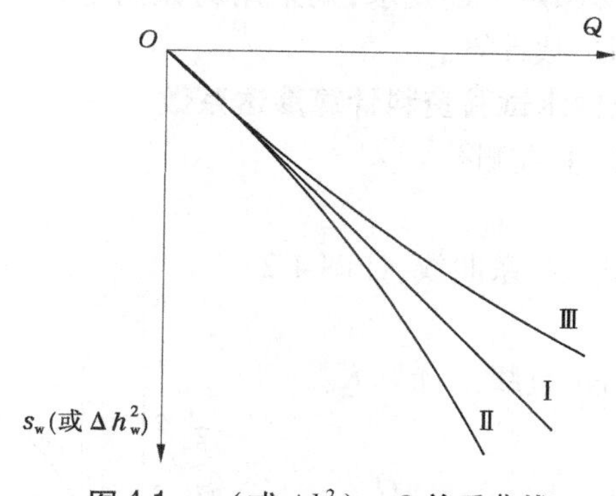

图 4-1　s_w（或 Δh_w^2）~ Q 关系曲线

其次，计算由三维流引起的附加降深。s_w（或 Δh_w^2）~ Q 关系曲线可用凯列尔公式来拟合，即：

$$s_w = a_1 Q + a_2 Q^2 \tag{4-3}$$

将 Q 除式(4-3)，使之线性化，得：

$$\frac{s_w}{Q} = a_1 + a_2 Q \tag{4-4}$$

令 $\xi = \frac{s_w}{Q}$（对潜水，$\xi = \frac{\Delta h_w^2}{Q}$），则：

$$\xi = a_1 + a_2 Q \tag{4-5}$$

以 ξ 值为纵轴、Q 值为横轴，即可点绘出 $\xi = f(Q)$ 曲线，$\xi \sim Q$ 曲线在纵轴上的截距为 a_1，曲线的斜率为 a_2。水位降深的实测值 s 中包括两部分，即 a_1Q 和 a_2Q，应从降深值 s 中减去三维流的附加降深值，这样才能满足裘布依公式的要求。

再次，修正水位降深。

最后，利用裘布依公式计算渗透系数 K 值。

如果具有观测孔资料时，可用坡度法验算渗透系数 K 值，如式(4-6)、式(4-7)所示：

$$K = \frac{2.3Q(\lg r_2 - \lg r_1)}{2\pi M(s_1 - s_2)} = \frac{2.3Q}{2\pi Mi} \tag{4-6}$$

其中

$$i = \frac{s_1 - s_2}{\lg r_2 - \lg r_1} \tag{4-7}$$

式中　s_1、s_2——与抽水孔相距 r_1、r_2 观测孔1和观测孔2中的水位降深；

i——$s \sim \lg r$ 关系曲线的斜率，故本方法称为坡度法。

计算 K 值所采用的数据必须符合下列要求：

(1)每次的抽水量与相应的 $s \sim \lg r$ 关系曲线斜率之比必相等，即：

$$\frac{Q_1}{i_1} = \frac{Q_2}{i_2} = \frac{Q_3}{i_3} \tag{4-8}$$

(2)每次的抽水降深与抽水流量之比也为常数，即：

$$\frac{s_1}{Q_1} = \frac{s_2}{Q_2} = \frac{s_3}{Q_3} \tag{4-9}$$

如果所采用的数据能够满足上述要求，则采用的数据是正确的；否则为不正确，应进行检查、分析、修正，方可用参数计算。

4.2.1.2　利用多孔稳定流抽水试验资料计算渗透系数

多孔指有两个或两个以上观测孔。

计算步骤如下所述。

(1)绘制 s（或 Δh^2）$\sim \lg r$ 关系曲线，如图4-2所示。

(2)根据 s（或 Δh^2）$\sim \lg r$ 直线段计算 K。

①承压水完整井：

$$K = \frac{0.366Q}{M(s_1 - s_2)}(\lg r_2 - \lg r_1) = \frac{Q}{Mm_r} \tag{4-10}$$

②潜水完整井：

$$K = \frac{2.3Q}{\pi(\Delta h_2^2 - \Delta h_1^2)}(\lg r_2 - \lg r_1) = \frac{2.3Q}{\pi m_r} \tag{4-11}$$

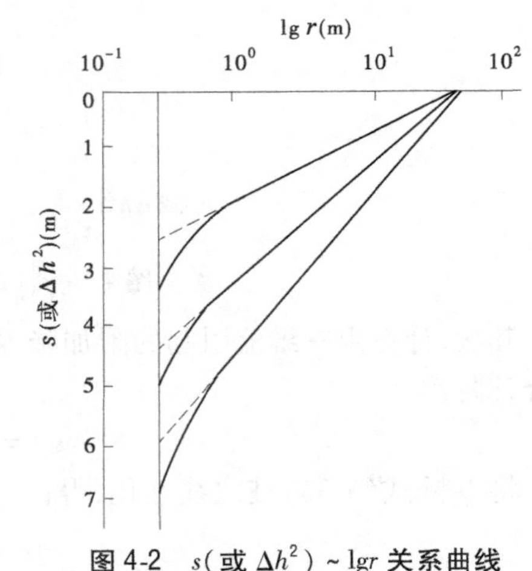

图4-2　s（或 Δh^2）$\sim \lg r$ 关系曲线

式中　r_1、r_2——抽水孔中心线与观测孔 1、2 中心线的距离,m;

Δh_1、Δh_2——抽水孔中心线相距 r_1、r_2 观测孔中的水位,m;

m_r——直线段的斜率,即承压水 $m_r = \dfrac{s_1 - s_2}{\lg r_2 - \lg r_1}$,潜水 $m_r = \dfrac{\Delta h_2^2 - \Delta h_1^2}{\lg r_2 - \lg r_1}$;

其他符号意义同前。

4.2.2　非稳定流抽水试验法

近年来,国内已普遍把地下水非稳定流的理论应用于抽水试验,它只需要在选定的观测孔中进行一段时间的水位降深观测,而不需要地下水位达到稳定,所以应用比较方便。《地下水资源调查和评价工作技术细则》(1982)明确提出,测定给水度以单井非稳定流抽水试验较好。

4.2.2.1　承压含水层导水系数 T、储水系数 S 和压力传导系数 a 的确定

1935 年,泰斯(C. V. Theis)首先提出了在承压含水层中非稳定流抽水试验的计算公式,即著名的泰斯公式。假定:①含水层是均质的、等厚的、水平的和无限的;②无垂向补给;③地下水的初始水力坡度为零;④井是完整的,水流呈缓变流,则可导出泰斯公式,即:

$$s(r,t) = \frac{Q}{4\pi T}W(u) \tag{4-12}$$

$$u = \frac{r^2}{4at} \tag{4-13}$$

式中　$s(r,t)$——在承压含水层中,以定流量 Q 抽水时,与抽水孔相距 r 的观测孔中水位在某一时刻 t(从抽水开始时刻算起)的降深,m;

T——导水系数,表示含水层导水能力的大小,在数值上等于渗透系数 K 与含水层厚度 M 的乘积,即 $T = KM$,m^2/d;

$W(u)$——井函数,其中 u 为井函数自变量;

a——压力传导系数(又称水位传导系数),表示水压力传播速度,在数值上为导水系数 T 与储水系数 S(潜水时为给水度 μ,承压水时为弹性给水度 μ_e)的比值,即 $a = \dfrac{T}{S} = \dfrac{T}{\mu_e}$,$m^2/d$(弹性给水度 μ_e 表示承压含水层当水头下降 1 m 时,从单位面积的含水柱体中释放的水量体积)。

井函数 $W(u)$ 是一个指数积分,常记为:

$$W(u) = \int_u^\infty \frac{e^{-u}}{u}du \tag{4-14}$$

1962 年,费里斯(Ferris)等编制成井函数表,可供查用。

1. 配线法

根据非稳定流试验条件,当抽水流量 Q 为常数时,常用降深—时间配线法及降深—距离配线法。

1)降深—时间配线法

该法在仅有抽水井和一个观测孔时使用,相关公式如下:

$$s = \frac{Q}{4\pi T}W(u) \tag{4-15}$$

$$u = \frac{r^2}{4at} \tag{4-16}$$

$$t = \frac{r^2}{4a} \cdot \frac{1}{u} \tag{4-17}$$

由于观测孔的位置是固定的，水文地质参数亦为定值，即$\frac{r^2}{4a}$为一常数。

分别对式(4-15)和式(4-17)取对数，则有：

$$\lg s = \lg \frac{Q}{4\pi T} + \lg W(u) \tag{4-18}$$

$$\lg t = \lg \frac{r^2}{4a} + \lg \frac{1}{u} \tag{4-19}$$

令 $\lg \frac{Q}{4\pi T} = C_1$，$\lg \frac{r^2}{4a} = C_2$，则

$$\lg s = \lg W(u) + C_1 \tag{4-20}$$

$$\lg t = \lg \frac{1}{u} + C_2 \tag{4-21}$$

由式(4-18)和式(4-19)可以看出，当在对数坐标纸上绘制 $\lg s \sim \lg t$ 关系曲线时，就相当于绘制$(\lg W(u) + C_1) \sim (\lg \frac{1}{u} + C_2)$关系曲线，或者可以说，$(\lg W(u) + C_1) \sim (\lg \frac{1}{u} + C_2)$关系曲线与 $\lg s \sim \lg t$ 关系曲线形状相同，仅是纵横坐标各差一个常数 C_1 和 C_2。降深—时间配线法便是由此提出来的。

具体做法是，将观测孔不同时间所观测的水位降深值点绘在透明的双对数坐标纸上(见图 4-3)，并与事先在双对数坐标纸上作好的理论标准曲线(亦称量板)重叠(对数纸 a 与量板 b 采用同一模数)，使两对数纸的纵横坐标分别平行，平移对数纸 a，使实测点"重合"在理论标准曲线上，见图 4-4，选出配合点，读出相应的 $W(u)$、$\frac{1}{u}$、s、t，代入式(4-15)和式(4-16)，即可求得 T 值和 a 值。

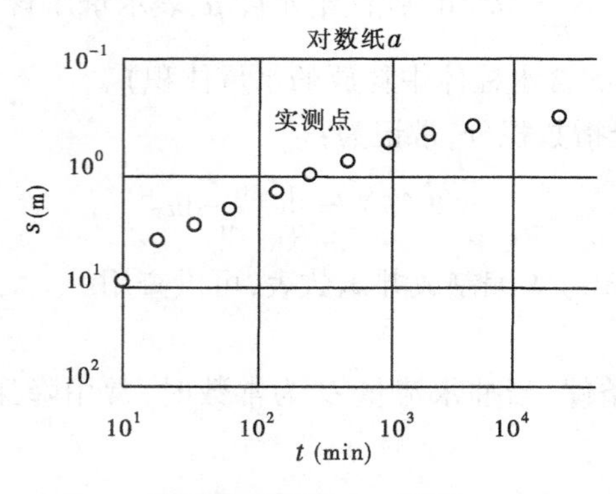

图 4-3　实测 $s \sim t$ 关系

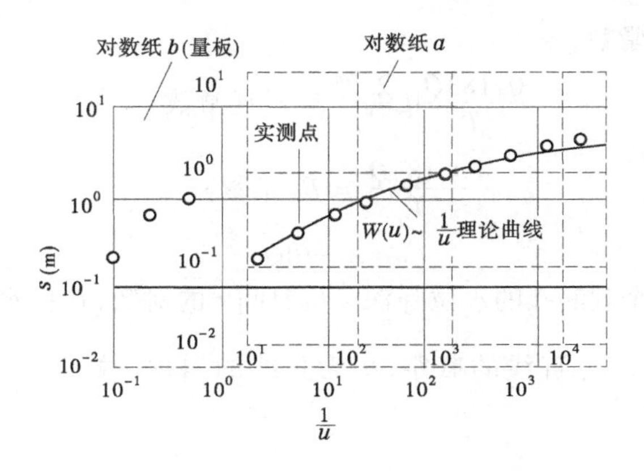

图 4-4　$s \sim t$ 配线

为了使配线取得较好的效果，应当使 $\lg s \sim \lg t$ 曲线有较大的曲率，即不仅能观测到相当于标准曲线的平缓部分，而且更重要的是能观测到曲线的陡峻部分。因而，抽水初期的观测数据相当重要，应加密观测次数，使曲线在每一个对数周期内有 8 ~ 10 个点，并力求观测数据正确可靠。为了保证能观测到抽水初期的水位，观测孔位置的选择很重要，距抽水井过近或过远都是不适宜的。

2) 降深—距离配线法

当进行有多个观测孔的抽水试验时，可采用降深—距离配线法确定水文地质参数。这样求得的参数代表观测孔所控制范围的含水层水文地质参数的平均值。

从式(4-16)可知，当时间为定值时，u 与 r^2 成正比，即：

$$u = \frac{r^2}{4at} \tag{4-22}$$

其中，$\frac{1}{4at}$为常数，对照式(4-15)和式(4-16)，同样可以看出 $r^2 \sim s$ 的关系和 $W(u) \sim u$ 的关系也是一致的。式(4-16)两边取对数，得：

$$\lg u = \lg \frac{1}{4at} + \lg r^2 \tag{4-23}$$

$$\lg u - \lg r^2 = \lg \frac{1}{4at} = \text{常数} \tag{4-24}$$

与降深—时间配线法一样，在双对数坐标纸上绘制 $W(u) \sim u$ 标准曲线，并点绘同一时刻各观测孔距抽水井距离平方与相应降深曲线，即 $r^2 \sim s$ 对数关系曲线，进行配线即可求解参数 a 和 T。

2. 直线解析法

当抽水时间较长或观测孔距抽水井较近，且满足 $u \leqslant 0.01$ (即 $t \geqslant 25\frac{r^2}{a}$) 时，泰斯公式简化为：

$$s = \frac{0.183Q}{T}\lg\frac{2.25at}{r^2} = \frac{0.183Q}{T}\lg\frac{2.25a}{r^2} = A + \frac{0.183Q}{T}\lg t \tag{4-25}$$

因 Q、T、a、r 皆为常数，令：

$$\frac{0.183Q}{T}\lg\frac{2.25a}{r^2} = A(\text{常数})$$

$$\frac{0.183Q}{T} = B(\text{常数})$$

则

$$s = A + B\lg t \tag{4-26}$$

式(4-26)表示一个观测孔的水位降深 s 与时间 t 的对数，在抽水持续一定时间后呈直线关系，见图 4-5。A 为直线的截距，B 为直线的斜率，故 $B = \frac{s_2 - s_1}{\lg t_2 - \lg t_1}$。又因 $B = \frac{0.183Q}{T}$，所以：

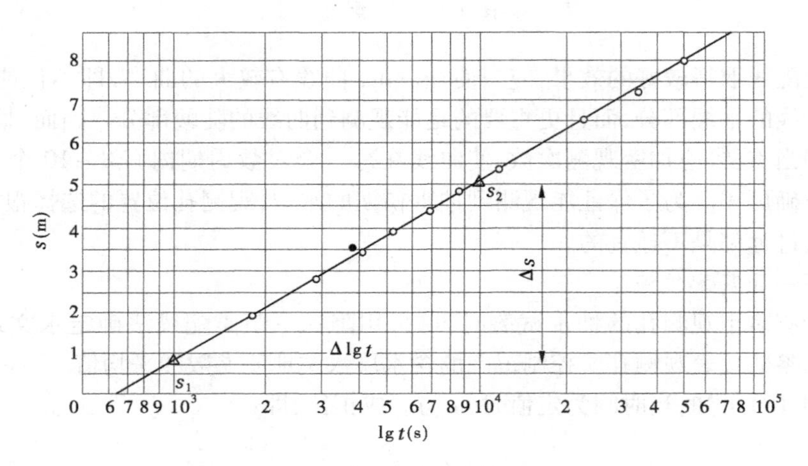

图 4-5　$s \sim f(\lg t)$关系

$$\frac{0.183Q}{T} = \frac{s_2 - s_1}{\lg t_2 - \lg t_1}$$

则：

$$T = \frac{0.183Q}{s_2 - s_1}\lg\frac{t_2}{t_1} \tag{4-27}$$

若取 $t_2 = 10t_1$，则：

$$T = \frac{0.183Q}{s_2 - s_1} \tag{4-28}$$

为求 a 值，将直线延长与横坐标轴相交，交点坐标为$(0, t_0)$，代入泰斯简化公式，则：

$$s = \frac{0.183Q}{T}\lg\frac{2.25at_0}{r^2} = 0$$

则：

$$\lg\frac{2.25at_0}{r^2} = 0$$

$$\frac{2.25at_0}{r^2} = 1$$

$$\frac{1}{a} = \frac{2.25t_0}{r^2} \tag{4-29}$$

从而得 $\mu_e = \frac{T}{a}$，同理，可以推导 $s \sim \lg r$、$s \sim \lg \frac{r^2}{t}$ 或 $s \sim \lg \frac{t}{r^2}$ 的直线解析公式。

3. 水位恢复法

当抽水停止后，地下水位随时间逐渐上升恢复，可利用水位恢复过程资料求水文地质参数。由于水位恢复过程中，排除了抽水过程中一些因素的干扰，计算结果较接近实际情况，同时能对用抽水资料所求的水文地质参数起到校核作用。

1）抽水稳定后停抽

抽水稳定后的降深为 s_0，停抽后任意时间 t，距水井 r 处的水位剩余降深值 s_r 可根据势叠加原理表示，即：

$$s_r = s_0 - \frac{Q}{4\pi T}W(u) \tag{4-30}$$

其中，$\frac{Q}{4\pi T}W(u)$ 取负值是因为水位恢复时，恢复水位与抽水降深是相反的。

（1）当 $u \leqslant 0.01$，即当观测孔距离 r 值不大时，$s_r \sim \lg t$ 很快呈直线关系（见图4-6），因此可用直线解析法，方法同前。

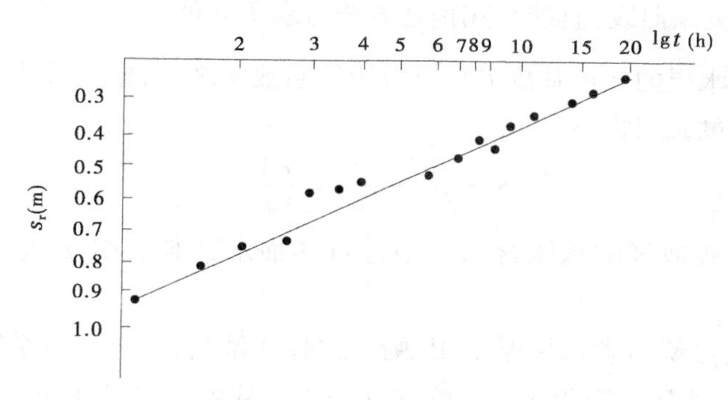

图4-6　$s_r \sim \lg t$ 关系

（2）当 $u > 0.01$，即在停抽初期时，T 值采用式（4-31）求解：

$$T = \frac{Q}{4\pi(s_0 - s_1)}W(u_1) \tag{4-31}$$

$W(u_1)$ 可用下面方法求得：选择任意 u_1，按 $u_2 = \frac{u_1 t_1}{t_2}$ 计算 u_2 值，查井函数表得 $W(u_1)$、$W(u_2)$，代入式（4-32）求解，即：

$$\frac{(s_0 - s_1)}{(s_0 - s_2)} = \frac{W(u_1)}{W(u_2)} \tag{4-32}$$

式中　s_1、s_2——与 t_1 及 t_2（停抽起算）相对应的水位降深值，m。

进行试算时，应使式（4-32）两段相等，然后求出 $W(u_1)$ 值，代入式（4-31），即可求得 T 值。

将求出的 u_1 值代入式（4-33）之中，即可求得 a 值，即：

$$a = \frac{r^2}{4u_1 t_1} \tag{4-33}$$

2)抽水未稳定后停抽

同样,根据势叠加原理有:

$$s_r = \frac{Q}{4\pi T}W\left(\frac{r^2}{4at}\right) - \frac{Q}{4\pi T}W\left(\frac{r^2}{4at_p}\right) \tag{4-34}$$

式中　s_r——停抽后某时刻的剩余降深;

t——从开始抽水算起的时间;

t_p——从停止抽水算起的时间。

当 $u \leqslant 0.01$ 时,可用直线解析法求解,即:

$$s_r = \frac{Q}{4\pi T}\left(\ln\frac{2.25at}{r^2} - \ln\frac{2.25at_p}{r^2}\right) \tag{4-35}$$

$$s_r = \frac{2.3Q}{4\pi T}\lg\frac{t}{t_p} \tag{4-36}$$

绘制 $s_r \sim \lg\frac{t}{t_p}$ 关系曲线(直线),用前述方法可求 T、a 值。

在求得承压含水层的导水系数 T 和压力传导系数 a 之后,便可按式(4-37)求出储水系数 S 或弹性给水度 μ_e,即:

$$S = \mu_e = \frac{T}{a} = \frac{KM}{a} \tag{4-37}$$

在我国北方一些地区的承压含水层中进行的抽水试验表明,μ_e 值大多变化于 $1\times10^{-5} \sim 1\times10^{-4}$。

若弹性给水度 μ_e 除以含水层厚度 M,则得比释水系数(亦称弹容系数、储水率)。所谓弹容系数,系指水头压力变化在一个单位(1 m)时,从单位体积(1 m^3)承压含水层中释放出的水量,单位为 l/m。

有关科研生产部门测得的各种岩层的比释水系数如表 4-2 所示。

表 4-2　各种岩层的比释水系数

岩层	比释水系数	岩层	比释水系数
塑性黏土	$1.9\times10^{-3} \sim 2.4\times10^{-4}$	密实沙土	$1.9\times10^{-5} \sim 1.3\times10^{-5}$
固结黏土	$2.4\times10^{-4} \sim 1.2\times10^{-4}$	密实砂砾	$9.4\times10^{-4} \sim 4.6\times10^{-6}$
稍硬黏土	$1.2\times10^{-4} \sim 8.5\times10^{-5}$	裂隙岩层	$1.9\times10^{-4} \sim 3.0\times10^{-7}$
松散黏土	$9.4\times10^{-5} \sim 4.6\times10^{-5}$	固结岩层	3.0×10^{-7}以下

4.2.2.2　潜水含水层给水度 μ、储水系数 S、渗透系数 K 和导水系数 T 的确定

潜水含水层水文地质参数,主要是指含水层的渗透系数 K 和给水度 μ,确定方法有直线解析法、泰斯公式配线法等。

1. 直线解析法确定渗透系数

当抽水降深较小，$s < 0.1H_0$时，可用含水层的平均厚度代替泰斯公式中的含水层厚度 M，即用$\frac{H_0+h}{2}$代替 M。其中，H_0为潜水含水层厚度(m)；h 为动水位至含水层底板深度(m)。

当 $u \leqslant 0.01$ 时，有：

$$s = \frac{2.3Q}{4\pi K \frac{H_0+h}{2}} \lg \frac{2.25at}{r^2} \tag{4-38}$$

经变换，则有：

$$H_0 - h = \frac{2.3Q}{2\pi K(H_0+h)} \lg \frac{2.25at}{r^2}$$

$$H_0^2 - h^2 = \frac{2.3Q}{2\pi K} \lg \frac{2.25at}{r^2}$$

$$h^2 = H_0^2 - \frac{2.3Q}{2\pi K} \lg \frac{2.25at}{r^2} = H_0^2 - \frac{2.3Q}{2\pi K}\left(\lg \frac{2.25at}{r^2} + \lg t\right) \tag{4-39}$$

令：$A = H_0^2 - \frac{2.3Q}{2\pi K} \lg \frac{2.25a}{r^2}$，$B = \frac{2.3Q}{2\pi K}$，则：

$$h^2 = A - \lg t \tag{4-40}$$

式(4-40)为一直线方程式(见图 4-7)，截距 A 和斜率 B 中包含所有要求的参数，计算方法同前。

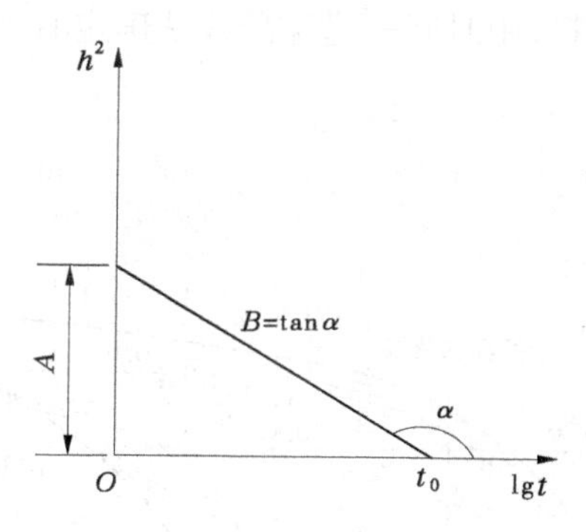

图 4-7　$h^2 \sim \lg t$ 关系

2. 泰斯公式配线法

用泰斯公式配线法，要用修正降深 s_c 代替公式中的降深 s，并用潜水含水层厚度 H_0代替 M，即：

$$s_c = s_e - \frac{s_e^2}{2H_0} \tag{4-41}$$

$$s_c = \frac{Q}{4\pi K H_0} W(u) = \frac{Q}{4\pi T} W(u) \tag{4-42}$$

式中　s_c——修正后的降深值，m。

可用前述的承压水泰斯公式，通过配线法确定有关参数。

3. 布尔顿（Boulton）公式配线法

若需考虑抽水过程中的延迟（滞后）释水作用，则可用以下公式计算：

$$s = \frac{Q}{4\pi T}W\left(u_e, u_d, \frac{r}{B}\right) \tag{4-43}$$

式中　$W(u_e, u_d, \frac{r}{B})$——延迟给水井函数；

$u_e = \frac{r^2}{4a_e t}$；

$u_d = \frac{r^2}{4a_d t}$；

$B = \sqrt{\frac{T}{\alpha u_d}}$。

抽水初期，式(4-43)可简写为：

$$s = \frac{Q}{4\pi T}W\left(u_e, \frac{r}{B}\right) \tag{4-44}$$

抽水后期，式(4-43)可简写为：

$$s = \frac{Q}{4\pi T}W\left(u_d, \frac{r}{B}\right) \tag{4-45}$$

根据式(4-43)、式(4-44)和式(4-45)，可绘制出潜水非稳定流标准曲线（见图4-8）。可利用非稳定流抽水试验资料，用时间—降深配线法确定有关参数。

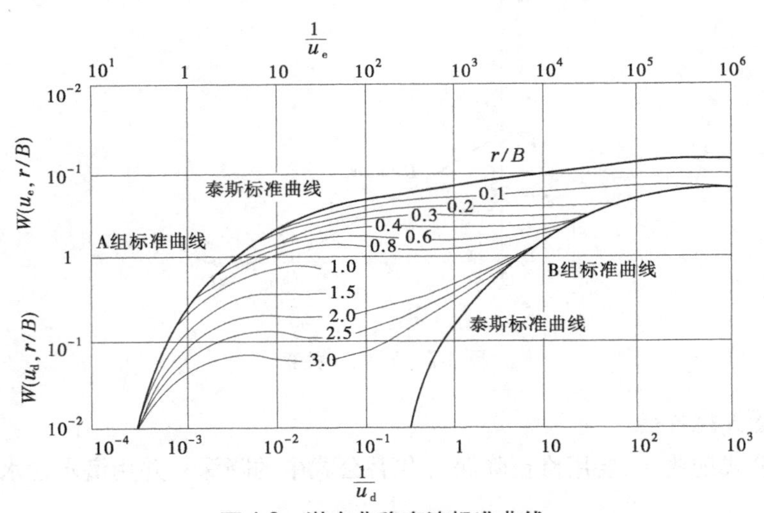

图 4-8　潜水非稳定流标准曲线

潜水标准曲线虽有适于抽水初期的A组曲线和抽水后期的B组曲线之分，但配线方法与承压含水层是相同的。

确定参数时，首先将抽水试验过程中测得的观测孔水位与时间的关系点绘在双对数坐标纸上，然后利用 $s \sim t$ 曲线的前半部分选配 A 组标准曲线，查得相应的 $\frac{1}{u_e}$、$\frac{r}{B}$、$W\left(u_e、\frac{r}{B}\right)$、$t$、$s$ 值，代入式(4-43)和式(4-46)：

$$\mu_e = \frac{4Tt}{r^2 \cdot \frac{1}{u_e}} \tag{4-46}$$

即可求得 T 和 μ_e 值。

再根据 $s \sim t$ 曲线的后半部分，选择 B 组标准曲线，但应注意值与 A 组曲线选配的值是一致的，确定配合点，查得相应的 $\frac{1}{u_d}$、$W\left(u_d、\frac{r}{B}\right)$、$s$、$t$ 值，代入式(4-43)和式(4-47)：

$$\mu_d = \frac{4Tt}{r^2 \cdot \frac{1}{u_d}} \tag{4-47}$$

即可求得 T 及 μ_d 值。

式(4-46)、式(4-47)中，μ_e、μ_d 分别相当于潜水含水层的弹性给水系数的重力给水度。

4.2.3　地下水动态观测法

4.2.3.1　利用动态资料和开采量资料确定潜水含水层的给水度

在开采区水井分布比较均匀、开采强度基本相同的情况下，若侧向补给比较微弱，且潜水蒸发可以忽略不计，则可以选取无降雨和灌水补给的时段，进行给水度计算。在此情况下，地下水位下降主要是由于开采引起的，可以根据区内的单位面积平均开采量与平均地下水位下降值 Δh_p，用式(4-48)计算潜水含水层的给水度 μ，即：

$$\mu = \frac{h_w}{\Delta h_p} \tag{4-48}$$

式中　h_w——单位面积平均开采量，以平均含水层厚度计，m；

Δh_p——地下水位平均下降值，m。

采用这种方法计算给水度时，计算时段越长，开采量越大，水位降深越大，计算精度越高。但在选择计算时段时，应注意避免动水位变化的影响。为了提高 μ 值的计算精度，一般应在开始抽水后至停止抽水前这一时期内选取计算时段，这样就可以在一定程度上消除动水位的影响。

此外，为了提高精度，计算时段前后水位应采取全区水位的加权平均值。每个观测井所控制的面积，可通过该井与周围各观测井连线中点作垂线求得，如图 4-9 所示的阴影部分面积。

平均地下水位 h_p、平均地下水埋深 Δ_p、平均地下水位变幅 Δh_p 可用以下公式求得：

$$h_p = \sum a_i \frac{h_i}{A} = \sum p_i h_i \tag{4-49}$$

$$\Delta_p = \sum a_i \frac{\Delta_i}{A} = \sum p_i \Delta_i \tag{4-50}$$

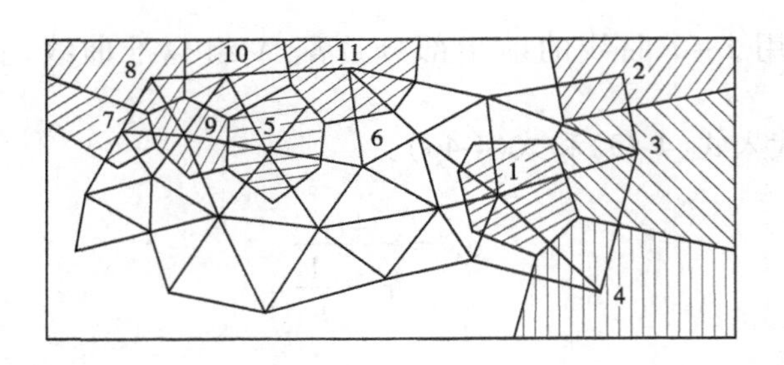

图 4-9 各观测井控制面积示意

$$\Delta h_{\mathrm{p}} = \sum a_i \frac{\Delta h_i}{A} = \sum p_i \Delta h_i \tag{4-51}$$

式中 a_i——第 i 个观测井控制的面积，m^2；

h_i——第 i 个观测井的地下水位，m；

Δ_i——第 i 个观测井的地下水位埋深，m；

Δh_i——第 i 个观测井的地下水位变幅，m；

p_i——第 i 个观测井控制面积 a_i 与总面积 A 的比值；

A——计算区总面积，m^2。

用这种方法计算平均地下水位变幅，不需要绘制水位变幅图，也不需要计算不同水位变幅所占的面积，故较为简便。

4.2.3.2 利用动态资料用有限差分法确定参数

有限差分法是一种近似求解渗流方程，特别是求解非稳定渗流方程的重要方法，它被广泛用来根据动态资料计算水文地质参数。

如图 4-10 所示，从含水层中分离出一个计算段，再将它用断面 $n-1$、n、$n+1$ 划分出上、中、下游三个断面。

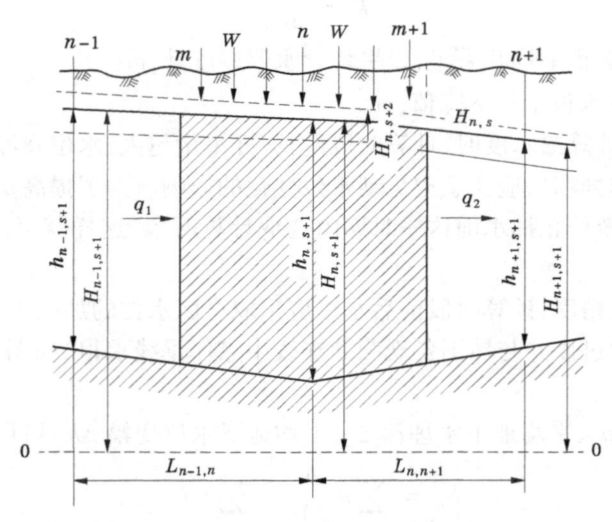

图 4-10 潜水非稳定流有限差分法计算

若取单位宽度的含水层加以分析，则在 Δt 时段内流进的水量为：

$$q_1 = K\left(\frac{h_{n-1,s+1} + h_{n,s+1}}{2} \frac{h_{n-1,s+1} - H_{n,s+1}}{L_{n-1,n}}\right)\Delta t \tag{4-52}$$

在 Δt 时段内流出的水量为：

$$q_2 = K\left(\frac{h_{n,s+1} + h_{n+1,s+1}}{2} \frac{h_{n,s+1} - H_{n+1,s+1}}{L_{n-1,n}}\right)\Delta t \tag{4-53}$$

在 Δt 时段内的入渗量 q_3，可用研究段长度乘以入渗强度而得，即：

$$q_3 = W\left(\frac{1}{2}L_{n-1,n} + \frac{1}{2}L_{n,n+1}\right)\Delta t \tag{4-54}$$

在 Δt 时段内，所取研究段的含水层中潜水位随时间的变动值为：

$$\Delta H_n = H_{n,s+2} - H_{n,s} \tag{4-55}$$

由此而产生的水量变化值为：

$$q_4 = \mu(H_{n,s+2} - H_{n,s})\left(\frac{L_{n-1,n} + L_{n,n+1}}{2}\right) \tag{4-56}$$

按水均衡原理有：

$$q_1 - q_2 + q_3 = q_4 \tag{4-57}$$

综合前述各式，求得底板为任意坡度的一维差分方程式为：

$$\frac{H_{n,s+2} - H_{n,s}}{\Delta t} = \frac{2K}{\mu(L_{n-1,n} + L_{n+1,n})} \cdot \left(\frac{h_{n-1,s+1} + h_{n,s+1}}{2} \cdot \frac{H_{n-1,s+1} - H_{n,s+1}}{L_{n-1,n}} - \frac{h_{n,s+1} + h_{n+1,s+1}}{2} \cdot \frac{H_{n,s+1} - H_{n+1,s+1}}{L_{n,n+1}}\right) + \frac{W}{\mu} \tag{4-58}$$

若入渗强度 $W = 0$，且含水层底板是水平的，即 $H_{n-1,s+1} = h_{n-1,s+1}$、$H_{n,s+1} = h_{n,s+1}$、$H_{n+1,s+1} = h_{n+1,s+1}$，则得计算给水度的简化公式为：

$$\mu = \frac{K\Delta t}{(L_{n-1,n} + L_{n,n+1})(h_{n,s+2} - h_{n,s})}\left(\frac{h^2_{n-1,s+1} - h^2_{n,s+1}}{L_{n-1,n}} - \frac{h^2_{n,s+1} - h^2_{n+1,s+1}}{L_{n,n+1}}\right) \tag{4-59}$$

式中　K——含水层渗透系数；

μ——含水层给水度或有效孔隙率；

W——入渗强度；

Δt——自时刻 s 到时刻 $s+2$ 所经过的时间。

若 μ 为已知，则可变化式(4-58)，用以计算入渗强度 W。

4.3　地下水资源的计算

4.3.1　地下水资源的概念与分类

赋存于地壳表层可供人类利用的、本身又具有不断更新、恢复能力的各种地下水量可称为地下水资源，它是地球上总水资源的一部分。地下水资源具有可恢复性、调蓄性和转化性等特点。

地下水资源常见的分类方法有以下几种。

4.3.1.1　以水均衡(水量守恒原理)为基础的分类法

一个均衡单元在某均衡时段内,地下水补给量、排泄量和储存量的变化量间的关系可表达为:

$$V_{补} - V_{排} = \pm \Delta V \tag{4-60}$$

因此,地下水资源可分为补给量、排泄量和储存量三类。

1. 补给量

补给量是指某时段内进入某一单元含水层或含水岩体的重力水体积,它又分为天然补给量、人工补给量和开采补给量。天然补给量是指天然状态下进入某一含水层的水量(平原区主要是降水入渗补给、地表水渗漏和邻区地下来流;山丘区主要是大气降水入渗补给)。人工补给量是指人工引水入渗补给地下水的水量。开采补给量是指开采条件下,除天然补给量之外,额外获得的补给量。例如,开采引起动水位下降,降落漏斗扩展到邻近的地表水体(河流、湖泊、水库等),使原来补给地下水的地表水渗漏补给量增大(如顶托渗漏变为自由渗漏等),或使原来不补给地下水的地表水体变为补给地下水,或使邻区的地下水流入本区,从而得到额外补给。

2. 排泄量

排泄量是指某时段内从某一单元含水层或含水岩体中排泄出去的重力水体积,可分为天然排泄量和人工开采量两类。天然排泄量有潜水蒸发、补给地表水体(河、沟、湖、库等)、侧向径流进入邻区等。人工开采量是从取水建筑物中取出来的地下水量。人工开采量反映了取水建筑物的取水能力,它是一个实际开采值。

3. 储存量

储存量是指储存在含水层内的重力水体积,该量可分为容积储存量和弹性储存量。容积储存量是指潜水含水层中所容纳的重力水体积,可用式(4-61)计算,即:

$$V_{容} = \mu V \tag{4-61}$$

式中　$V_{容}$——潜水含水层中的容积储存量,m^3;

μ——给水度,以小数计;

V——计算区潜水含水层的体积,m^3。

弹性储存量是指将承压含水层的水头降至含水层顶板以上某一位置时,由于含水层的弹性压缩和水体积弹性膨胀所释放的水量,可用式(4-62)计算,即:

$$V_{弹} = \mu_e \Delta s F \tag{4-62}$$

式中　$V_{弹}$——承压含水层的弹性储存量,m^3;

μ_e——承压含水层的弹性释水(储水)系数;

Δs——承压水位降低值,m;

F——计算区承压含水层的面积,m^2。

由于地下水位是随时变化的,所以储存量也随时增减。天然条件下,在补给期,补给量大于排泄量,多余的水量便在含水层中储存起来;在非补给期,地下水消耗大于补给,则动用储存量来满足消耗。在人工开采条件下,如开采量大于补给量,就要动用储存量,以支付不足;当补给量大于开采量时,多余的水成为储存量。总之,储存量起着调节作用。

4.3.1.2 以分析补给资源为主的分类法

进行区域地下水资源评价时,一般把地下水资源分为补给资源和开采资源,着重分析补给资源,并在此基础上估算开采资源。

1. 补给资源

补给资源是指在地下水均衡单元内,通过各种途径接受大气降水和地表水的入渗补给而形成的具有一定化学特征、可资利用并按水文周期呈规律变化的多年平均补给量。补给资源的数量一般用区域内各项补给量的总和表示。在平原区以总补给量表示补给资源,它包括降水入渗补给、河(沟)渗漏补给、地震水体(湖泊、集水坑塘等)蓄水渗漏补给、渠系和田间入渗补给等。在山丘区,地下水的补给主要来自大气降水,但直接由降水入渗来估算地下水补给量比较困难,可采用总排泄量来反求总补给量,因为两者多年平均值几乎是相等的。

2. 开采资源

开采资源是用可开采量表示的。可开采量是在技术上可能、经济上合理和不造成水位持续下降、水质恶化及其他不良后果条件下可供开采的多年平均地下水量。在区域地下水资源评价中,一般可开采量与总补给量相当。可开采量采用多年平均值的优点在于可提高用水保证率,以丰补枯,充分利用地下水;但含水量一定要有足够的储水容积,否则无法形成足够的可开采量。

4.3.1.3 H.A.普洛特尼可夫分类法

此分类法是苏联学者H. A.普洛特尼可夫提出的,20世纪50年代传入我国,H.A.普洛特尼可夫将地下水储量分为四种:

(1)静储量。静储量是指天然条件下储存于潜水最低水位以下含水层中的重力水体积。

(2)动储量。动储量是指单位时间内通过垂直于地下水流向的含水层过水断面的地下水量。

(3)调节储量。调节储量是指天然条件下年(或多年)最高与最低水位之间潜水含水层中的重力水体积。

(4)开采储量。开采储量是指在不发生水量显著减少和水质恶化的条件下,用一定的取水设备从含水层中汲取的水量。确定开采储量最为重要,但比较复杂,没有固定的计算公式。

H. A.普洛特尼可夫分类法,反映了地下水资源在天然条件下的一定客观规律,曾在我国地下水资源评价中起过重要的作用。但该种分类只反映了地下水在天然条件下的各种数量组合,而没有明确在一定时间内各种数量之间的转化关系。尤其是没有指出在开采条件下,哪些天然储量成分对开采资源起什么样的作用。所以,评价开采资源时,往往只能按照天然条件,计算出各种储量,而提不出可靠的开采资源数量。

4.3.2 平原区地下水资源量计算

在平原区,通常以地下水的补给量作为地下水资源量。平原地区的补给量有降水入渗补给量、河道渗漏补给量、渠系渗漏补给量、田间入渗补给量与井灌回归补给量、越流补给量以及闸坝蓄水渗漏补给量、人工回灌补给量等。

4.3.2.1　补给量计算

1. 降水入渗补给量

降水是自然界水分循环中最活跃的因素之一，地下水资源形成的最重要的方式之一就是降水入渗。降水入渗补给量是指降水渗入到包气带后在重力作用下渗透补给潜水的水量，它是浅层地下水重要的补给来源。

1）降水入渗补给量的确定

（1）系数法。通常采用降水入渗补给系数法估算降水入渗补给量：

$$P_r = \alpha P \tag{4-63}$$

式中　P_r——降水入渗补给量，mm；

α——降水入渗补给系数；

P——降水量，mm。

此种方法概念清楚，应用方便，易于区域综合。测定降水入渗补给系数的方法已在第2章中介绍。

（2）地下水动态分析法。在平原地区，地势平坦，地下径流微弱，在一次降雨后，水平排泄和垂直蒸发都很小，地下水位的上升是降雨入渗补给所引起的结果，可用式(4-64)表示：

$$P_r = \mu \cdot \Delta h \tag{4-64}$$

式中　μ——给水度；

Δh——降雨入渗引起的地下水位上升幅度，mm。

2）年降水入渗补给量的计算

（1）系数法。年降水入渗补给量的计算公式：

$$Q_{降} = 10^{-5} P_{年} \alpha_{年} F \tag{4-65}$$

$$\alpha_{年} = \frac{\sum \Delta h \cdot \mu}{P_{年}} \tag{4-66}$$

式中　$Q_{降}$——年降水入渗补给量，亿 m^3/a；

$P_{年}$——年降水量，mm/a；

$\alpha_{年}$——年降水入渗补给系数；

F——计算区面积，km^2。

多年平均降水入渗补给量的计算，应采用多年平均降水量与多年平均降水入渗补给系数，按式(4-67)计算：

$$\overline{Q}_{降} = 10^{-5} \overline{P}_{年} \overline{\alpha}_{年} F \tag{4-67}$$

当地下水动态观测资料系列很短时，无法直接计算多年平均降水入渗补给系数 $\alpha_{年}$，则采用接近多年平均降水量年份的动态观测资料计算 $\overline{\alpha}_{年}$ 值。

（2）降水量—水位上升值相关法。在平原区，地下径流微弱，降水入渗后引起潜水位上升，两者关系密切，如能建立降水量 P 与潜水位上升值 Δh 之间的相关关系，便可利用它来推求降水入渗补给量。具体步骤如下：

第一，根据已有的长期观测井孔的观测资料，计算每次降水量 P（以5日或旬计）和相应时段内水位上升值 Δh。

第二，绘制不同岩性的、以地下水位埋深 Δ 为参变量的 $P \sim \Delta h \sim \Delta$ 相关曲线。

第三，根据不同岩性分布地区年内各次降水量 P，在 $P\sim\Delta h\sim\Delta$ 相关曲线上查出相应的地下水位上升值 Δh，累加起来，再乘以给水度 μ，即得年降水入渗补给量（$\mu\cdot\sum\Delta h$）。

同时，可利用该年降水入渗补给量反求年降水入渗补给系数 $\alpha_{年}$，即：

$$\alpha_{年}=\frac{\mu\sum\Delta h}{\sum P} \tag{4-68}$$

或利用某一时段降水入渗补给量（$\mu\sum\Delta h$），推求该时段的降水入渗补给系数，例如，汛期的 $\alpha_{汛}$ 值为：

$$\alpha_{汛}=\frac{\mu\cdot\sum\Delta h}{\sum P_{汛}} \tag{4-69}$$

式中　$P_{汛}$——汛期降水量，mm。

如果由 $P\sim\Delta h\sim\Delta$ 相关曲线绘制出全年降水量 $\sum P\sim\sum\Delta h\sim\Delta$ 相关曲线，求年降水补给量就更加方便。只要由年降水量直接在该曲线上查出全年水位累计上升值（$\sum\Delta h$），乘以给水度 μ 值，即可得出年降水入渗补给量。

2. 河道渗漏补给量

当河水位高于两岸地下水位时，河水在重力作用下，会以渗流形式补给地下水，这种现象称为河道渗漏补给。常年出现这种现象的：一是河流出山后，在山前倾斜平原上的河段；二是某些大河的下游，由于河床淤积而填高，从而产生河水补给地下水。有些河道只在汛期才补给地下水，汛后则排泄地下水。因此，应对每条河道的水文特性和两岸地下水动态进行分析后，才能确定河水补给地下水的河段，然后逐段进行渗漏补给量的计算。

1）河道渗漏补给量的确定

（1）断面测流法。在河道上选择一定距离的上下两个测流断面，通过流量的测定计算河道渗漏补给量的方法，称为断面测流法。计算公式为：

$$Q_{河渗}=(Q_{上}-Q_{下})-E_0\beta L \tag{4-70}$$

式中　$Q_{河渗}$——计算区内的河道渗漏补给量，m^3/s；

$Q_{上}$、$Q_{下}$——河道上、下断面实测流量，m^3/s；

E_0——水面蒸发量，mm；

β——水面宽，m；

L——实测流量段距离，m。

断面测流法简单易行，是一种常用的方法。这个方法的关键是测流的精度问题。在实际工作中，应针对不同情况，分别采用不同的测流方法，例如，枯季径流宜用堰测流。

（2）单位长度渗漏量法。计算公式为：

$$Q_{河渗}=\frac{(Q_{上}-Q_{下})}{L'}L(1-\lambda) \tag{4-71}$$

式中　$Q_{上}$、$Q_{下}$——测流段上、下断面的实测流量（扣除区间加入的水量），m^3/s；

L'——测流段长度，m；

L——计算河段长度，m；

λ——修正系数，根据两测流断面间水面蒸发、两岸地下水浸润带蒸发量之和占

$(Q_{上}-Q_{下})$的比例而定。

其中，测流段长度L'不宜过短，否则，$Q_{上}$和$Q_{下}$相差无几，甚至由于测流时，$Q_{上}$为负误差，$Q_{下}$为正误差，而$(Q_{上}-Q_{下})$可能会出现负值。因此，测流段长度L'不宜小于1 km。

测流段区间来水，应从$Q_{下}$中减去扣除（减去）；而区间引出的水量，应还原到$Q_{下}$中（加入）计算。

该方法的精度取决于测流断面向上或向下外推距离的远近。如果外推距离较远，则误差较大，反之，误差较小。所以，L'和L两者愈接近，愈能取得令人满意的结果。

2）年河道渗漏补给量的计算

年河道渗漏补给量通常采用比率法计算。河道渗漏补给量与流量、测流段长度之比值，称为单位长度渗漏率（η），即：

$$\eta = \frac{Q_{上} - Q_{下}}{L'Q} \tag{4-72}$$

不同的地下水埋深Δ，其渗漏率是不同的；河道流量不同及河床的岩性不同，其渗漏率也是不同的。对于某一特定的河道，则η与Δ、Q的关系是一组以Q为参变量的曲线组。

根据实测的地下水埋深、流量等资料，从$\eta\sim\Delta\sim Q$关系曲线组上查出相应的η，然后按式（4-73）计算年渗漏补给量：

$$V_{河渗} = L\sum_{i=1}^{n}\eta_i Q_i \Delta t_i \tag{4-73}$$

式中　$V_{河渗}$——河道年渗漏补给量，m^3；

n——计算时段数；

η_i——与Q_i、Δ_i对应的单位长度渗漏率，1/m；

Q_i——第i时段内的平均流量，m^3/d；

Δt_i——年内河道引水第i时段的历时，d；

其余符号意义同前。

3. 灌溉水入渗补给量

灌溉水经由土壤层下渗补给地下水的水量称为灌溉入渗补给量，是灌区地下水的主要来源之一。它分为渠系渗漏补给量和渠灌田间渗漏补给量（渠灌田间入渗补给量、井灌回归补给量）两种。

1）渠系渗漏补给量

渠系渗漏补给量是指干、支、斗、农、毛各级渠道在输水过程中对地下水的渗漏补给量。斗渠以下，渠系分布密度很大，可并入渠灌田间入渗补给量中。渠系渗漏补给量可按渠系渗漏补给系数法或经验公式法计算，这里只介绍渠系渗漏补给系数法，计算公式为：

$$Q_{渠系} = mQ_{渠首引} \tag{4-74}$$

式中　$Q_{渠系}$——渠系渗漏补给量，亿m^3/a；

m——渠系渗漏补给系数，为渠系渗漏补给地下水的水量与渠首引水量的比值；

$Q_{渠首引}$——渠首引水量，用实测水文资料和调查资料计算多年平均渠系渗漏补给量时，$Q_{渠首引}$可选用平水年资料，亿m^3/a。

2)渠灌田间入渗补给量

渠灌田间入渗补给量是指灌溉水进入田间后,渗漏补给地下水的水量,包括田间渠道(斗渠和斗渠以下的各级渠道)的渗漏。田间入渗的机制和降水入渗相似,灌溉入渗补给量的大小与灌水量、岩性、地下水埋深以及土壤含水量等有关。

田间入渗补给量确定方法,常用的是系数法,即:

$$Q_{渠灌} = \beta_{渠} Q_{净} \tag{4-75}$$

式中　$Q_{渠灌}$——渠灌田间入渗补给量,亿 m^3/a;

$\beta_{渠}$——渠灌入渗补给系数,即某一时段田间灌溉入渗补给量和相应的灌水量之比;

$Q_{净}$——田间净灌水量,通常根据渠首引水量乘以渠系有效利用系数 η 求得,或用灌水定额(即灌水一次每亩净灌水的数量,在全生长期要进行多次灌水,各次灌水定额之总和为灌溉定额)与灌溉亩数的乘积求得,亿 m^3/a。

计算评价区多年平均 $Q_{渠灌}$ 时可用平水年份 $\beta_{渠}$ 和 $Q_{净}$ 的实际资料。

4.井灌回归补给量

井灌回归补给量是指井灌区引地下水灌溉后,回归地下水的数量,其计算公式为:

$$Q_{井渠} = \beta_{井} Q_{井} \tag{4-76}$$

式中　$Q_{井灌}$——井灌回归补给量,亿 m^3/a,计算多年平均 $Q_{井灌}$ 时,可用平水年份 $\beta_{井}$ 和 $Q_{井}$ 的实际资料;

$\beta_{井}$——井灌回归系数(无因次);

$Q_{井}$——井泵出水量,一般采用地下水实际开采量,也有的地区采用井灌水定额乘以井灌面积求得,亿 m^3/a。

5.越流补给量

如果某一含水层的上覆或下伏岩层为弱透水层(如亚黏土或亚沙土),并且该含水层的水头低于相邻含水层的水头,则相邻含水层中的地下水可能穿越弱透水层而补给该含水层,这种现象称为越流补给(见图4-11)。

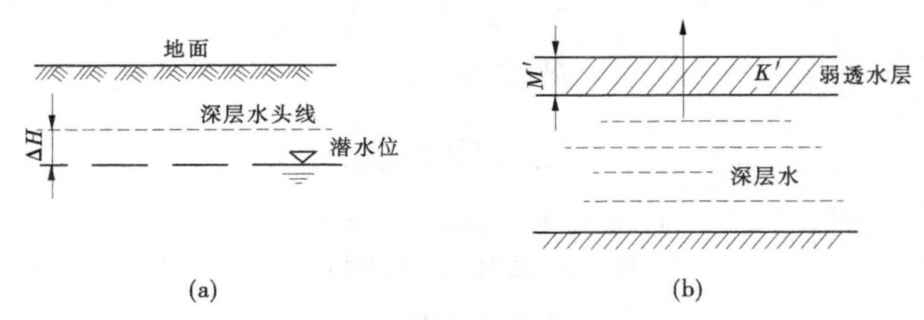

图4-11　越流补给

越流补给量可按达西定律近似计算:

$$Q = K'F\frac{\Delta H}{M'} \tag{4-77}$$

在 Δt 时段内的越流总量 W 为:

$$W = K'F\frac{\Delta H}{M'}\Delta t$$

或写成：

$$W = K_e F \Delta H \Delta t \tag{4-78}$$

式中　K_e——越流系数，$K_e = \frac{K'}{M'}$，m/(d·m)；

F——过水面积，m^2；

M'——弱透水层的平均厚度，m；

K'——弱透水层的渗透系数，m/d。

6. 山前侧向补给量

山前侧向补给量是指山丘区的地下水通过侧向径流补给平原区地下水的水量，它在区域地下水资源量中占有较大的比重。例如，河北平原中山前平原区，面积 6 184 km^2，山前侧向补给量达 30.66 m^3/a，山前侧向补给量占河北平原地下水资源量 103.17 亿 m^3/a 的 30%（见表 4-3），它的重要性仅次于降水入渗补给量，具有长期供水的利用价值。

表 4-3　河北平原区地下水资源量　　（单位：亿 m^3/a）

地段	山前侧向补给量	降水入渗补给量	地表水体渗漏补给量	地下水资源量
山前平原	30.66	20.30	15.29	66.25
中部平原	0	30.07	4.26	34.33
滨海平原	0	2.59	0	2.59
合计	30.66	52.96	19.55	103.17

山前侧向补给量的主要计算方法是沿补给边界切剖面，分段按达西公式进行计算（见图 4-12）：

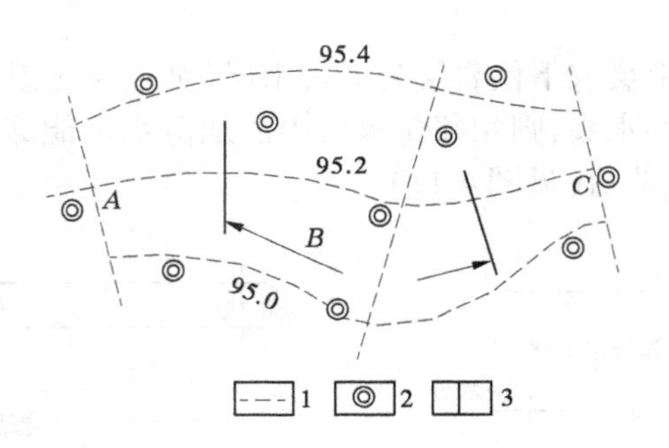

1—补给边界；2—观测孔；3—剖面线

图 4-12　达西公式分段计算

$$Q_{侧补} = KIBh \tag{4-79}$$

式中　$Q_{侧补}$——山前侧向补给量，m^3/d；

K——渗透系数，m/d；

I——垂直于剖面方向上的水力坡度；

B——计算断面宽度，m；

h——含水层计算厚度，m。

潜水流的过水断面，在自然界常常是不规则的，可能呈某种曲线轮廓，因此在补给边界处布设钻孔，作为地下水位的观测孔，统测地下水位后绘制潜水等水位线图（见图 4-12），然后沿某一等水位线垂直向下，切出过水断面。如果计算的过水断面宽度 B 值很大，而且岩性、含水层厚度都有变化，可分段进行计算（见图 4-13）。

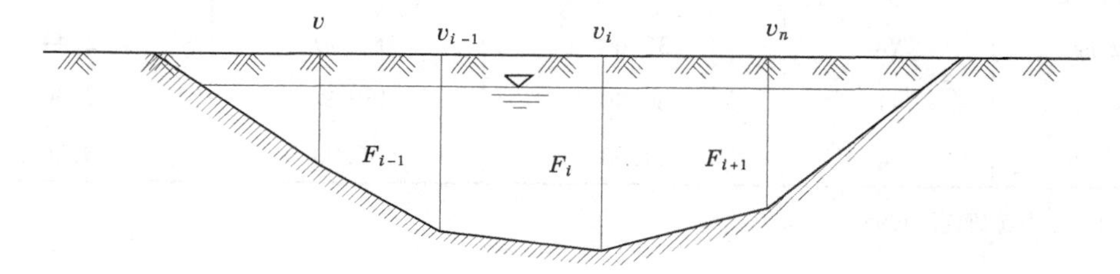

图 4-13　分段计算时过水断面

分段计算时，首先在每一分界线上（见图 4-13），按式(4-80)计算渗透流速 v_i：

$$v_i = K_i I_i \tag{4-80}$$

然后，计算分段的平均渗透流速 $\bar{v}_i$，即：

$$\bar{v}_i = \frac{v_{i-1} + v_i}{2} \tag{4-81}$$

对于边缘分段断面上的平均渗透流速，取 $\bar{v} = v_1$ 和 $\bar{v}_n = v_n$，计算各分段的流量为：

$$q_i = \bar{v}_i F_i \tag{4-82}$$

式中　F_i——各分段的渗透断面面积，m^2。

因此，通过全断面的总流量为：

$$Q_{侧补} = \sum_{i=1}^{n} q_i \tag{4-83}$$

式(4-79)中，水力坡度 I 和过水断面宽度 B 均是实测值，含水层厚度 h 应是山前侧向补给地下水的渗透有效带深度，一般来说，它包括松散堆积物全部含水岩层，即颗粒大于粉砂的全部含水层均应列入渗透有效带范围内，我国以往有些地区，只取其 70% ~ 80% 作为含水层厚度 h 值，造成山前侧补量偏小。

式(4-79)中的渗透系数 K，宜采用带观测孔的多孔抽水试验，用裘布依水井公式计算，可得到较为准确的值。以往有些地区，采用单孔抽水试验的资料计算 K 值，并且不加以修正，这样由于受"井损"（即井中"水跃"）、井身结构及井旁紊流的影响，观测到的水位的下降值偏大，即大于井旁含水层中水位的下降值，造成渗透系数 K 的计算值偏小。一般按单孔抽水试验（不经修正）计算的 K 值，仅为实际值的 1/3 ~ 1/2（见表 4-4）。

由上述可知，含水层厚度和渗透系数的正确与否，对山前侧向补给量的计算是很重要的。长期以来，人们总认为山前侧向补给量在平原区地下水资源量中无关紧要，其实并非如此。20 世纪 80 年代中期，人们发现往往某一年平原区降水量与同期的相同，但若这一年平原补给边缘山区的水量减少，则平原区的地下水资源会出现严重减少的现象。例如，1985 年截至 8 月底，北京市平原区降水量 600 mm，与多年平均同期水量相同，可是北京市区地下水资源告急。究其原因，山区水量较少，仅有 300 mm 左右，降水入渗大为减少，致使山前侧向补给平原区的地下水也相应减少了。可见，山前侧向补给对平原区的水资源影响是举足轻重的，因此必须重视山前侧向补给量的计算。

表 4-4　单孔抽水与多孔抽水试验 K 值对比　　（单位：m/d）

地名	孔号	单孔抽水 K 值	多孔抽水 K 值	多孔 K 值/单孔 K 值
石家庄	118	102.10	693.00	6.79
太原	Y4	35.66	86.90	2.44
包头	41	80.40	189.90	2.36
北京	14	11.03	36.00	3.26

注：摘自《水资源研究》，1995。

4.3.2.2　排泄量的计算

平原区地下水的排泄量主要有潜水蒸发量、河道排泄量、侧向流出量、越流排泄量以及人工开采量等，下面主要介绍前三种。

1. 潜水蒸发量

潜水蒸发量是指潜水在毛细管引力作用下向上运动所造成的蒸发量，包括棵间蒸发量和植被叶面蒸腾量。潜水蒸发是浅层地下水消耗的主要途径。

潜水蒸发强度 ε 是指潜水在单位时间内从单位面积上蒸发的水量体积（m/d 或 mm/d）。潜水蒸发强度的变化受土质、潜水埋深、气象、植被等因素的影响。

1）影响潜水蒸发的因素

（1）土质因素。土质对潜水蒸发的影响主要表现在包气带土层毛细管特性上。沙土毛细管较粗，毛细管水上升高度小，潜水蒸发量也少；黏土毛细管细而密，由于常被结合水膜堵塞，毛细管输水能力也比较小；亚沙土（沙壤土）的毛细管直径介于上述两者之间，相对上升高度较大，又有一定的输水能力，所以在其他条件相同时，它的潜水蒸发量较大。

（2）潜水因素。据试验研究，潜水蒸发量随埋深的增加而减小。当水位埋深大于 4 m，潜水蒸发量已极其微弱了；因此我国有的学者认为存在一个潜水蒸发的极限深度。所谓蒸发极限深度，就是潜水停止蒸发或蒸发量相当微弱时潜水位的埋深值。

（3）气象因素。潜水蒸发随着气温升高、空气相对湿度降低而增加；随着风力增强而加强；降水量大，潜水蒸发量小。水面蒸发强度 ε_0 是气象因素对水分蒸发影响的综合反映指标。所以，潜水蒸发量的大小常与之相比，并用蒸发系数 C 表示，即 $C=\frac{\varepsilon}{\varepsilon_0}(\%)$，以说明其相对的强烈程度。

（4）植被因素。有作物生长的季节和地区，比无作物生长的季节和地区的潜水蒸发要强烈得多。据五道沟实测资料统计：埋深 0.4 m 时，有作物的潜水蒸发为无作物的潜水蒸发的 2.1 倍；埋深 1.0 m 时，为 6.3 倍。另外，作物种类不同，潜水蒸发也随之不同，因为不同作物的根系吸水能力和需水量是不同的。

2）潜水蒸发量的确定

计算公式如下：

$$E = 10^{-5}\varepsilon_0 CF \tag{4-84}$$

式中　E——年潜水蒸发量，亿 m³/a；

ε_0——水面蒸发强度,mm/a;

C——潜水蒸发系数(无因次);

F——计算面积,km^2。

评价区多年平均潜水蒸发量的计算方法步骤如下:

(1)将评价区按包气带岩性的不同,划分成若干个均衡计算区。

(2)在每个计算区内选择一个具有代表性的地下水动态观测井,绘制地下水埋深历时曲线(选用平水年或接近平水年的动态资料),按月划分为12个时段,并求出各时段的平均地下水埋深。

(3)根据均衡计划区岩性和各时段的平均地下水埋深,从 $C \sim \Delta$ 关系曲线上查得相应的 C 值。

(4)按式(4-85)计算 i 时段潜水蒸发量:

$$E_i = 10^{-5} \varepsilon_{0i} C_i F_i \tag{4-85}$$

各时段潜水蒸发量之和即为均衡计算区年平均潜水蒸发量:

$$E = \sum E_i \tag{4-86}$$

(5)将各均衡计算区年潜水蒸发量进行汇总,即为评价区多年平均潜水蒸发量。

2. 河道排泄量

平原地区地下水排入河道的水量称为河道排泄量,当河流水位低于两岸地下水位时,河道排泄地下水。计算方法为河道渗漏量的反运算,目前我国水利部门大多采用地下水动力学方法计算河道排泄量。

该方法适用于河道岸边没有长期观测孔的情况,根据钻孔中的潜水位与河水位资料用水动力学公式计算。按地下水流水力要素的变化情况,分成稳定流和非稳定流两类。

1)稳定流公式法

该法适用于河水位变化稳定的情况,例如,河水位自正常水位下降 h 后,不再波动,即处于稳定状态,河道岸边地下水浸润线与流线均呈曲线,水力坡度是变化的。在稳定流情况下,宜采用裘布依公式计算,即:

$$Q = KB\frac{H^2 - h^2}{2b} \tag{4-87}$$

式中　Q——地下水(单侧)侧向渗流量,m^3/d;

K——含水层渗透系数,m/d;

B——地下水水平排泄带长度,m;

H——分水岭处含水层渗透有效带厚度(从平均稳定水位起算),m;

h——排泄基准点处渗透有效带厚度,一般为平均河水位至渗流有效带底线的垂直距离,m;

b——补给边界(地下水分水岭)到排泄基准点的水平距离,即补给带长度,m。

2)非稳定流公式法

当河道水位骤然下降,处于非稳定流状态时,一侧堆宽河道排泄量计算公式为:

$$q = 1.128\frac{v_0 t}{\sqrt{t}}\sqrt{\mu T} \tag{4-88}$$

式中　q——非稳定流单宽流量，m^2/s；

v_0——河道水位下降速度，m/d；

t——河道水位从开始下降经历的时间，d；

μ——给水度；

v_0t——时段河道水位下降值(即平均潜水位与河道水位之差)，常用 s 表示，m；

T——导水系数，m^2/d。

也可写成：

$$Q = 1.128\mu \cdot s\sqrt{at} \cdot L \tag{4-89}$$

式中　Q——t 时段内一侧流入河道地下水排泄量，m^3；

a——压力传导系数，$a = T/\mu$，m^2/d；

L——河道长度，m；

其余符号意义同前。

3. 侧向流出量

地下水侧向流出量一般指的是以地下潜流形式流出均衡单元的水量，即普氏分类中的动储量，有时称为地下径流量。其计算方法与山前侧向补给量的计算相同，只是前者是流出均衡单元，而后者是流入均衡单元，故不再赘述。

4.3.3　山丘区地下水资源量计算

山丘区水文、地质条件复杂，研究程度相对较低，资料短缺，直接计(估)算地下水的补给量往往是有困难的。但在山丘区，地形起伏、高差悬殊、河床深切、底坡陡峻、调蓄较差，大气降水入渗补给形成径流后，通过散泉很快溢出地面，排入河流。补排机制比较简单，按地下水均衡原理，总排泄量等于总补给量，所以山丘区的地下水资源量可用各项排泄量之和来计算。山丘区地下水总排泄量包括河川基流量、河床潜流量、山前侧向流出量、潜水蒸发量、未计入河川径流的山前泉水出露总量和浅层地下水实际开采的净消耗量等。

由排泄量反推补给量时，必须具有实测的排泄量(流量)资料系列，然后采用适当的分析方法进行计算。目前，对于一般山丘区浅层地下水(主要采用裂隙水)的计算，常用水文分析法(即水文图分割法)；对于喀斯特水常用流量衰减分析法，其他还有相关分析法等。

4.3.3.1　水文分析法

山丘区排泄量中具有决定意义的是河川基流量，其他各项数量较小，有的甚至微不足道。例如，山丘区河床深切、地下水位埋藏深，潜水蒸发量可忽略不计；如果河床中第四纪松散沉积层厚度很小，河床潜流量可不考虑。那么，怎样推求河川基流量呢？最常用的方法就是选择合适的水文站，从该站实测的河川径流量过程线上把它分割出来，即基流分割法。

1. 分析代表站的选择

河川基流量由分割区域内代表站的实测径流量过程线后计算得来，选择代表站时应满足下列条件：

（1）水文站所控制的流域是闭合的，地表水与地下水的分水岭基本一致。

（2）选定的水文站，在地形、地貌、植被和水文地质条件上，应具有足够的代表性。

（3）水文站控制面积一般应在 200 km^2 以上，但以不大于 5 000 km^2 为宜。水文站稀少的区域，也可稍大于 5 000 km^2，所选站点应力求分布均匀。

（4）选定的水文站应具有较长的实测流量资料系列，至少应包括丰、平、枯典型年在内的 10 年以上实测流量资料。

（5）在水文站所控制的范围内，应不受人为活动的影响或影响较小。

2. 单站河川基流量的分割法

山丘区河川基流量过程线上的流量值是由两部分组成的：一是地表径流；二是地下径流，即河川基流量。如果能把它们分割，即可求得河川基流量。分割的具体方法有直线平割法、直线斜割法（其中又有综合退水曲线法、消退流量比值法、消退系数比较法）和加里宁分割法。有的方法已在《水文学》教材中介绍，本节仅介绍消退系数比较法和加里宁分割法两种。

1）消退系数比较法

河川径流过程线大体上可分三段：起涨段（见图 4-14 中 AE）、峰值段（见图 4-14 中 EF）和退水段（见图 4-14 中 FD）。在退水段上的流量过程线又称为退水曲线，无论采用哪一种分割法，其基本点就是要设法确定地表径流起涨点和退水点（见图 4-14 中 A 点与 D 点）。

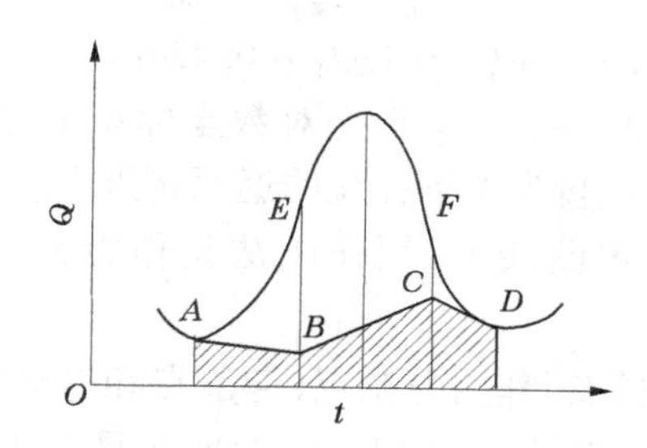

图 4-14　河川径流过程线

（1）起涨点的确定。一般情况下，上一年汛末至本年汛前，如无明显的由降雨所产生的地表径流，则这一时段的河川径流均作为河川基流，其流量过程线呈连续下降趋势，到第一次洪峰出现时，出现明显的起涨点。但当受到人类活动的影响时，用实测资料绘制的流量过程线所显示的起涨点，误差较大。在受工农业用水影响的流量过程线上确定起涨点时，通常是从上一年流量过程线的退水拐点处顺势下延，与本年第一次洪峰起涨段的相交点作为起涨点。

（2）退水点的确定。地表径流与地下径流的形成条件是不同的，因此它们的流量衰减过程也各有特点。从流量过程线的退水段（见图 4-15（a））中可看出，它至少可分成两段：上段自峰顶 C 点到 B 点，这段曲线较陡，反映出雨洪形成的地表径流来得快、退得快的特点；下段自 B 点以下，曲线坡度平缓，反映了地下径流衰减缓慢的特点。通过两者对比，可划分出由地表径流消退过程转为地下径流消退过程的分界点，也就是退水点。把上述退水点与起涨点连成直线，如图 4-15(a)中 AB 所示，就能分割出基流。

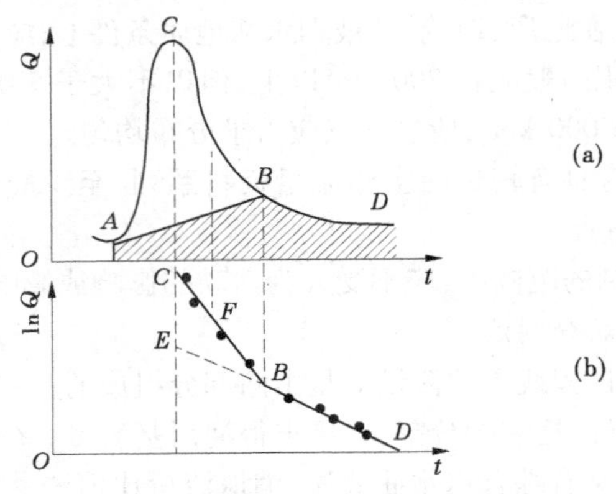

图 4-15　河川径流过程及退水线

从水文学上知道，一般情况下，退水段的流量衰减过程可用指数函数式来描述：

$$Q_t = Q_0 e^{-\alpha t} \tag{4-90}$$

式中　Q_t——衰减开始后第 t 天的流量，m^3/s；

Q_0——衰减开始时刻(t_0)的初始流量，m^3/s；

α——衰减系数，1/d，它反映流量消退的变化率。

将上述衰减方程式线性化，则两端取对数，得：

$$\ln Q_t = \lg Q_0 - \alpha t$$

或

$$\ln Q_t = \lg Q_0 - 0.434\alpha t \tag{4-91}$$

将越流段的实测资料 $Q_{t,i} \sim t_i$ 点绘于半对数坐标系上，用折线与之拟合(见图 4-15(b))，图中 B 点即为地表径流转为地下径流的退水转折点。对于没有人为活动影响的小流域，在一次峰后无雨的退水曲线上，用作图法是很容易把退水转折点找出来的(见图 4-15)。

分割法是选择“明显转折点”作为分割点(起涨点和退水转折点)，对于枯季降水量很少的地区，如我国北方枯季月水量小于 10 mm 的地区是适用的。我国南方，多年平均水量在 1 200 mm 以上，绝大多数地区最枯月降水量都大于 10 mm，这表明，全年河川径流量始终包含地表径流与地下径流两个部分，因而转折点不明显，基流分割时，应根据降水量、陆面蒸发量与河川径流量三者之间的关系，选用河川径流量的最低点作为起涨点和退水点。

2) 加里宁分割法

a. 基本原理

一般情况下，山丘区河川基流量来自基岩裂隙水。裂隙含水层中的水量均衡方程可近似地写成如下的形式：

$$V_1 - V_0 = W_{来} - W_{基} \tag{4-92}$$

式中　$V_1 - V_0$——时段末与时段初含水层中地下水储存量的变化量；

$W_{来}$——时段内含水层的来水量：

$W_{基}$——时段内含水层的排泄量，即地下径流流出量，成为河川基流量。

加里宁认为，时段内含水层的来水量与地表径流量之间存在比例关系，其比值 B 近似地等于河流的地下径流量与地表径流量之比，则式(4-92)可写成：

$$V_1 = V_0 + B \cdot W_{地表} - W_{基} \tag{4-93}$$

在山丘区闭合流域里，裂隙含水层在某一时刻的储存量 V_t，可通过退水段（即衰减段）的指数衰减方程式来推求，即：

$$Q_t = Q_0 e^{-\alpha t} \tag{4-94}$$

退水期从开始到某一时刻退水总量 V_t 为：

$$V_t = \int_0^t Q_t dt = \int_0^t Q_0 e^{-\alpha t} dt = -\frac{Q_0}{\alpha}\int_0^t e^{-\alpha t} d(-\alpha t) = \frac{Q_0}{\alpha}(1 - e^{-\alpha t}) \tag{4-95}$$

当 $t \to \infty$ 时，有：

$$V_0 = \frac{Q_0}{\alpha} \tag{4-96}$$

其中消退指数 α 为：

$$\alpha = \frac{\ln Q_0 - \ln Q_t}{t} \tag{4-97}$$

式(4-93)可改写成：

$$V_t = \frac{Q_0}{\alpha} + B(\overline{Q}_{河川} - Q_{基流}) \cdot \Delta t - Q_{基流}\Delta t \tag{4-98}$$

式中 $\overline{Q}_{河川}$——时段 Δt 内的平均河川径流量（包括地表和地下径流量）；

$Q_{基流}$——Δt 时段初的河川基流量，当 Δt 相对较短时，可认为时段内基流量等于常数，近似地取其值为 $Q_{基流}$。

利用式(4-95)，通过试算，可求出 $Q_{基流}$ 各时段的数值，并绘制出基流量过程线。

(1)比例系数 B 的确定。比例系数 B 等于年地下径流总量与年地表径流总量之比，它是用试算法确定的，先假定一个 B 值，按式(4-98)进行演算，将计算所得的 $Q_{基流}$ 值点绘于逐日河川径流量过程线上，要求各时段的河川基流量小于河川径流量，而且在退水点以后的逐日河川径流量过程线与计算所得的河川基流量过程线接近或一致。如发现个别时段的 $Q_{基流}$ 大于 $Q_{河川}$ 或 $Q_{基流}$ 为负值，这都是不合理的，应调整 B 值，直至满足上述要求。

(2)时段 Δt 选择。时段 Δt 选用得当，既可保证计算精度，而工作量又少，事半功倍。目前，一般选用 Δt 为 3 d、5 d、10 d，常用 $\Delta t = 10$ d，然后从水文年鉴逐日平均流量表上统计各时段的河川径流量 $\sum \overline{Q}_{河川}$ 及其平均流量 $\overline{Q}_{河川}$。

b. 计算步骤

①点绘年逐日平均流量过程线，在过程线上选取峰后无降雨、退水规律反映较好的退水段，按式(4-91)计算消退指数 α。

②选定计算时段 Δt，计算各时段的 $\sum \overline{Q}_{河川}$ 和时段内的平均流量 $\overline{Q}_{河川}$。

③B 值经试算确定后，拟定出第一个时段的 $Q_{基流}$，按式(4-92)算出逐个时段 $Q_{基流}$。

④点绘河川基流量 $Q_{基流}$ 过程线，检验：一是演算出的各时段 $Q_{基流}$ 应无负值；二是演算出的 $Q_{基流}$ 均不应大于相应时段的 $Q_{河川}$ 值。

⑤计算出一年的年地下径流量总量 $\sum Q_{基流}$ 占年河川径流量的比值 K 及占年地表径流

总量之比值 B：

$$\begin{cases} K = \sum Q_{基流} \div \sum \overline{Q}_{河川} \\ B = \sum Q_{基流} \div \sum \overline{Q}_{地表} \end{cases} \tag{4-99}$$

由此计算所得的 B 值应与选定的 B 值相等，并以此检验运算过程是否准确。

(3)单站多年平均河川基流量与基流模数的确定。

单站多年平均河川基流量的计算公式为：

$$\overline{R}_g = \frac{\sum R_{g_i}}{n} \tag{4-100}$$

式中　$\overline{R}_g$——多年平均河川基流量，万 m³/a；

R_{g_i}——逐年河川基流量，万 m³/a；

n——统计年数。

计算的方法有两种：一种是对所有年份都进行基流分割，分割后，取得逐年的河川基流量，然后按式(4-100)计算多年平均河川基流量；另一种是为了减少计算工作量，可选用包括丰、平、枯年份在内的 8～10 年流量资料，进行分割，然后点绘该站河川径流量与基流关系曲线($R \sim R_g$)，如图 4-16 所示。根据已知的逐年河川径流量，由关系曲线上查出未分割年份的河川基流量，再按式(4-100)计算该站多年平均河川基流量。

单站河川基流模数的计算公式为：

$$M_{0_i} = \frac{\overline{R}_g}{f_i} \tag{4-101}$$

式中　M_{0_i}——单站河川基流模数，万 m³/(a · km²)；

f_i——单站河川集水面积，km²。

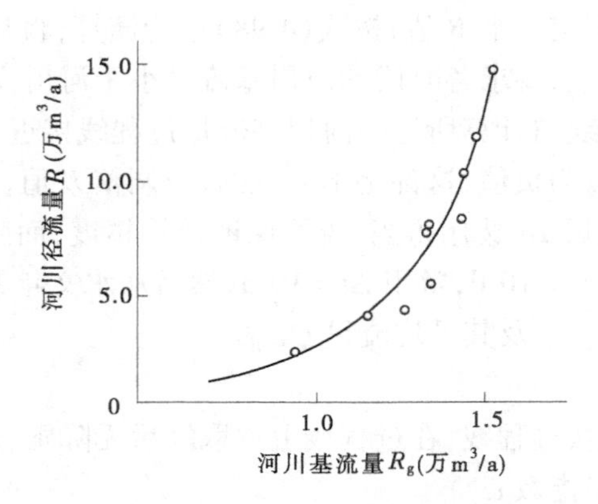

图 4-16　河川径流量与基流量关系图

3. 评价区河川基流量的计算

整个评价区域河川基流量的计算方法有两种，即模数分区法和等值线图法。

1)模数分区法

为了正确地计算和评价地下水资源，可根据植被、地貌、地质等条件的不同，将评价区划分成若干个均衡计算区。每个均衡计算区内应包括一个或几个已经分割基流的水文站。

模数分区法的具体步骤为：

(1)均衡计算区平均基流模数的计算。均衡计算区平均基流模数可根据区内各站基流模数按其代表面积加权平均求得，计算公式为：

$$M_{0_i} = \frac{\sum M_{0_i} f_i}{\sum f_i} \tag{4-102}$$

式中　M_{0_i}——流域内第 i 个站点的基流模数；

f_i——第 i 个站点所代表流域面积，km^2。

对于无水文站控制的均衡计算区，可采用下列方法估算平均基流模数。

①类比法。当该区与有资料的邻近区域地形、地貌、水文气象条件相近时，可直接采用邻区的资料。

②相关分析法。将已有的各单站基流模数与该站集水面积建立相关关系曲线，如图 4-17 所示。一般说来，在同一条河流上，集水面积较小的支流，河床切割深，地下水在河川流量中占的比重较大；反之，集水面积较大的支流，河床切割浅，地下水占的比重较小，即存在基流模数随集水面积减小而增大的规律。对于无水文站控制的计算区面积，可在关系曲线上查出模数。

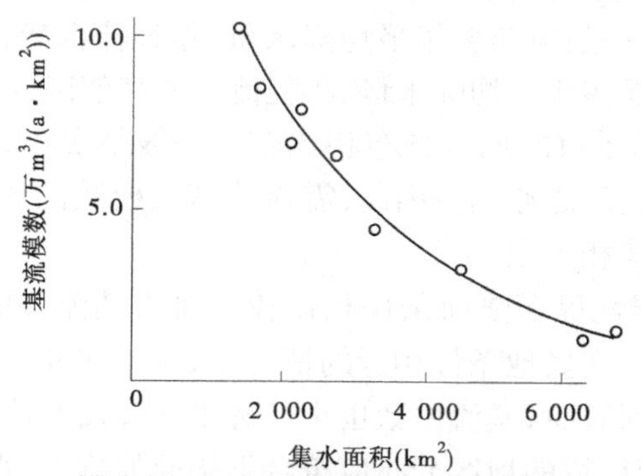

图 4-17　河川基流模数与集水面积

(2)评价区河川基流量的计算。评价区河川基流量等于各均衡计算区的河川基流量之和，即：

$$R_g = \sum R_{g_i} = \sum (\overline{M}_{0_i} \cdot F_i) \tag{4-103}$$

式中　R_g——评价区河川基流量，万 m^3；

R_{g_i}——均衡计算区多年平均河川基流量，万 m^3；

$\overline{M}_{0_i}$——均衡计算区平均基流模数，万 $m^3/(a \cdot km^2)$；

F_i——均衡计算区面积，km^2。

2) 等值线图法

在水文地质条件比较单一的山丘区，也可用等值线图法计算河川基流量，具体步骤如下：

(1)在地形图上，将已知的各站多年平均河川基流深点绘在各站集水面积的重心处，并标出数值。

(2)参照地形、地貌和水文地质图画出多年平均河川基流深的等值线图。

(3)量出等值线间的面积，按式(4-104)计算评价区平均河川基流量，即：

$$R_g = \sum_{i=1}^{n} f_i \overline{R}_{g_i} \tag{4-104}$$

式中　f_i——相邻两条基流等值线间的面积，km^2；

$\overline{R}_{g_i}$——相邻两条基流等值线基流深的算术平均值，mm。

其余符号意义同前。

4. 评价区基流量合理性检查

用基流分割法分析河川基流量，具有足够的精度，但还存在一定的经验性和任意性，因此求得各均衡计算区的多年平均河川基流量后，应进行平衡性与合理性检查。

1)平衡性检查

所谓平衡性检查，就是检验上游站基流量(包括区间基流量)之和是否等于下游控制站的基流量，一般相对误差不得超过 ±3%，否则，应调整基流模数，使之合理。

2)合理性检查

(1)与多年平均降水量、年径流深等值线图相比较。河川基流与河川径流均来自降水，基流模数的地区分布一般应与多年平均降水量、年径流深等值线的分布趋势相适应，即基流模数的高值区也是多年平均降水量、年径流深的高值区，反之亦然。

(2)与降水入渗补给系数的地区分布相比较。一般情况下，降水入渗补给系数较大的地区，基流模数也较大；反之亦然。因此，需检验基流模数的地区分布规律是否与降水入渗补给系数的分布趋势相一致。

(3)与地形、植被、岩性等下垫面条件相比较。河川基流量的大小，与地形、岩性、植被等条件有密切的关系。在其他条件相近的情况下，地形平坦的，下渗较多，基流模数较大；地形陡峻的，下渗相对较少，基流模数也小。透水性较强的地区，基流模数较大；反之，则较小。由此可见，基流模数的地区分布应符合下垫面的特点，否则，应予修正。

4.3.3.2　流量衰减分析法

1. 基本原理

对于主要接受降雨补给，仅一个总出口或集中几个出口排泄的、能自成一个独立封闭体系的喀斯特和裂隙含水岩体中的地下水资源，可用流量衰减分析法进行评价。

这种自成一个独立体系的含水岩体(水文地质单元)，接受补给后，入渗的水量在裂隙中流动，成为地下径流，然后汇集一处或几处出露，形成泉水。在泉口处设立水文测站，测定泉流量，其泉流总量接近地下径流量。对地下径流量的实测资料系列进行水文分析计算，确定地下水的可开采量，这类含水岩体地下水的水文动态有一个特点：在一次降雨或一年的雨季之后，泉水流量出现峰值，随后是流量的衰减，一直延续到下次降雨或下年度雨季来临，这时流量出现最小值。

流量的衰减过程可用指数函数即衰减方程来描述：

$$Q_t = Q_0 e^{-\alpha t} \tag{4-105}$$

式中各符号意义同前。

衰减时期总排泄量用式(4-106)近似计算：

$$V = \frac{Q_0}{\alpha} \tag{4-106}$$

式中各符号意义同前。

储水空间大的，流量衰减较快，α 值较大；储水空间小的，流量衰减慢，则 α 值较小。

含水岩体中储水空间的组合大体有三类：均一储水空间型含水岩体、双重储水空间型含水岩体和多层次结构储水空间型含水岩体，现分述如下。

1）均一储水空间型含水岩体

这类含水岩体中的含水介质是由均一的储水空间所构成的，在流量衰减的全过程中，衰减系数比较稳定。例如，我国北方山西省娘子关泉域中的储水空间基本上是由大小相近、呈网络状分布的、相互贯通的裂隙和小溶孔组成的。其中大型溶蚀管道系统不甚发育，因而可视为均一储水空间。据1967年泉流量实测资料分析，其流量衰减方程为：

$$Q_t = 15.5 e^{-0.00109t} \tag{4-107}$$

娘子关泉多年（1959～1977年）平均流量为12.7 m^3/s，是我国北方最大的泉，地下水汇流范围包括全部阳泉市和平定县、昔阳县、和顺县、盂县、寿阳县的部分地区，总面积约3 800 km^2，源远流长。

2）双重储水空间型含水岩体

这类含水岩体中的含水介质是由两种不同的储水空间组合而成的：一是大型管道、洞穴；二是网络状裂隙，衰减期泉流量 Q_t 与衰减时间 t(d)在半对数坐标系($\lg Q_{t_i} \sim t_i$)上大都为折线（或复杂曲线），如图4-18所示。

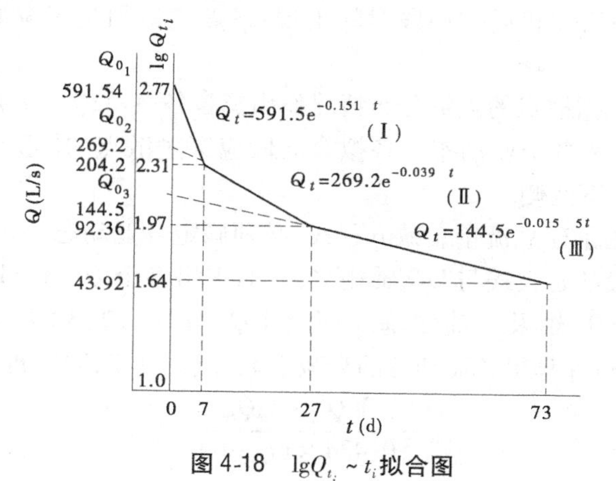

图4-18　$\lg Q_{t_i} \sim t_i$ 拟合图

其衰减方程为：

$$Q_t = \begin{cases} Q_{0_1} e^{-\alpha_1 t} & [0, t_1) \\ Q_{0_2} e^{-\alpha_2 t} & [t_1, t_2] \end{cases} \tag{4-108}$$

有时在对实测点据($\lg Q_t \sim t$)分段拟合中衰减流量曲线在半对数坐标上呈上凸曲线，

如图 4-18 所示,相应的流量衰减方程为:

$$Q_{t_1} = Q_{0_1}[1 - \alpha_1(t_1 - t_0)]$$

或

$$Q_{t_1} = Q_{0_1}[1 + \alpha_1(t_1 - t_0)]^{-3} \tag{4-109}$$

3)多层次结构储水空间型含水岩体

这类含水岩体中的含水介质具有不同等级的储水空间。

当流量开始衰减时,各大小通道(即各类含水介质)都开始排水,大通道排得快,小通道排得慢,小通道中的水被吸收入大通道,向地下河(或泉口)集中排泄。由于大通道排水速度快,持续时间较短,经过一定时间的排泄后,所储存的水量几乎排泄殆尽;这之后,泉口流量主要来自次一级储水空间,泉口流量的衰减速度主要取决于这类含水介质的排水速度,经过一定时间的排泄后,它所储存的水量也将殆尽;当流量衰减至某一时刻后,泉口流量将主要宣泄更次一级含水介质中的水量。

因此,可将衰减期流量的变化划分为若干个亚动态,在同一个亚动态期的流量按同一个衰减系数(α)值衰减,视同一亚动态期内,衰减系数为常值。流量的衰减可用分区间的指数函数或衰减方程来表达,即:

$$Q_t = \begin{cases} Q_{0_1}e^{-\alpha_1 t} & [0, t_1) \\ Q_{0_2}e^{-\alpha_2 t} & [t_1, t_2) \\ Q_{0_3}e^{-\alpha_3 t} & [t_2, \infty] \end{cases} \tag{4-110}$$

2. 计算步骤

流量衰减分析法的具体计算步骤如下:

(1)点绘流量散点图。在 $\lg Q_t \sim t$ 坐标纸上标出实测流量与时间的散点,并取衰减开始时刻 $t=0$,衰减期始点的流量是衰减期(无降雨补给期)最大值,由于降雨补给地下水的滞后,它应在降雨补给停止后一小段时间出现;终点流量则是衰减期持续下降的最小值。

(2)分段拟合。根据散点的点群分布情况作出拟合各点($\lg Q_{t_i} \sim t_i$)的折线,如图 4-18 所示,折线的各线段代表各个亚动态。各拟合线段应穿过散点的"重心",使点子较均匀地分布在拟合线的上、下两侧。

(3)确定参数。为了建立流量衰减方程式,必须确定各亚动态的始点流量 Q_{0_i} 和流量衰减系数 α_i,将各线段的延长线与 $\lg Q_t$ 轴相交,从而求出各个 $Q_{0_i}(i=1,2,3)$。再过折线的各转折点分别向 $\lg Q_t$ 轴及 t 轴作垂线而得 $\lg Q_{t_i}(i=1,2,3)$ 及 $t_i(i=1,2,3)$,按式(4-111)~式(4-113)计算出各亚动态的衰减系数 $\alpha_i(i=1,2,3)$。即:

$$\alpha_1 = \frac{\lg Q_{0_1} - \lg Q_{t_1}}{0.434 \times (t_1 - 0)} \tag{4-111}$$

$$\alpha_2 = \frac{\lg Q_{t_1} - \lg Q_{t_2}}{0.434 \times (t_2 - t_1)} \tag{4-112}$$

$$\alpha_3 = \frac{\lg Q_{t_2} - \lg Q_{t_3}}{0.434 \times (t_3 - t_2)} \tag{4-113}$$

(4)建立方程。当 Q_{0_1}、Q_{0_2}、Q_{0_3} 和相应的 α_1、α_2、α_3 确定以后,按式(4-114)模式计算:

$$Q_t = \begin{cases} Q_{0_1} e^{-\alpha_1 t} & [0, t_1) \\ Q_{0_2} e^{-\alpha_2 t} & [t_1, t_2) \\ Q_{0_3} e^{-\alpha_3 t} & [t_2, t_3] \end{cases} \tag{4-114}$$

写出各分区间的流量衰减方程。例如，湖南响水沟喀斯特泉1980～1981年度衰减期，从1980年10月22日开始，通过泉流量实测资料系列计算，得出的衰减方程为：

$$Q_t = \begin{cases} 83.66 e^{-0.661t} & [0,3) \\ 21.88 e^{-0.210t} & [3,10) \\ 4.07 e^{-0.02426t} & [10,\infty] \end{cases} \tag{4-115}$$

(5)计算调节储存量。喀斯特含水体在雨后衰减开始时刻($t=0$)的可调节的储存总量(V)约等于衰减期的排泄总量，即：

$$V = V_1 + V_2 + V_3 \tag{4-116}$$

式中 V_1、V_2、V_3——相应于第一、二、三亚动态的储存量。

其中

$$V_1 = \int_0^{t_1} (Q_{01} e^{-\alpha_1 t} - Q_{02} e^{-\alpha_2, t}) dt \tag{4-117}$$

$$V_2 = \int_{t_2}^{t_1} (Q_{02} e^{-\alpha_2 t} - Q_{03} e^{-\alpha_3 t}) dt \tag{4-118}$$

$$V_3 = \int_{t_2}^{\infty} Q_{03} e^{-\alpha_3 t} dt \tag{4-119}$$

另外，就山丘区其他排泄量的计算而言，山前侧向流出量和山间盆地潜水蒸发量的计算方法与平原区相同。而河床潜流量（河床松散沉积物中的径流量）可按式(4-120)计算：

$$V_{潜} = KIAt \tag{4-120}$$

式中 $V_{潜}$——河床潜流量，m^3；

K——渗透系数，m/d；

I——水力坡度，一般用河底坡降代替；

A——垂直于地下水流向的河床潜流过水断面积，m^2；

t——河道或河段过水时间，d。

4.4 地下水资源评价

地下水资源评价，就是要求在摸清当地（或评价区）水文地质条件下，地下水的开采和补给条件及其之间的相互关系，分析其变化情况，从而据以制订地下水开发利用的规划。地下水资源评价，最主要的是计算地下水允许开采量（亦称可开采量），因为它是地下水资源评价的目的所在。允许开采量是指在经济合理、技术可能的条件下，在不引起水质恶化和水位持续下降等不良后果时开采的浅层地下水量，其计算方法因拟计算区的研究程度不同而不同，本节只介绍几种最主要的计算方法。

4.4.1 水均衡法

水均衡法实质上是用“水量守恒”原理分析计算地下水允许开采量的通用性方法，它是计算地下水允许开采量的各种方法的指导思想。从理论上讲,只要均衡要素可以求得,它可用于任何地区;但实际上经常用于范围较大的区域性地下水资源评价中,因为水文地质条件和影响因素的复杂性,采用其他方法常有困难。水均衡法需要参数较多而且资料比较齐全。

4.4.1.1　基本原理

对于一个均衡区的含水层来说,在补给和消耗的不平衡发展过程中,在任一时段 Δt 内的补给量和消耗量之差,恒等于这个含水层中水体积(严格说是质量)的变化量。据此,可建立如下水均衡方程式,即:

(1)潜水:

$$Q_{补} - Q_{消} = \pm \mu F \frac{\Delta h}{\Delta t} \tag{4-121}$$

(2)承压水:

$$Q_{补} - Q_{消} = \pm \mu_c F \frac{\Delta H}{\Delta t} \tag{4-122}$$

式中　$Q_{补}$——各种补给的水总量,m^3/a;

$Q_{消}$——各种消耗的水总量,m^3/a;

μ——给水度,以小数计;

μ_c——弹性释水(储水)系数(无因次);

F——均衡区的面积,m^2;

Δh——均衡期 Δt 内的潜水位变化,m;

ΔH——均衡期 Δt 内承压水头的变化,m;

Δt——均衡期,a。

以潜水为例,地下水在人工开采以前,在天然补给和消耗的作用下,形成一个不稳定的天然流场,雨季补给量大于消耗量,含水层内储存量增加,水位上升;雨季过后(特别是旱季)消耗量大于补给量,储存量减少,水位下降。但这种不平衡的发展过程具有一定的周期性(年周期和多年周期),从一个周期来看,这段时间的总补给量和总消耗量是接近相等的。人工开采等于增加了一个地下水消耗项,它改变了地下水的天然补给和消耗条件,使地下水运动发生变化,即在天然流场上叠加了一个人工流场。人工开采在破坏原来的补给与消耗之间天然动平衡的同时,建立了新的开采状态的动平衡。人工开采形成降落漏斗,使天然流场发生变化,令天然消耗量减小,而天然补给量增大。开采状态下的水均衡方程式为:

$$(Q_{补} + \Delta Q_{补}) - (Q_{消} - \Delta Q_{消}) - Q_{开} = -\mu F \frac{\Delta h}{\Delta t} \tag{4-123}$$

式中　$Q_{补}$——开采前的天然补给总量,m^3/a;

$\Delta Q_{补}$——开采时的补给总增量,m^3/a;

$Q_{消}$——开采前的天然消耗总量,m^3/a;

$\Delta Q_{消}$——开采时天然消耗量的减少量总值,m^3/a;

$Q_{开}$——人工开采量,m^3/a;

μ——含水层的给水度，以小数计；

F——开采时引起水位下降的面积，m^2；

Δh——在 Δt 时段开采影响范围内的平均水位下降值，m；

Δt——开采时段，a。

由于开采前的天然补给总量与消耗总量在一个周期内是接近相等的，即 $Q_{补} \approx Q_{消}$，所以式(4-123)可简化为：

$$Q_{开} = \Delta Q_{补} + \Delta Q_{消} + \mu F \frac{\Delta h}{\Delta t} \tag{4-124}$$

式(4-124)表明开采量是由下列三部分组成的：

(1)增加的补给总量($\Delta Q_{补}$)，也就是由于开采而夺取的额外补给总量，可称为开采补给量。

(2)减少的消耗总量($\Delta Q_{消}$)。如由于开采而引起的蒸发消耗减少、泉流量减小甚至消失、侧向流出量减少等，这部分水量实质上是取水构筑物截取的天然消耗量的总值，可称为开采截取量，它的最大极限等于天然消耗总量，即接近于天然补给总量。

(3)可动用的储存量($\mu F \frac{\Delta h}{\Delta t}$)，是含水层中永久储存量所提供的一部分。

明确了开采量的组成后，就可以按各个组成部分来确定允许开采量。

开采量中的 $\Delta Q_{补}$ 只能合理地夺取，不能影响已建水源地的开采和已经开采含水层的水量，地表水的补给增量也应考虑是否允许利用，我们把合理的开采夺取量用 $\Delta Q_{允补}$ 表示。

开采量中的 $\Delta Q_{消}$ 应尽可能多地截取，但也应考虑已经被利用的天然消耗量。例如天然消耗量中的泉水如果已经被利用，由于增加开采量而使泉的流量可能减少甚至枯竭，就是不允许的。截取天然消耗量的多少与取水建筑物的种类、布置地点、布置方案及开采强度有关。只有选择最佳开采方案，才能最大限度地截取。开采截取量的最大极限就是天然消耗总量，接近于天然补给总量。我们把合理的开采截取量用 $\Delta Q_{允消}$ 表示。

开采量中可动用的储存量应慎重确定。首先要看永久储存量是否足够大，再看所用抽水设备的最大允许降深是多少，然后算出从天然低水位至最大允许降深动水位这段含水层中的储存量，按需要的开采年数(T)平均分配到每年的开采量中，作为允许开采量的一个组成部分。我们把慎重确定的可动用储存量用 $\mu F \frac{s_{max}}{\Delta t}$ 表示。其中 s_{max} 为最大允许降深，以 m 计，即天然低水位至最大允许降深动水位这段含水层的厚度；Δt 为开采年限，以 a 计。这样，当开采量($Q_{开}$)为允许开采量($Q_{允开}$)，而且 $\Delta Q_{允补}$、$\Delta Q_{允消}$、$\mu F \frac{s_{max}}{\Delta t}$ 的单位均用 m^3/a 时，式(4-124)就可改写为允许开采量的计算公式，即：

$$Q_{允开} = \Delta Q_{允补} + \Delta Q_{允消} + \mu F \frac{s_{max}}{\Delta t} \tag{4-125}$$

通常将式(4-125)表示的开采动态称为合理的消耗型开采动态，因为这种开采动态类型要消耗永久储存量。当不消耗永久储存量时，$s_{max} = 0$，式(4-125)变为：

$$Q_{允开} = \Delta Q_{允补} + \Delta Q_{允消} \tag{4-126}$$

式(4-126)表示的开采动态通常称为稳定型开采动态。

4.4.1.2 计算步骤

(1)划分均衡区、确定均衡期、建立均衡方程式。因为各个均衡要素是随区域的水文地质条件不同而变化的,当计算面积较大时,不同地方的均衡要素差别较大,所以应将均衡要素大体一致的地区划为一个小区,将全部计算面积划分为若干小区。在平原地区多以一独立水文地质单元为一均衡区,均衡期一般取 1 年。在分析了各均衡小区在均衡期内有哪些均衡要素后,就可以为各均衡小区建立相应的均衡方程式。

(2)测定各个均衡小区的各个均衡要素值。

(3)计算和评价允许开采量。将各均衡要素代入均衡方程式,计算各均衡小区的允许开采量,然后将各均衡小区的允许开采量相加即得全区的允许开采量。

用水均衡法求地下水允许开采量,概念明确,易于理解;但要正确列出均衡方程式并把各个均衡要素准确测出却并非易事。因此,深入调查研究、全面掌握资料、具体地区具体分析、略去次要因素、抓住主要因素,就成为列均衡方程式的关键。而要把各均衡要素准确测出,还需改进测试方法、提高观测质量才能做到。

4.4.2 可开采系数法

在水文地质研究程度较高,并有开采条件下的地下水总补给量、地下水位、实际开采量等长系列资料地区,可用可开采系数法确定多年平均可开采量。

可开采系数法确定可开采量的一般计算公式为:

$$Q_{可采} = \rho Q_{总} \tag{4-127}$$

式中 $Q_{可采}$——地下水年可开采量,万 m^3/a;

ρ——可开采系数,以小数计;

$Q_{总}$——开采条件下的年总补给量,万 m^3/a。

平水年(灌溉用水保证率 $P=50\%$)实际开采系数($\rho_{平}$)的求法如下:

(1)编绘地下水开采条件分区图,根据地下水多年平均埋深、含水层厚度、单井的单位降深出水量(用此值表示含水层的富水性)、地形等特征编绘。

(2)编绘平水年(灌溉用水保证率 $P=50\%$)或接近平水年的实际开采模数分区图,计算平水年(或接近平水年)各评价小区的实际开采模数(所谓开采模数是指单位面积上的年开采量)。

(3)编绘开采条件下的多年平均总补给模数分区图,计算各评价小区的多年平均总补给模数,即单位面积上的多年平均年总补给量。平水年任何一个评价小区实际开采系数($\rho_{平}$)的计算公式为:

$$\rho_{平} = \frac{P_{开}}{u_{补}} \tag{4-128}$$

式中 $\rho_{平}$——平水年(或接近平水年)某评价小区的实际开采系数,以小数计;

$P_{开}$——平水年(或接近平水年)某评价小区的实际开采模数,m^3/hm^2;

$u_{补}$——某评价小区的多年平均总补给模数,m^3/hm^2。

(4)绘制平水年(或接近平水年)开采系数分区图,某一评价小区的地下水多年平均年可开采量($Q_{平开}$)为该小区的 $\rho_{平}$ 和该小区的多年平均年总补给量($Q_{平补}$)之积,即:

$$Q_{平开} = \rho_{平} \cdot Q_{平补} \tag{4-129}$$

$Q_{平开}$和$Q_{平补}$均以万 m^3/a 计,整个评价区的多年平均年可开采量 $Q_{平开}$ 为各评价小区之和。下面列出我国华北地区地下水可开采系数,以供参考(见表4-5)。

由于平水年的可开采系数是按现有资料求出的,所以用可开采系数法求得的多年平均年可开采量是个现状开采量,它是开采程度和多年平均年总补给量的函数。随着开采程度的提高,$\rho_{平}$ 趋近于1,多年平均年可开采量趋近于多年平均年总补给量。$\rho_{平}$的取值,主要根据需水情况、补给条件和维护正常的生态环境等综合分析确定,其中 $\rho_{平} \leqslant 1$。

表4-5 华北地区地下水可开采系数(水利电力部水文局1982年数据)

单井单位降深出水量 ($m^3/(h \cdot m)$)	地下水埋深	地下水全年变幅	开采程度	可开采系数
> 20	大	连年下降	超采	0.85~0.95
5~10	较大	较大	较高	0.75~0.85
5~10	较小	较小	较低	0.75~0.85
< 2.5	较小	稳定	低	0.60~0.70

4.4.3 相关分析法

该法适用于对已开采的潜水和承压水的旧水源地扩大开采时的评价,对新水源地不适用。旧水源地扩大开采,在边界条件和开采条件变化不大时,用该法进行水位或开采量预报,结果较为可靠。开采量同许多自变量,如水位、开采时间、开采面积和水文气象因素等,是相互关联而又相互制约的,它们之间在数量关系上有三种:完全相关、零相关和统计相关。相关分析法是根据地下水的两个或多个主要相关变量的大量实际观测数据得出它们之间相互关系的表达式,然后用外推法进行预报,故又称为相关外推法。

在统计相关中,如果自变量只有一个,称为一元相关或简单相关;如果自变量有两个以上,则称为多元相关或复相关。如果自变量为一次式,称为线性相关;如果是高次式,称为非线性相关。

4.4.3.1 基本原理

1. 一元回归方程

一般地讲,一口井的开采量和降深的关系为完全相关。但具体到一个开采区,因井数很多、影响因素复杂,加上观测误差,开采量和降深的关系通常是近似的统计相关。设有若干组观测值 Q_i和 s_i,分别表示开采量和某点水位降,如将这些观测值点绘在 $Q \sim s$ 坐标上,如图4-19所示,可发现各点的位置比较分散,并不处于某一圆滑曲线的轨迹上。因而,不能用某种函数反映它们的规律性。但从分布的状态看,它们具有一定的分布趋势,直线分布或曲线分布。如按分布趋势,用最小二乘法求出一个近似的但又最接近所有观测值的直线方程或曲线方程,就可用来外推未来某一降深时的开采量,或预测某一开采量条件下可能出现的降深值,这样的方程也称为回归方程。

1)一元直线相关

地下水开采量 Q 与其主要影响因素如开采降深之间的直线方程一般为:

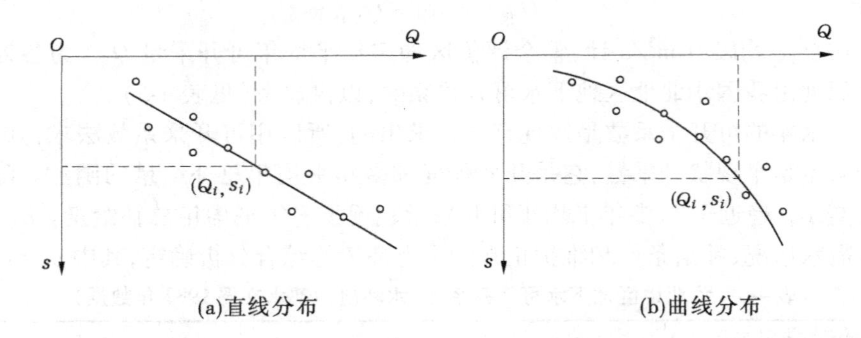

图 4-19　$Q \sim s$ 相关关系

$$Q = A + Bs$$

$$A = \overline{Q} - B\overline{s} \tag{4-130}$$

$$B = \frac{\sum_{i=1}^{N}(s_i - \overline{s})(Q_i - \overline{Q})}{\sum_{i=1}^{N}(s_i - \overline{s})^2}$$

式中　A、B——待定系数,可根据地下水动态观测资料利用最小二乘法确定;

$\overline{Q}$——开采量的平均值,$\overline{Q} = \frac{1}{N}\sum_{i=1}^{N} Q_i$;

$\overline{s}$——开采降深的平均值,$\overline{s} = \frac{1}{N}\sum_{i=1}^{N} s_i$;

N——观测数据组数。

2)曲线相关

当两个相关变量(如开采量 Q 与降深 s)之间不是直线关系时(见图 4-19(b)),可根据散点图的分布形状及特点,选择适当的曲线来拟合观测数据。先确定函数类型,再确定函数关系式中的未知数。一般都是先通过变量变换,把非线性函数转化成线性函数。

常见的函数图形以及变换公式列举如下。

(1)幂函数(见图 4-20)。公式如下:

$$Q = As^B$$

两边取对数:

$$\lg Q = \lg A + B\lg s$$

令 $\lg Q = \hat{Q}$,$\lg A = a$,$\lg s = \hat{s}$,则:

$$\hat{Q} = a + B\hat{s} \tag{4-131}$$

(2)指数函数(见图 4-21)。

①第一种指数函数:

$$Q = Ae^{Bs}$$

两边取对数:

$$\lg Q = \lg A + Bs\lg e$$

令 $\lg Q = \hat{Q}$,$\lg A = a$,$B\lg e = b$,则:

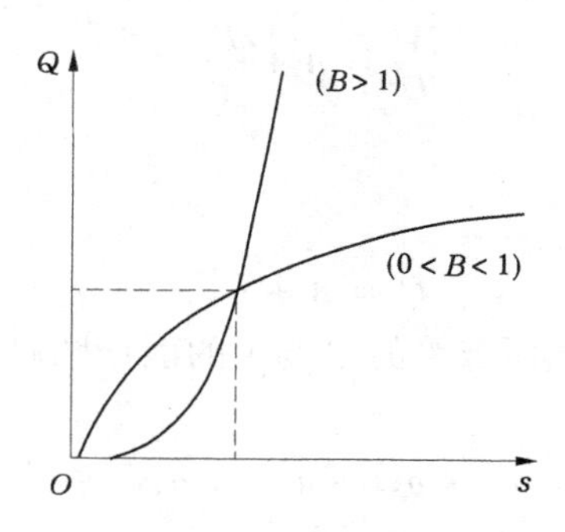

图 4-20　幂函数相关关系

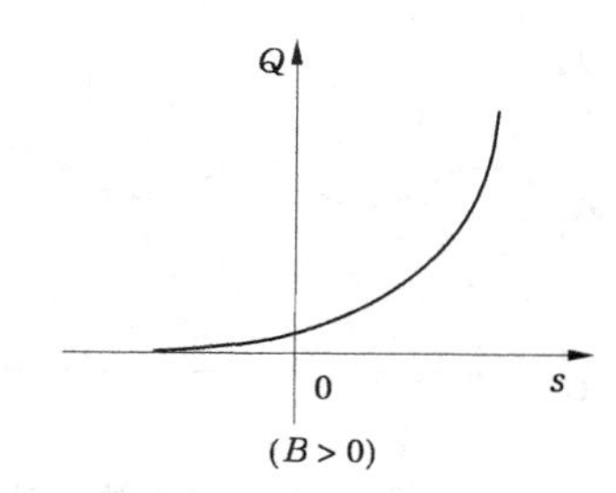

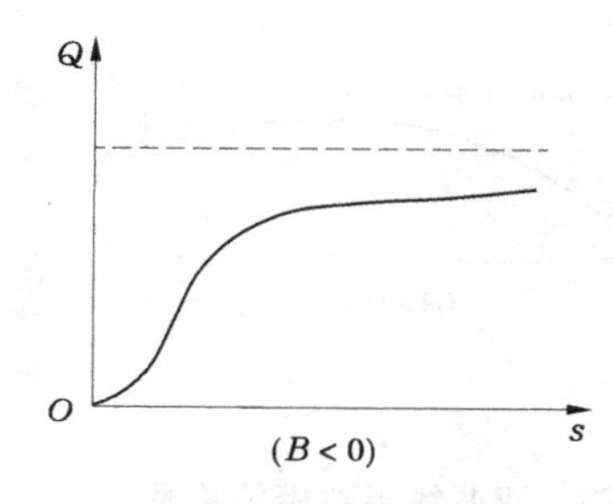

图 4-21　指数函数相关关系

$$\hat{Q} = a + bs \tag{4-132}$$

②第二种指数函数：

$$Q = Ae^{\frac{B}{s}}$$

两边取对数：

$$\lg Q = \lg A + \frac{B}{s}\lg e$$

令 $\lg Q = \hat{Q}, \lg A = a, B\lg e = b, \frac{1}{s} = \hat{s}$，则：

$$\hat{Q} = a + b\hat{s} \tag{4-133}$$

(3)对数函数(见图 4-22)。公式如下：

$$Q = A + B\lg s$$

令 $\lg s = \hat{s}$，则：

$$Q = A + B\hat{s} \tag{4-134}$$

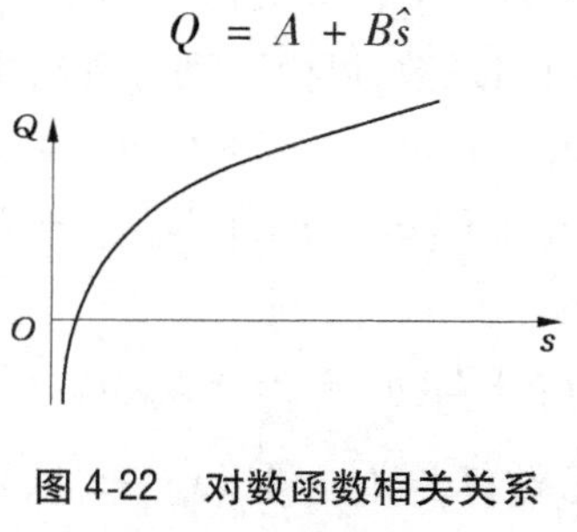

图 4-22　对数函数相关关系

(4)变形双曲线函数(见图 4-23)。公式如下：

$$\frac{1}{Q} = A + \frac{B}{s}$$

令$\frac{1}{Q} = \hat{Q}$，$\frac{1}{s} = \hat{s}$，则：

$$\hat{Q} = A + B\hat{s} \tag{4-135}$$

（5）多项式（见图 4-24）。当所点绘的 Q 与 s 的散点图趋势为 S 形曲线时，则可采用多项式：

$$Q = a_0 + a_1 s + a_2 s^2 + a_3 s^3 + \cdots \tag{4-136}$$

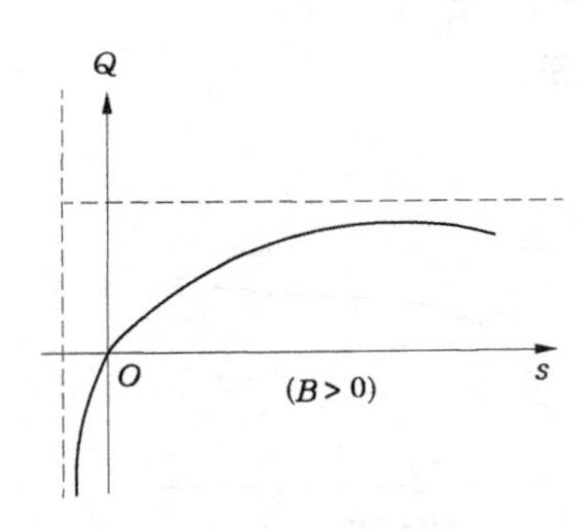

图 4-23　双曲线函数相关关系

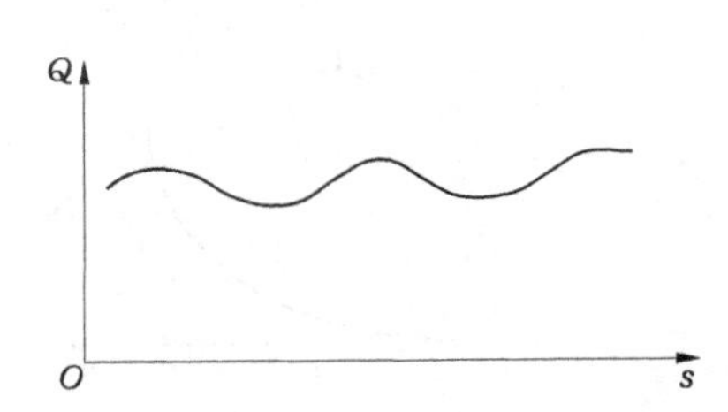

图 4-24　多项式相关关系

2. 多元回归方程

一般情况下，影响开采量的自变量不只一个，而是多个，所以需用多元回归方程进行外推。这种方程的原理和一元回归方程基本相同，但在计算上要复杂得多。

多元线性相关时，方程的一般形式为：

$$Q = a_0 + a_1 x_1 + a_2 x_2 + \cdots + a_m x_m \tag{4-137}$$

式中　$a_0, a_1, a_2, \cdots, a_m$——待定系数；

$x_1, x_2, \cdots, x_m$——影响开采量的自变量，如水位、降深、降水量、蒸发量、开采时间、开采面积和其他因素等。

设有 n 组观测值，按最小二乘法原理，误差的平方和应当最小，即：

$$\sum (Q_k - Q)^2 = \sum (Q_k - a_0 - a_1 x_1 - a_2 x_2 - \cdots - a_m x_m)^2 = \text{最小}$$

同分析一元回归方程一样，取极值后，即求得：

$$a_0 = \overline{Q} - a_1 \bar{x}_1 - a_2 \bar{x}_2 - \cdots - a_m \bar{x}_m \tag{4-138}$$

系数 $a_0, a_1, a_2, \cdots, a_m$ 也称回归系数，可由下列方程组中解出来：

$$\begin{cases} L_{11}a_1 + L_{12}a_2 + \cdots + L_{1m}a_m = L_1 Q \\ L_{21}a_1 + L_{22}a_2 + \cdots + L_{2m}a_m = L_2 Q \\ \vdots \\ L_{m1}a_1 + L_{m2}a_2 + \cdots + L_{mm}a_m = L_m Q \end{cases} \tag{4-139}$$

其中，$\overline{Q} = \frac{1}{n}\sum_{k=1}^{n} Q_k$；$\bar{x}_i = \frac{1}{n}\sum_{k=1}^{n} x_{ik}$；$L_{ij} = L_{ji} = \sum_{k=1}^{n} (x_{ik} - \bar{x}_i)(x_{jk} - \bar{x}_j)$。

整理后得多元线性回归方程：

$$Q = \overline{Q} + a_1(x_1 - \bar{x}_1) + a_2(x_2 - \bar{x}_2) + \cdots + a_m(x_m - \bar{x}_m) \tag{4-140}$$

如果是多元幂曲线相关，即：

$$Q = Ax_1^{a_1} \cdot x_2^{a_2} \cdot \cdots \cdot x_m^{a_m} \tag{4-141}$$

和分析一元幂曲线相关的道理一样，通过坐标变换，把非线性关系变成相关，同样可求得多元幂曲线回归方程：

$$\lg Q = \lg\overline{Q} + a_1(\lg x_1 - \lg\bar{x}_1) + a_2(\lg x_2 - \lg\bar{x}_2) + \cdots + a_m(\lg x_m - \lg\bar{x}_m) \tag{4-142}$$

4.4.3.2　评价步骤

以一元回归方程为例。

(1)用回归方程推算开采量。当所有井的开采量和水位整理好后，统计历年的开采量，按水位绘出开采漏斗图，确定漏斗中心部位的水位降深，再把历年的开采量和水位降深点绘到 $Q \sim s$ 坐标上，分析它们的分布趋势。

若呈直线分布，可做出相关表，求出相关系数，检查开采量和降深之间的相关程度。对供水来说，要求相关系数大于0.7，才能认为相关密切。

若呈曲线趋势，可用改换坐标的方法将曲线展成直线，可求出曲线的回归方程。

当相关程度合乎要求时，将设计降深代入回归方程，即可求出可开采量，也可根据需水量预测水位降深。

(2)计算补给量。计算补给量的方法在前文已予介绍，这里不再重复。但在长期开采地区，也可采用下述方法估算补给量，即只要有多年动态资料及开采量统计，根据典型年的动态曲线即可求出开采漏斗的年平均补给量。计算公式为：

$$Q_{补} = \frac{t_{补}}{365}\left(Q'_{开} + \sum \mu F \frac{\Delta H}{\Delta t}\right) \tag{4-143}$$

$$\mu F = \frac{Q_{开}}{v_{降}} \tag{4-144}$$

式中　$Q_{补}$——平均补给量，m^3/d；

$t_{补}$——补给时间(包括水位稳定时间在内)，d；

$Q'_{开}$——补给期的平均开采量，m^3/d；

μF——单位储存量，m^2；

ΔH——在 Δt 时段内的水位升幅，m；

$Q_{开}$——旱季开采量，m^3/d；

$v_{降}$——旱季水位平均降速，m/d。

用式(4-143)、式(4-144)分别求出枯水年、平水年和丰水年的平均补给量(或多年平均补给量)，根据开采量不超过多年平均补给量的原则，即可评价推算可开采资源的保证程度。

4.4.4　开采试验法

在水文地质条件复杂的地区，如一时难以查清水文地质条件(主要是补给条件)，而又急需做出评价时，可打勘探开采井，并按开采条件(开采降深和开采量)进行抽水试验。根据试验结果可以直接评价开采量。这种评价方法对潜水或承压水、新水源地或旧水源地扩建都适用,但主要是适用于水文地质条件比较复杂、岩性不均一的中小型水源地。

在进行按开采条件或接近开采条件进行抽水试验时,一般是从旱季开始的,延续一月至数月,从抽水开始到水位恢复进行全面观测,结果可能出现两种情形。

(1)在长期抽水过程中,水位降深达到设计降深后一直保持稳定状态,这时的抽水量大于或至少满足需水量要求,停抽后水位又能较快恢复到原始静止水位。这说明抽水量小于开采条件下的补给量,所以按需水量开采是有补给保证的。这时的实际抽水量就是要求的开采量。

(2)在长期抽水过程中,水位降深达到设计降深后并不稳定,一直持续下降。停抽后,水位虽然也有恢复,但长时间达不到原始静止水位。这说明抽水量已经超过开采条件下的补给量,如按需水量开采是没有补给保证的。这时可按下述方法评价开采量。

在水位连续下降的过程中,只要大部分漏斗开始等幅下降,降速大小同抽水量成比例,则任一时段的水量均衡关系应满足下式:

$$\mu F \Delta s = (Q_{抽} - Q_{补}) \Delta t \tag{4-145}$$

式中　μF——单位储存量,m^2;

Δs——时段的水位降深,m;

Δt——水位持续下降的时间,d;

$Q_{抽}$——平均抽水量,m^3/d;

$Q_{补}$——开采条件下的补给量,m^3/d。

由式(4-145)解出 $Q_{抽}$ 得:

$$Q_{抽} = Q_{补} + \mu F \frac{\Delta s}{\Delta t} \tag{4-146}$$

式(4-146)说明,抽水量是由两部分组成的:一是开采条件下的补给量;二是含水层中消耗的储水量。如将式(4-146)中的两部分分开,便可用开采条件下的补给量来评价开采量。

分解的方法是把抽水比较稳定、水位下降比较均匀的若干时段资料分别代入式(4-146),再用消元法解出 $Q_{补}$ 和 μF 值。

为了校核 $Q_{补}$ 的可靠性,还可用水位恢复资料进行检查。在抽水过程中,如果抽水量小于补给量,则水位应产生等幅回升。这时,式(4-146)中的$\frac{\Delta s}{\Delta t}$应取负号,则得补给量计算公式为:

$$Q_{补} = Q_{抽} + \mu F \frac{\Delta s}{\Delta t} \tag{4-147}$$

式(4-147)中 μF 应取已求得的平均值,$\frac{\Delta s}{\Delta t}$为等幅回升速度。

当停止抽水时,$Q_{抽}=0$,则又得:

$$Q_{补} = \mu F \frac{\Delta s}{\Delta t} \tag{4-148}$$

根据上面求得的 $Q_{补}$,结合水文地质条件和需水量即可评价开采量。但应注意,用上述方法所求得的 $Q_{补}$ 的结果是偏于保守的。因为旱季抽水只能确定一年中最小的补给量。所以,在开采过程中还应继续观测,逐步采用多年平均补给量进行评价。

第 5 章　水资源总量计算

水资源总量计算的目的是分析评价在当前自然条件下区域可用水资源量的最大潜力,从而为水资源的合理开发利用提供依据。

5.1　水资源总量的概念

水资源主要指与人类社会生产、生活用水密切相关而又能不断更新的淡水,包括地表水、地下水和土壤水。地表水主要有河流水和湖泊水,由大气降水、高山冰川融水和地下水所补给,以河川径流、水面蒸发、土壤入渗的形式排泄。地下水为储存于地下含水层中的水量,由降水和地表水的下渗所补给,以河川径流、潜水蒸发、地下潜流的形式排泄。土壤水为存在于包气带中的水量,上面承受降水和地表水的补给,下面接受地下水的补给,主要消耗于土壤蒸发和植物蒸腾,只是在土壤含水量超过田间最大持水量的情况下,才下渗补给地下水或形成壤中流汇入河川,因此它具有供给作物水分并连通地表水和地下水的作用。由此可见,大气降水、地表水、土壤水和地下水之间存在着一定的转化关系,这种关系在国外称为地表水与地下水的相互作用或地表水与地下水的内在联系。在我国,20 世纪 80 年代初,这种关系才被引入水资源评价及开发利用研究。大气降水、地表水、土壤水和地下水之间相互联系和相互转化关系可用区域水循环概念模型(见图 5-1)表示。

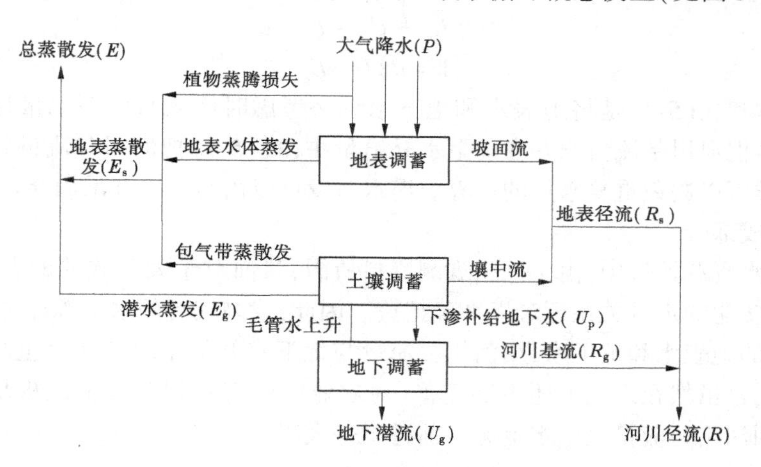

图 5-1　区域水循环概念模型

在一个区域内,如果把地表水、土壤水和地下水作为一个系统,则天然条件下的总补给量为降水量,总排泄量为河川径流量、总蒸散发量和地下潜流量之和。根据水量均衡原理,总补给量和总排泄量之差为区域内地表水、土壤水和地下水的蓄水变量,某一时段内的区域水量平衡方程为:

$$P = R + E + U_g \pm \Delta V \tag{5-1}$$

式中　P——降水量；

R——河川径流量；

E——总蒸散发量；

U_g——地下潜流量；

ΔV——地表水、土壤水和地下水的蓄水变量。

各量的单位均为万 m^3或亿 m^3。

在多年平均情况下，蓄水变量可忽略不计，则式(5-1)变为：

$$P = R + E + U_g \tag{5-2}$$

如图 5-1 所示，可将河川径流量 R 划分为地表径流量 R_s(包括坡面流和壤中流)和河川基流量 R_g。将总蒸散发量 E 划分为地表蒸散发量 E_s(包括植物截流损失、地表水体蒸发和包气带蒸散发)和潜水蒸发量 E_g，相应式(5-2)可写成：

$$P = (R_s + R_g) + (E_s + E_g) + U_g \tag{5-3}$$

根据地下水多年平均补给量和多年平均排泄量相等的原理，在没有外区来水的情况下，区域内地下水的降水入渗补给量 U_p 应等于河川基流量、潜水蒸发量和地下水潜流量之和，即：

$$U_p = R_g + E_g + U_g \tag{5-4}$$

将式(5-4)代入式(5-3)，则得区域内降水量与地表径流量、地下径流量(包括垂向运动)、地表蒸散发量的平衡关系，即：

$$P = R_s + E_s + U_p \tag{5-5}$$

我们将区域内水资源总量 W 定义为当地降水形成的地表和地下的产水量，则有：

$$W = R_s + U_p = P - E_s \tag{5-6}$$

或

$$W = R + U_g + E_g \tag{5-7}$$

式(5-6)和式(5-7)是将地表水和地下水统一考虑时区域水资源总量计算的两种公式。式(5-6)把河川基流量归并在地下水补给量中，式(5-7)把河川基流量归并在河川径流量中，这样可以避免重复水量的计算。潜水蒸发可以由地下水开采而夺取，故把它作为水资源的组成部分。

在实际水资源评价中，由于试验观测资料所限，目前对于大区域的地表水、土壤水和地下水相互转化的定量关系还难以准确把握。因此，我国现行的水资源评价，只考虑与工程措施有关的地表水和地下水，用河川径流量与地下水补给量之和扣除重复水量后作为水资源总量，这虽然在理论上还不够完善(对农业区而言)，但基本上能满足生产上的需要，比国外用河川径流量表示水资源量前进了一大步。

5.2　水资源总量的计算

在水量评价中，我们把河川径流量作为地表水资源量，把地下水补给量作为地下水资源量，由于地表水、地下水相互联系和相互转化，河川径流量中包括了一部分地下水排泄量，而地下水补给量中又有一部分来自于地表水体的入渗，故不能将地表水资源量和地下

水资源量直接相加作为水资源总量,而应扣除相互转化的重复水量,即:

$$W = R + Q - D \tag{5-8}$$

式中　W——水资源总量;

R——地表水资源量;

Q——地下水资源量;

D——地表水和地下水相互转化的重复水量。

各量的单位均为万 m^3或亿 m^3。

由于分区重复水量 D 的确定方法因区内所包括的地下水评价类型区而异,故分区水资源总量的计算方法也有所不同。下面分 3 种类型予以介绍。

5.2.1　单一山丘区

这种类型的地区一般包括一般山丘区、岩溶山区、黄土高塬丘陵沟壑区。地表水资源量为当地河川径流量,地下水资源量按排泄量计算,相当于当地降水入渗补给量,地表水和地下水相互转化的重复水量为河川基流量。山丘区水资源总量计算公式为:

$$W_m = R_m + Q_m - R_{gm} \tag{5-9}$$

式中　W_m——山丘区水资源总量;

R_m——山丘区河川径流量;

Q_m——山丘区地下水资源量,即河川径流量和山前侧向流出量;

R_{gm}——山丘区河川基流量。

各量的单位均为万 m^3或亿 m^3。

由于直接计算山丘地下水补给量的资料尚不充分,故可用排泄量近似作为补给量来计算地下水资源量(Q_m),即:

$$Q_m = R_{gm} + u_{gm} + Q_{cs} + Q_{sm} + E_{gm} + Q_{gm} \tag{5-10}$$

式中　R_{gm}——河川基流量;

u_{gm}——河床潜流量;

Q_{cs}——山前侧向流出量;

Q_{sm}——未计入河川径流的山前泉水出露量;

E_{gm}——山区潜水蒸发量;

Q_{gm}——实际开采的净消耗量。

各量的单位均为万 m^3或亿 m^3。

据分析,u_{gm}、Q_{cs}、Q_{sm}、E_{gm}、Q_{gm}一般所占比重很小,如我国北方山丘区,以上 5 项之和仅占其地下水总补给量的 8.5%,而 R_{gm}占 91.5%。据此,在山丘区地下水资源评价中可以近似地用多年平均年河川基流量表示地下水资源量,而河川基流量已全部包含在河川径流量中,全部属于重复计算量,所以单一山丘区的水资源总量可以用多年平均年河川径流量代替。

山丘区河流坡度陡,河床切割较深,水文站得到的逐日平均流量过程线既包括地表径流,又包括河川基流,加之山丘区下垫面的不透水层相对较浅,河床基流基本是通过与河流无水力联系的基岩裂隙水补给的。因此,河川基流量可以用分割流量过程线的方法来推求，具体方法有直线平割法、直线斜割法、加里宁分割法等。

在北方地区，由于河流封冻期较长，10 月以后降水很少，河川径流基本由地下水补给，其变化较为稳定，因此稳定封冻期的河川基流量，可以近似用实测河川径流量来代替。

在冬季降水量较小的情况下，凌汛水量主要是冬春季被拦蓄在河槽里的地下径流因气温升高而急剧释放形成的，故可将凌汛水量近似作为河川基流量。

5.2.2　单一平原区

这种类型区包括北方一般平原区、沙漠区、内陆闭合盆地平原区、山间盆地平原区、山间河谷平原区、黄土高原台塬阶地区。地表水资源量为当地平原河川径流量。地下水除了由当地降水入渗补给，一般还包括地表水体补给（包括河道、湖泊、水库、闸坝等地表蓄水体）和上游山丘区或相邻地区侧向渗入。平原区计算公式为：

$$W_p = R_p + Q_p - D_{rgp} \tag{5-11}$$

式中　W_p——水资源总量；

R_p——河川径流量；

Q_p——地下水资源量；

D_{rgp}——重复计算量。

各量的单位均为万 m^3或亿 m^3。

降水入渗补给量是平原区地下水的重要来源。据统计分析，我国北方平原区降水入渗补给量占平原区地下水总补给量的 53%，而其他各项之和占 47%。在开发利用地下水较少的地区（特别是我国南方地区），降水入渗补给中有一部分要排入河道，成为平原区河川基流，即成为平原区河川径流的重复量，此部分水量可由式（5-12）估算：

$$R_{gp} = Q_{sp} \times \frac{R_{gm}}{Q_p} = \theta_1 Q_{sp} \tag{5-12}$$

式中　R_{gp}——降水入渗补给中排入河道的水量；

Q_{sp}——降水入渗补给量；

R_{gm}——平原区河道的基流量，可通过分割基流或由总补给量减去潜水蒸发量求得；

Q_p——平原区地下水资源量；

θ_1——平原区河川基流占平原区总补给量的比例。

式中除 θ_1外，其他各量的单位均为万 m^3或亿 m^3。

平原区地下水中的地表水体补给量来自两部分：一部分来自上游山丘区（在山丘与平原区的重复水量中介绍），另一部分来自平原区的河川径流。这部分水量的计算公式如下：

$$Q_{bbp} = \theta_2 Q_{bb} \tag{5-13}$$

$$Q_{bbm} = (1 - \theta_2) Q_{bb} \tag{5-14}$$

式中　Q_{bb}——平原区地下水中的地表水体补给量，万 m^3或亿 m^3；

Q_{bbp}——地表水体补给量中来自平原区河川径流的补给量，万 m^3或亿 m^3；

Q_{bbm}——地表水体补给量中来自上游山丘区的补给量，万 m^3 或亿 m^3；

θ_2——Q_{bbp} 占 Q_{bb} 的比例，可通过调查确定(长江流域各平原区 θ_2 取值见表 5-1)。

表 5-1　长江流域各平原区 θ_2 值

地区	θ_2	地区	θ_2
成都平原	0	南阳平原	0.3
汉中平原	0	鄱阳湖平原	0.4
洞庭湖平原	0.7	太湖平原	0.5
汉江平原	0.4	中下游沿江平原	0.5

注：摘自《水资源研究》，2006 年。

平原区地表水和地下水相互转化的重复水量有降水形成的河川基流量和地表水体渗漏补给量，即：

$$D_{rgp} = R_{gp} + Q_{bbp} = \theta_1 Q_{sp} + \theta_2 Q_{bb} \tag{5-15}$$

因此，式(5-11)就转换为：

$$\begin{aligned} W_p &= R_p + Q_p - D_{rgp} \\ &= R_p + (Q_{sp} + Q_{bb} + Q_{cs}) - (R_{gp} + Q_{bbp}) \\ &= R_p + Q_{sp}(1 - \theta_1) + Q_{bb}(1 - \theta_2) + Q_{cs} \end{aligned} \tag{5-16}$$

式中　Q_{cs}——上游山丘区或相邻地区侧向渗入平原区的水量，万 m^3 或亿 m^3。

这说明平原区本身的水资源总量是由平原区本身产生的河川径流量加上由上游山丘区或相邻地区侧向渗入的水量，再加上上游山丘区来水所补给的地表水体补给量和平原区降水入渗补给量的一部分构成的。

5.2.3　多种地貌类型混合区

在多数水资源分区内，往往存在两种以上的地貌类型区。如上游为山丘区(或按排泄项计算地下水资源量的其他类型区)，下游为平原区(或按补给项计算地下水资源量的其他类型区)。在计算全区地下水资源量时，应先扣除山丘区地下水和平原区地下水之间的重复量。这个重复量由两部分组成：一是山前侧渗量；二是山丘区河川基流对平原区地下水的补给量。这部分水量随当地水文特性而异，有的来自汛期的河川径流，有的是非汛期的河川径流。而要扣除的是山丘区的基流，并不是山丘区的河川径流，基流仅是河川径流的一部分。一般计算这部分基流采用河川径流乘以山丘补给系数估算。因此，山丘区河川基流对平原区的地下水补给量为：

$$Q_{sjb} = KQ_{bbm} = K(1 - \theta_2)Q_{bb} \tag{5-17}$$

式中　Q_{sjb}——山丘区河川基流对平原区的地下水补给量，万 m^3 或亿 m^3；

K——山丘区基流量与山丘区河川径流量之比，即 $K=R_{gm}/R_m$；

其他符号意义同前。

这样，山丘区与平原区的重复量就为：

$$D_{mpg} = Q_{cs} + K(1 - \theta_2)Q_{bb} \tag{5-18}$$

式中　D_{mpg}——山丘区与平原区的重复量，万 m^3 或亿 m^3。

式(5-17)和(5-18)是针对汛期的。在非汛期,一般情况下河川径流全部为基流,此时山丘区对平原区地下水的补给量应为:

$$Q_{sjb} = (1 - \theta_2) Q_{bb} \tag{5-19}$$

则重复水量为:

$$D_{mpg} = Q_{cs} + (1 - \theta_2) Q_{bb} \tag{5-20}$$

因此,全区地下水资源总量为:

(1)汛期:

$$\begin{aligned} Q &= Q_m + Q_p - D_{mpg} \\ &= (R_{gm} + Q_{cs}) + (Q_{cs} + Q_{bb} + Q_{sp}) - [Q_{cs} + K(1 - \theta_2) Q_{bb}] \\ &= R_{gm} + Q_{cs} + Q_{sp} + [1 - K(1 - \theta_2)] Q_{bb} \end{aligned} \tag{5-21}$$

(2)非汛期:

$$\begin{aligned} Q &= Q_m + Q_p - D_{mpg} \\ &= (R_{gm} + Q_{cs}) + (Q_{cs} + Q_{bb} + Q_{sp}) - [Q_{cs} + (1 - \theta_2) Q_{bb}] \\ &= R_{gm} + Q_{cs} + Q_{sp} + \theta_2 Q_{bb} \end{aligned} \tag{5-22}$$

式中　Q——全区(包括山丘区和平原区)地下水资源量,万 m^3或亿 m^3;

Q_m——山丘区地下水资源量,万 m^3或亿 m^3;

Q_p——平原区地下水资源量,万 m^3或亿 m^3;

其他符号意义同前。

由于计算全区地下水资源量时,已扣除了不同类型区间,即山丘区与平原区间的重复计算量,所以在计算水资源总量时只考虑地表水资源量与地下水资源量间的重复计算量,即:

(1)汛期:

$$D = D_{rgm} + D_{rgp} = R_{gm} + \{\theta_1 Q_{sp} + [1 - K(1 - \theta_2)] Q_{bb}\} \tag{5-23}$$

(2)非汛期:

$$D = R_{gm} + (\theta_1 Q_{sp} + \theta_2 Q_{bb}) \tag{5-24}$$

式中　D_{rgm}——山丘区地下水资源与河川径流量间的重复计算量,万 m^3或亿 m^3;

D_{rgp}——平原区地下水资源与河川径流量间的重复计算量,万 m^3或亿 m^3;

其他符号意义同前。

全区水资源总量为:

(1)汛期:

$$\begin{aligned} W &= R + Q - D \\ &= R + \{R_{gm} + Q_{cs} + Q_{sp} + [1 - K(1 - \theta_2)] Q_{bb}\} - \\ &\quad \{R_{gm} + \theta_1 Q_{sp} + [1 - K(1 - \theta_2)] Q_{bb}\} \\ &= R + Q_{cs} + (1 - \theta_1) Q_{sp} \end{aligned} \tag{5-25}$$

(2)非汛期:

$$\begin{aligned} W &= R + Q - D \\ &= R + (R_{gm} + Q_{cs} + Q_{sp} + \theta_2 Q_{bb}) - (R_{gm} + \theta_1 Q_{sp} + \theta_2 Q_{bb}) \\ &= R + Q_{cs} + (1 - \theta_1) Q_{sp} \end{aligned} \tag{5-26}$$

式中各符号意义同前。

从水资源总量来看，汛期和非汛期的算法虽然具有不同的重复量分配（不同地貌类型间和地表水资源与地下水资源间），但其水资源总量是相同的，均为河川径流量、山前侧向流出量和消耗于潜水蒸发的降水入渗量部分的和。

区域水资源总量代表在当前自然条件下可用的水资源的最大潜力，由于技术、经济等方面的原因，其中有相当一部分是在现实条件下不能予以充分利用的。当然，在以上水资源总量的计算中，也没有考虑通过专门的人为措施可更多地使降水转化为可用水量的情况。

5.3　水量平衡分析

水量平衡分析的目的是研究不同地区水文要素的数量及其相互的对比关系，利用水文、气象以及其他自然因素的地带性规律，检查水资源计算成果的合理性。

在一个流域片内，如果忽略地下水进出该片的潜流量，则在多年平均的情况下可以建立水量平衡方程，即：

$$P = R + E \tag{5-27}$$

$$R = R_s + R_g \tag{5-28}$$

$$E = E_s + E_g \tag{5-29}$$

$$W = R + E_g \tag{5-30}$$

式中　P——降水量，为已知量；

R——河川径流量，为已知量；

E——总蒸散发量，用降水量减去河川径流量求得；

W——水资源总量，为已知量；

R_g——河川基流量，评价区的降水入渗补给量主要消耗于潜水蒸发，基流量可以忽略不计，则该量为山丘区基流量与平原区降水形成的基流量之和，其数值由重复计算成果中取得；

R_s——地表径流量，用河川径流量减去河川基流量求得；

E_g——平原淡水区潜水蒸发量，在开采情况下还包括地下水开采净消耗量，用水资源总量减去河川径流量求得；

E_s——地表蒸散发量，用总蒸散发量减去平原淡水区潜水蒸发量求得。

各量的单位均为万 m^3 或亿 m^3。

根据上述水量平衡方程，可对各流域片的水文要素进行分析，并求得 R/P、W/P、R_g/R、E_g/E、$(R_g+E_g)/W$ 等比值，进而进行水量平衡对比分析。

我国各流域片的水资源总量（折合为水深）平衡对比见表 5-2。

表 5-2　全国各流域片的水资源总量平衡对比　　（单位：mm）

流域片	P	R	R_s	R_g	E	E_s	E_g	W	R/P	W/P	R_g/R	E_g/E	$(R_g+E_g)/W$
黑龙江	496	129	104	25	367	346	21	150	0.26	0.30	0.19	0.06	0.31
辽河	551	141	115	26	410	384	26	167	0.26	0.30	0.18	0.06	0.31
海滦河	560	91	56	35	469	428	41	132	0.16	0.24	0.38	0.09	0.58

续表 5-2

流域片	P	R	R_s	R_g	E	E_s	E_g	W	R/P	W/P	R_g/R	E_g/E	$(R_g+E_g)/W$
黄河	464	83	48	35	381	370	11	94	0.18	0.20	0.42	0.03	0.49
淮河	860	225	181	44	635	568	67	292	0.26	0.34	0.20	0.11	0.38
长江	1 071	526	399	127	545	539	6	532	0.49	0.50	0.24	0.01	0.25
珠江	1 544	807	625	182	737	732	5	812	0.52	0.53	0.23	0.01	0.23
浙闽台诸河	1 758	1 066	825	241	692	677	15	1 081	0.61	0.61	0.23	0.02	0.24
西南诸河	1 098	687	506	181	411	411	0	687	0.63	0.63	0.26	0.00	0.26
内陆诸河	154	32	18	14	122	118	4	36	0.21	0.23	0.44	0.03	0.50
额尔齐斯河	395	190	138	52	205	199	6	196	0.48	0.50	0.27	0.03	0.30
北方 6 片	330	74	52	22	256	242	14	88	0.22	0.27	0.30	0.05	0.41
南方 4 片	1 204	650	493	157	554	550	4	654	0.54	0.54	0.24	0.01	0.25
全国平均	648	284	213	71	364	353	11	295	0.44	0.46	0.25	0.03	0.28

从表 5-2 可以看出，全国多年平均降水量 648 mm，有 44%形成河川径流，其余 56%消耗于地表水体、植被土壤的蒸散发和潜水蒸发。全国多年平均河川径流深 284 mm，其中 25%由地下水补给，相当于径流深 71 mm。全国多年平均蒸散发量 364 mm，其中 3%为平原淡水区的潜水蒸发，这部分水量可以通过地下水的开采而截取利用。全国多年平均水资源总量（产水量）为 28 124 亿 m^3，折合水深为 295 mm，占全国多年平均降水量的 46%，其中比较容易开发利用的为河川基流量和平原淡水区的潜水蒸发量，其数量仅占水资源总量的 28%，约为 7 800 亿 m^3；其余 72%为地表径流量。由于地表径流量年际、年内变化大，需要修建大型蓄水工程进行调节，才能控制利用。

分析表 5-2 还可以看出，全国各流域片的水量平衡要素及相互对比关系有着明显的地域差别。南方 4 片平均降水量为 1 204 mm，年径流深 650 mm，分别约为全国平均值的 1.9 倍和 2.3 倍；平均产水深 654 mm，是全国平均产水深的 2.2 倍。北方 6 片平均降水量仅 330 mm，年径流深只有 74 mm，分别为全国平均值的 51%和 26%；平均产水深 88 mm，约为全国平均产水深的 30%。但北方平原地下含水层的调蓄能力比南方平原大，所以北方各流域片的 $(R_g+E_g)/W$ 值都比南方各片大。

内陆诸河片是我国最干旱的地区，多年平均降水量仅为 154 mm，年径流深只有 32 mm，但基流比 R_g/R 和 $(R_g+E_g)/W$ 值在全国各流域片中是最大的，这是冰川和地下含水层的调节作用所致。

第 6 章　水质评价

本章以饮用、灌溉水质标准为主。

6.1　河流泥沙水质评价

河流泥沙不仅是河流的水文要素之一，同时是反映流域水土流失情况的重要指标，并可用来说明河川径流质量的一个方面。它对水资源的开发利用，对航道、湖泊、水库以及各种水工建筑物的寿命都有着很大的影响。本部分所述泥沙主要指江河径流中的悬移质泥沙。

6.1.1　河流输沙量

根据全国实测河流泥沙资料分析，我国平均每年从山地、丘陵被河流带走的泥沙有 35 亿 t，其中直接入海的泥沙约 18.5 亿 t，占全国河流总输沙量的 53%；流出国境的泥沙约 2.5 亿 t，占全国河流总输沙量的 7%；内陆诸河每年从山丘地区带走的泥沙约 2 亿 t，占全国河流总输沙量的 6%。平均每年约有 12 亿 t 泥沙淤积在外流区中下游平原河道、湖泊和水库中，或被引入灌区以及分洪区内。

长江、黄河、珠江、松花江、淮河、海河、辽河等七大江河，流域面积占全国国土面积的 45%，地表水资源量占全国总量的 57%，输沙量占全国输沙总量的 85%。其中，黄河流域输沙量最大，平均年输沙量和入海沙量分别占全国年输沙量和入海沙量的 53%和 60%；长江流域次之，分别占 21%和 26%。

根据现有资料统计，平均年输沙量在 1 000 万 t 以上的河流全国共有 115 条。其中，黄河流域有 54 条，长江流域有 18 条，辽河(包括大凌河)和海滦河流域分别为 10 条和 8 条，内陆诸河、西南诸河、珠江、淮河和黑龙江流域共 18 条，浙闽台诸河 7 条。

6.1.1.1　**黄河**

黄河是我国泥沙最大的河流，也是世界上罕见的多沙河流，年输沙量和年平均含沙量均居世界大江大河的首位。

黄河泥沙主要来自中上游黄土高原地区，而径流则主要来自上游。黄河上游贵德以上，地处青藏高原，植被较好，暴雨少，河流含沙量较小，青海省唐乃亥站年平均含沙量仅有 0.55 kg/m^3，平均年输沙量为 0.11 亿 t。贵德站年平均含沙量增至 1.11 kg/m^3，平均年输沙量为 0.4 亿 t。贵德以下进入黄土高原地区，泥沙逐渐增多，循化站平均年输沙量为 0.41 亿 t。循化至永靖县上诠(湟水河口以上)区间有大夏河、洮河汇入，其下游段属强侵蚀地区，成为刘家峡水库的主要沙源地区之一。上诠站实测年平均含沙量为 2.89 kg/m^3(刘家峡水库建库前数据，下同)，平均年输沙量为 0.84 亿 t。上诠至兰州区间，由于日月山以东广大地区黄土沟壑比较发育，由湟水输入的泥沙较多，使兰州站平均年输沙量达

1.13亿 t。兰州至安宁渡区间有著名的多沙河流祖厉河等汇入，该河靖远站平均年含沙量为 457 kg/m^3，平均年输沙量 0.04 亿 t，使黄河安宁渡站平均年输沙量达到 2.23 亿 t。安宁渡以下，除支流清水河来沙较多外，其余大部分为干旱风沙地区，来沙较少。又由于宁蒙灌区引走沙量及河道淤积量较大，至头道拐站平均年输沙量降至 1.49 亿 t。安宁渡至头道拐区间，约淤积沙量 1.4 亿 t。

黄河从头道拐折向南流，穿越山陕峡谷，流经黄土高塬沟壑地区，植被差，汛期暴雨集中，降雨强度大，水土流失极为严重，是黄河流域泥沙来源的主要地区之一。头道拐至龙门区间，相继有多沙支流浑河、皇甫川、窟野河、三川河、无定河、清涧河、延河等河流汇入，使黄河龙门站平均年输沙量剧增至 10.6 亿 t。在此区间，窟野河温家川站实测平均年输沙量 1.38 亿 t，无定河川口站实测平均年输沙量为 1.71 亿 t，分别占区间来沙量的 15%和 19%。

龙门至三门峡区间，主要支流有泾、洛、渭河和汾河，其中泾、洛、渭河平均年输沙量之和为 5.05 亿 t，汾河为 0.41 亿 t。据 1950~1979 年资料统计，龙门、华县、洑头、河津四站的实测平均年输沙量之和为 16.1 亿 t，其中 20 世纪 50 年代为 17.8 亿 t，60 年代为 17.0 亿 t，基本持平，70 年代由于支流水库先后投入运行，拦洪淤沙，加之来水偏枯，致使四站实测平均年输沙量之和减少至 13.5 亿 t。

黄河三门峡水库自 1960 年蓄水后，到 1978 年泥沙淤积总量已达 54.6 亿 t，使水库下游沙量减少，1950~1979 年实测平均年输沙量为 14.3 亿 t。黄河自孟津进入平原地区，虽有伊河、洛河、沁河等汇入，但来沙量不大，只有 0.4 亿 t。由于泥沙沿程沉积，含沙量、输沙量都有所减少，花园口实测平均年输沙量只有 12.9 亿 t。利津站年平均输沙量即黄河多年平均入海沙量仅为 11.0 亿 t。其中 20 世纪 50 年代平均为 13.2 亿 t，60 年代平均为 10.9 亿 t，70 年代平均为 8.98 亿 t。

黄河三门峡以下，平均每年引黄淤灌沙量约 1.1 亿 t，淤积在河道里的沙量 2.6 亿 t 左右。河道淤积使黄河下游河床逐年抬高，成为地上悬河。历史上经常决口泛滥，多次改道。中华人民共和国成立后，在黄河流域兴建了大量水利工程，开展了水土保持工作，对减轻洪水、凌汛威胁发挥了重要作用，黄河下游大汛未发生决口。但下游河道仍在不断淤高，1973 年黄河花园口河段 5 000 m^3/s 流量相应的水位竟高于 1958 年 22 300 m^3/s 流量的相应水位，山东境内黄河水位比 1958 年同流量的水位高出 2 m 左右。

6.1.1.2　**长江**

长江平均年输沙量仅次于黄河，居我国第二位。长江以宜昌站输沙量最大，平均年值为 5.14 亿 t。宜昌站的泥沙主要来自金沙江和嘉陵江。金沙江屏山站平均年输沙量为 2.39亿 t，占宜昌站的 46.5%；嘉陵江的北培站平均年输沙量为 1.57 亿 t，占宜昌站的 30.5%，岷、乌、沱三江总和仅占宜昌站的 18.5%。金沙江的泥沙则主要来源于龙街至屏山区间。龙街站平均年输沙量为 0.92 亿 t，龙街以下是易受侵蚀的红色岩系覆盖层，屏山站控制面积仅比龙街站增加 15%，而平均年输沙量却为 2.39 亿 t，为龙街站的 2.6 倍，即金沙江的泥沙有 62%来自龙街到屏山的 62 000 km^{2}的区间内。

宜昌以下先后有洞庭湖水系、鄱阳湖水系、汉江及其他支流汇入，其平均年输沙量之和约为 2 亿 t，但由于长江进入平原，江面展宽，比降变缓，流速减小，泥沙逐渐沉积，大通站平均年输沙量仅为 4.65 亿 t 。

大通站的水量比宜昌站增加了 1 倍,但平均年输沙量比宜昌站还少 9.5%。宜昌至大通站的区间干流和沿岸湖泊、港汊中,平均每年淤积大约 2.5 亿 t 泥沙,主要是淤积在宜昌至汉口的干流河道和湖泊内。由于逐年淤积,中下游河道、湖泊逐渐变浅,加之围垦种田,使长江中下游江湖调蓄洪水和行洪能力逐渐下降,增加了沿岸防洪负担。

6.1.1.3　辽河

辽河流域泥沙主要来自西辽河,其上游源出昭乌达高原,流经科尔沁沙地。年降水量在 400 mm 左右,植被差,侵蚀很严重。如主要支流老哈河太平庄站平均年输沙量为 0.13 亿 t,输沙模数为 1 650 t/km^2;教来河道力歹站平均年输沙量为 0.12 亿 t,输沙模数高达 3 480 t/km^2;西辽河干流通辽站平均年输沙量为 0.22 亿 t;铁岭站在上游修水库前,平均年输沙量为 0.48 亿 t;铁岭以下进入平原,泥沙逐渐淤积。

6.1.1.4　海滦河

海滦河也是我国多沙河流之一,其中以永定河、滦河泥沙含量最大。永定河泥沙主要来源于上游部分黄土覆盖地区,官厅站平均年输沙量达 0.81 亿 t。滦河泥沙主要来源于上游的坝上高原,滦县站平均年输沙量达 0.22 亿 t。

6.1.1.5　其他河流

我国南方大部分河流含沙量都较小,但由于径流量大,输沙量也较大。如珠江流域的西江梧州站,年平均含沙量仅 0.35 kg/m^3,平均年输沙量达 0.72 亿 t。元江、澜沧江是南方泥沙较多的河流,平均年输沙量分别为 0.36 亿 t(蛮耗站)和 0.74 亿 t(景洪站)。黑龙江流域的泥沙含量很小,如松花江佳木斯站年平均含沙量仅有 0.16 kg/m^3,平均年输沙量为0.107 亿 t。

我国内陆河大部分泥沙含量不大,其中叶尔羌河泥沙含量较大,卡群站平均年输沙量为 0.29 亿 t。

6.1.2　河流含沙量的分布

我国各地河流含沙量相差十分悬殊,黑龙江流域片的部分河流多年平均含沙量小于 0.1 kg/m^3,而黄河中游有的支流高达 500 kg/m^{3}左右。黄河是我国含沙量最大的河流,海河、辽河和滦河次之,西南地区部分河流(如元江等)含沙量亦较大。

黄河流域中游及上游部分支流流经著名的黄土高原,河流含沙量很大。例如,兰州至青铜峡之间的黄河右侧支流祖厉河和清水河,中游头道拐至龙门区间各支流,以及泾河、北洛河,渭河中游左侧部分支流,多年平均含沙量在 100 kg/m^{3}以上。宁夏境内的清水河支流折死沟冯川里站,多年平均含沙量达 635 kg/m^3,甘肃境内泾河支流马莲河洪德站多年平均含沙量达 601 kg/m^3。

辽河流域的西辽阿、柳河以及大小凌河,海滦河流域的永定河、子牙河和滦河上游,多年平均含沙量在 10~100 kg/m^3。长江流域的嘉陵江上游(广元以上)、金沙江下游、汉江和西北地区内陆河中的疏勒河、昆仑山北坡的部分河流含沙量也较大,多年平均含沙量在 5~10 kg/m^3。

淮河以南、贵州大娄山以东各河,青藏高原诸河,以及我国东北地区黑龙江流域、图们江、鸭绿江等,多年平均含沙量都很小,一般在 0.5 kg/m^{3}以下。

6.1.3　河流泥沙的季节变化和年际变化

6.1.3.1　河流泥沙的季节变化

我国河流泥沙的季节变化很大,其变化过程与径流过程大体相应。我国绝大多数河流高含沙量主要发生在汛期,尤其是北方河流,汛期多暴雨,地表受到强烈冲刷,使洪水期含沙量特别大,形成高含沙水流。以黄河中游北洛河洑头站为例,1967 年汛前枯水期月平均含沙量小于 0.1 kg/m^3,而同年 8 月月平均含沙量为 622 kg/m^3,8 月 1 日的日平均含沙量高达 1 090 kg/m^3,变化十分悬殊。由于含沙量季节变化的差异,我国北方河流连续最大四个月的输沙量占全年输沙量的 80%左右。黄河中游一些支流集中程度更高,如无定河(白家川站)、窟野河(温家川站)连续最大四个月的输沙量占全年输沙量的 90%以上,比径流更为集中。最大月份的含沙量、输沙量一般与年内最大径流出现的月份相同,其含沙量往往为枯水期的几十倍至几百倍。我国南方河流一般含沙量较小,雨季较长,河流泥沙的季节变化相对较小。

6.1.3.2　河流泥沙的年际变化

我国河流泥沙的年际变化幅度含沙量很大,通常含沙量、径流量年际变化大的河流,输沙量变化也大,所以变化最大的地区仍在黄、海、辽诸河。在同一条河流上,泥沙年际变化的幅度与年径流一样,有随面积的增大而变差系数减小的趋势。以黄河流域为例,干流站最大、最小的年输沙量比值为 4~10,年输沙量 C_v 值为 0.4~0.55(采用不受水库影响年份的资料计算)。如陕县站采用 1919~1959 年 41 年资料统计,最大为 1933 年,输沙量 39.1 亿 t;最小为 1928 年,输沙量为 4.88 亿 t,前者为后者的 8.0 倍,变差系数 C_v 值为0.43。兰州站采用 1935~1968 年刘家峡水库运行前的 34 年资料统计,最大为 1967 年,输沙量 2.67亿 t;最小为 1941 年,输沙量 0.308 亿 t,两者比值为 8.7,变差系数 C_v 值为 0.55。支流站年际变化悬殊,多数站最大年输沙量是最小年输沙量的十几倍至几十倍,变差系数 C_v 值一般在 0.8 左右,个别站达 1.0 以上。如汾河静乐站,最大年输沙量出现在 1967 年,为 0.362 亿 t;最小年输沙量是 1965 年,年输沙量为 0.004 1 亿 t,最大与最小比值为 88,变差系数 C_v 值达 0.85。

我国南方河流泥沙的年际变化一般较北方多沙河流要小。以长江为例,干支流最大年平均含沙量一般为最小年平均含沙量的 2~6 倍,干流宜昌至大通一般为 2 倍左右。鄱阳湖水系等少沙河流变化也很小,最大值与最小值之比略大于 2。汉江碾盘山站最大年平均含沙量为最小年平均值的 16 倍,是长江各支流中年际变化最大的。南方河流年输沙量的年际变化比含沙量的年际变化大,各河流差别也很大。

6.1.4　输沙模数的地区分布

输沙模数是反映流域内侵蚀程度的主要指标,单位以 t/km^{2}表示。

我国输沙模数比较大的地区大体上分布在西南至东北向的第二级阶梯和第三级阶梯间的低山丘陵地带,呈一带状。由西南边陲的元江、澜沧江中游(永平至保甸街)、怒江支流南河,到金沙江下游(龙街至屏山)、大渡河下游(康定以下)、岷江中游(邛崃山东坡)、涪江上游(江油以上)、嘉陵江上游(广元以上)、长江上游干流(忠县至巫山段)、汉江上游(安康至白河),经黄河中游的黄土高原地带、太行山西北的永定河上游,到辽河流域的西辽河上游、柳河、大小凌河以及山东省沂蒙山区的五莲一带,多年平均年输沙模数大都在1 000 t/km^{2}以上。此外,我国台湾山区由于降水径流丰沛,近期抬升运动强烈,坡降很大,侵蚀作用也很强烈。根据近20年泥沙观测资料的统计分析,全国平均年输沙模数大于1 000 t/km^{2}的面积达62.5万km^2,占全国国土面积的6.5%。我国水土流失最严重的地区主要分布在黄河流域的黄土高原上。黄河流域平均年输沙模数大于1 000 t/km^{2}的面积约28.9万km^2,约占全国输沙模数大于1 000 t/km^{2}总面积的一半,占黄河流域面积的38.4%。黄河流域年输沙模数大于10 000 t/km^{2}的地区约有7万km^2,主要分布在河口镇至无定河口区间的一些入黄支流中下游和无定河、北洛河、泾河的部分支流。陕西孤山川的高石崖站1954~1979年平均年输沙模数高达22 000 t/km^2,为全国观测到的输沙模数最高地区。

我国台湾中央山地平均年输沙模数也高达13 000 t/km^{2}以上,为我国仅次于黄土高原的另一个侵蚀最强烈的地区。

辽河流域平均年输沙模数大于1 000 t/km^{2}的面积约为6.3万km^2,主要分布在西辽河上游老哈河红山水库、教来河道力歹站、柳河闹德海水库以上,西拉木伦河支流少冷河以及大小凌河流域。平均年输沙模数在5 000 t/km^{2}以上的地区主要分布在柳河上游,面积约为4 000 km^2,柳河闹德海水库以上1957~1979年实测平均年输沙模数高达5 110 t/km^2,为辽河流域观测到的最高值。

长江流域平均年输沙模数大于1 000 t/km^{2}的面积为15万km^{2}左右,主要分布在金沙江下游、嘉陵江上游和汉江中上游部分地区及沿四川盆地四周的乌蒙山、大凉山、邛崃山、岷山和大巴山的局部山丘地带。平均年输沙模数在2 000 t/km^{2}以上的地区约1万km^2,主要分布在嘉陵江上游西汉水、岷江支流寿溪,以及金沙江下游支流小江和海河一带。西汉水顺利峡站1963~1979年实测平均年输沙模数达3 260 t/km^2,为长江流域观测到的最高值。

我国河流输沙模数在100 t/km^{2}以下的地区,主要有东北平原、内蒙古草原、华北平原、长江中下游平原、东南和南部沿海平原、海南岛的沿海平原、西藏高原的大部分地区;大小兴安岭、长白山地、广西和贵州岩溶发育山地、祁连山中段、阿尔泰山、天山中段等。其中尤以东北大兴安岭山地年输沙模数最小,一般仅5 t/km^{2}左右。

河流泥沙是水文要素之一,河流的泥沙状况,不仅关系河流本身的发展演变,也反映了流域的环境特性、水土流失程度及水土保持等人类活动对生态环境的影响。在水利工程规划、防洪、水资源利用及水土保持等工作中,河流泥沙是必须考虑的因素。

河流泥沙是流域降水和径流作用的共同产物,称为固体径流。按泥沙来源可分为冲泻质与河床质,按运移方式又分为悬移质和推移质。目前,一般主要针对河流悬移泥沙的时空变化规律进行分析。对市(县)级水资源评价而言,由于泥沙观测站较少,资料短缺,一般可以借用上一级行政区划有关的评价成果进行分析计算。

6.1.5 评价的主要内容

河流泥沙分析,主要统计各河泥沙观测站逐年各月实测悬移质输沙量及含沙量,分析其时程变化和地区分布,主要内容包括如下几个方面。

(1)统计分析选用观测站逐年各月实测输沙量,计算多年平均输沙量和输沙模数,绘制分区图。

(2)统计分析选用观测站逐年各月实测含沙量,计算多年平均含沙量,绘制多年平均含沙量分布图。

(3)对主要观测站不同典型年的输沙量、含沙量的年内分配和地区分布特征进行分析。

(4)对大型及重要的中型水库淤积情况进行分析。

6.1.6　分析评价的方法

6.1.6.1　资料的选用

在全市(县)范围内,凡资料系列大于 20 年的泥沙观测站全部选用。泥沙资料系列应与径流资料系列同步。在泥沙资料短缺时,应增加有淤积测量的大、中型水库的泥沙资料,弥补泥沙观测站网不足。

6.1.6.2　资料的插补延长

对个别年份或个别月份资料不全的,采用上下游观测站(或邻站)沙量相关、单站水量沙量相关(或雨量沙量相关)等方法,进行资料的插补延长。建立相关关系时,应注意水利工程和水土保持措施对泥沙的影响,工程前后如有明显不同时,可分别定线。具体插补方法如下:

(1)对于流量资料较全的,建立该站年径流量—年输沙量关系,如相关关系不好,再建立汛期径流量—年输沙量关系;

(2)对于有相应上游(或下游)泥沙观测站且输沙量资料较全的,建立同步上、下游观测站输沙量关系;

(3)对于邻近流域有观测站且产沙条件相近的,可用邻近观测站的输沙模数乘以该站流域面积作为该站同期输沙量。

6.1.6.3　河流泥沙量的还原计算

当河流泥沙站以上流域有蓄水拦沙或引弃水排沙情况时,应进行河流泥沙量的还原计算。

(1)水库拦截沙量的还原方法。对有入库、出库输沙量资料及水库淤积量资料的,可计算淤积量中的悬移质和推移质之比或推移质与淤积量之比,综合分析悬推比及推淤比,用于泥沙还原;对无入库、出库沙量或淤积量资料的,可借用自然地理条件一致区的悬推比、推淤比,进行泥沙量估算。

(2)引弃水的泥沙还原方法。统计引、弃水量,用下游或邻近站相应时期的含沙量,乘以引弃水量作为引走的沙量。将年内多次引出沙量累加,作为该年引出沙量。

6.1.6.4　多年平均含沙量、输沙模数的分区图绘制

对选用观测站泥沙系列资料进行代表性核查修正,证明其具一致性后,即可计算观测单站多年平均含沙量和输沙模数。绘制多年平均输沙模数分区图,应先将模数值点绘于流域形心处,再结合地形、植物、土壤、地质等因素,最好能参照图片或遥感图片,客观地勾

绘输沙模数分区图。初步成图后,对有实测资料的流域应将图上的模数与面积相乘,计算出沙量与实测水量比较。两者比较如相差不大,认为分区图勾画合理,否则应修正输沙模数分区图。

6.1.6.5　不同典型年的河道输沙、含沙量的分布特征分析

选择主要产沙区且资料齐全的泥沙观测站,统计分析不同来水保证率的年份,各站的实测输沙量、含沙量的年内分配及地区分布特征。

6.1.6.6　水库泥沙淤积量的估算

水库泥沙淤积量的估算一般采用两种方法:一是据实测资料找出经验关系进行估算;二是建立水库泥沙冲淤基本方程,而后进行计算。第二种方法需要资料较多,计算也比较复杂。当有充足水库资料时,可采用两种方法分别计算,互相校核。一般情况下仅采用第一种方法计算即可。

6.2　地表水水质评价

6.2.1　水质指标与评价标准

水质评价主要是对各类资源水体和环境水体进行水质监测和评价,以确定天然水体的基本特征及其资源适用性、水体水质受人类活动污染的程度以及保证废水排放环境水质目标的实现。首先要控制废水的水质指标即废水的污染物含量。主要有物理指标,包括 pH、色度和悬浮物;有机物,包括 BOD、COD、DO、油类及挥发酚等;可溶性化合物包括氰化物、硫化物、氮化物、氟化物及磷酸盐等;人工合成化合物,包括甲醛、硝基苯类、阴离子合成洗涤剂(LAS)及苯并芘等;重金属类,包括 Cu、Zn、Mn、Hg、甲基汞、Cd、Cr、As、Pb 和 Ni 等。这些污染物均由排放标准限定其最高允许排放浓度(国家制定了相应的排放标准)。

对水资源利用的水体水质,其水质评价指标依水体环境的使用功能和排放废水的水质特征确定,《地面水环境质量标准》(GB 3838—2002)要求的基本指标有 24 个。除了废水的水质指标,还有硝酸盐和亚硝酸盐氮、Se(四价)、DO、氯化物及硫酸盐等。对于不同的用水功能,其水质评价指标依相应的行业水质标准和水体水质特征确定,主要考虑其特殊的功能危害对水质的要求,其水质评价指标有所不同。如生活饮用水评价指标增加了细菌学指标和毒理性指标;渔业用水增加了农药和有机毒物的评价指标,如甲基对硫磷、滴滴涕及黄磷、呋喃丹等;农田灌溉用水增加对含盐量、硼和钠离子吸附比的要求等。《地面水环境质量标准》(GB 3838—83)为首次发布,1988 年第一次修订,1999 年第二次修订,2002 年第三次修订。《地表水环境质量标准》(GB 3838—2002)自 2002 年 6 月 1 日起实施。

6.2.2　天然水化学特征评价

6.2.2.1　水化学分类

天然地表水体的资源和环境功能是由其水质决定的,天然水的化学成分极其复杂,由

于水资源利用的目的及其重要性的不同，水质的分类多种多样，下面介绍最常用的舒卡列夫分类方法。

按水中当量大于12.5%的阴、阳离子分类，这种方法是舒卡列夫首先提出的，后来又经过多次修改补充。下面介绍H.H.斯拉维扬诺夫修订的舒卡列夫分类（参见表6-1）。该方法主要考虑HCO_3^-、SO_4^{2-}、Cl^-、Ca^{2+}、Mg^{2+}、$Na^+(K^+)$六种离子，首先将当量比超过12.5%的阴离子按HCO_3^-、$HCO_3^-+SO_4^{2-}$、$HCO_3^-+SO_4^{2-}+Cl^-$、$HCO_3^-+Cl^-$、SO_4^{2-}、$SO_4^{2-}+Cl^-$、Cl^-的次序排横序列，再将当量比大于12.5%的阳离子按Ca^{2+}、$Ca^{2+}+Mg^{2+}$、Mg^{2+}、Na^++Ca^{2+}、$Na^++Ca^{2+}+Mg^{2+}$、Na^++Mg^{2+}、Na^+的次序排纵序列，按方阵组合成49种不同类型，最后按照水的矿化度将每类分为四组：A组矿化度小于1.5 g/L，B组矿化度为1.5~2.5 g/L，C组矿化度为2.5~40 g/L，D组矿化度大于40 g/L，其类型代号可表示为1-A、10-B、40-C等。

该分类方法以水中主要组成物质（离子）及其含量（矿化度）为分类依据，能够反映地下水的主要化学特征，并且1-49的对角线上水化学类型的变化，能很好地反映出天然水质浓缩盐化过程中水质演化的一般规律。

表6-1　舒卡列夫分类

阳离子	阴离子						
	HCO_3^-	$HCO_3^-+SO_4^{2-}$	$HCO_3^-+SO_4^{2-}+Cl^-$	$HCO_3^-+Cl^-$	SO_4^{2-}	$SO_4^{2-}+Cl^-$	Cl^-
Ca^{2+}	1	8	15	22	29	36	43
$Ca^{2+}+Mg^{2+}$	2	9	16	23	30	37	44
Mg^{2+}	3	10	17	24	31	38	45
Na^++Ca^{2+}	4	11	18	25	32	39	46
$Na^++Ca^{2+}+Mg^{2+}$	5	12	19	26	33	40	47
Na^++Mg^{2+}	6	13	20	27	34	41	48
Na^+	7	14	21	28	35	42	49

6.2.2.2　水质指标的适用性评价

天然水体水质中的物质成分和物理化学性质评价，是通过水质的物理化学测定的相关水质指标浓度值，与相应的水资源利用和水体功能水质标准进行比较，确定水质的适用性，符合水质标准的指标评价为适用，不符合水质标准的指标评价为不适用；对于不适用的指标可利用多因子等标污染指数法和综合评级方法评价其污染程度和综合水质等级（参见本节评价方法部分），还应对不符合特定适用功能的水质标准的指标提出适宜的、经济上合理、技术上可行的水质处理和改良方法。

6.2.3　水资源污染状况评价

在调查范围内能对地面水环境产生影响的主要污染物均应进行调查。污染源按存在形式可分为点污染源和面污染源。点污染源主要是工业污染源，面污染源主要是生活污染和农业污染源。

6.2.3.1 污染源调查

1.污染源调查程序

第一,普查:即对全地区或水系进行污染源全面调查,找出其中污染严重的污染源作为重点调查对象;第二,重点污染源调查:弄清主要污染源的排放特征以及所排污染物的物理、化学及生物特征;第三,确定主要污染源和主要污染物:以污染源和污染物的总污染负荷与污染负荷比确定主要污染源和主要污染物。

2.污染源调查内容

1)工业污染源

(1)企业名称、厂址、企业性质、生产规模、产品、质量、生产水平等;

(2)工艺流程、工艺原理、工艺水平、能源和原材料种类及消耗量;

(3)供水类型、水源、供水量、水的重复利用率;

(4)生产布局、污水排放系统和排放规律、主要污染物种类、排放浓度和排放量、排污口位置和控制方式以及污水处理工艺及设施运行状况。

2)生活污染源

(1)城镇人口、居民区布局和用水量;

(2)医院分布和医疗用水量;

(3)城市污水处理厂设施、日处理能力及运行状况;

(4)城市下水道管网分布状况;

(5)生活垃圾处置状况。

3)农业污染源

(1)农药的品种、品名、有效成分、含量、使用方法、使用量和使用年限及农作物品种等;

(2)化肥的使用品种、数量和方式;

(3)其他农业废弃物。

6.2.3.2 污染源评价

污染源评价的实质在于分清评价区域内各个污染源及污染物的主次程度。评价方法主要有两大类:一类是单项指标评价;另一类是多个指标的综合评价。对污染源作综合评价时,必须考虑排污量和污染物毒性两方面因素,目前主要用等标污染负荷法。

1.单项指标评价

单项指标评价是用污染源中某单一污染物的含量(浓度或重量等)、统计指标(检出率、超标率、超标倍数、标准差等)来评价某污染物的污染程度的。

1)排放总量

排放总量即某污染物的排放强度指标,其计算公式为:

$$W_i = C_i Q \tag{6-1}$$

式中 W_i——单位时间排放第 i 种污染物的绝对量,t/d;

C_i——第 i 种污染物的实测平均浓度,mg/L 或 kg/m^3;

Q——污水口平均排放量,m^3/d。

2）统计指标

统计指标有检出率、超标倍数、超标率等。

（1）检出率计算：

$$R_d = \frac{n_d}{n} \times 100\% \tag{6-2}$$

式中　R_d——某项目检出率；

n_d——某项目检出次数；

n——某项目监测总次数。

（2）超标倍数计算：

$$R_i = \frac{C_i}{C_0} - 1 \tag{6-3}$$

式中　R_i——某项目超标倍数；

C_i——某项目实测值；

C_0——某项目水质标准。

（3）超标率计算：

$$R_e = \frac{n_e}{n} \times 100\% \tag{6-4}$$

式中　R_e——某项目超标率（%）；

n_e——某项目超标次数；

n——某项目监测总次数。

2.综合指标评价

综合指标评价是较全面、系统地衡量污染源污染程度的评价方法。该法同时考虑多种污染物的浓度、排放量等因素，多用一定的数学模型进行综合评价，目前使用的方法很多，最广泛的方法是等标污染负荷法。

1）排污量法

该方法是简单地统计污染源的排污量，按排污量的大小依次排列。排污量可以是废水量，也可以是污染物总量。

2）污径比法

此法是比较污染源所排放的废水流量与纳污水体径流量之比。优点是考虑了纳污水体流量的不同，其稀释能力也不同。如同样规模的企业排污，若直接进入大江、大河与直接进入小溪所引起的环境效应是不同的。但其缺点是仅考虑纳污水体的流量，而未考虑纳污水体的本底状况，也未考虑污水浓度及污染物质的类别不同对环境影响的差异。该方法能够比较污染源排污在当地环境中的影响程度，还可度量纳污水体的污染程度，因此仍被采用。

3）污染程度分级法

将污染源按水质评价指标确定综合的平均等标污染指数：

$$I = \sum_{i=1}^{n} P_i = \sum_{i=1}^{n} \frac{C_i}{S_i} \tag{6-5}$$

根据特定水体的污染状况、环境条件和管理目标划分水质污染程度等级,依次确定评价水体的污染程度等级。污染程度等级划分参考值见表6-2。

表6-2　污染程度等级划分参考值

污染程度等级	未污染	微污染	轻度污染	中等污染	重度污染	严重污染
I	< 0.50	0.50~0.80	0.80~1.20	1.20~2.00	2.00~3.00	> 3.00

4)排毒指标法

根据生物毒性试验结果,对某污染物计算排毒指标 F_i,公式为:

$$F_i = \frac{C_i}{D_i} \tag{6-6}$$

式中　C_i——某种污染物在废水中的实测浓度,mg/L;

D_i——某种污染物的毒性标准,分为慢性中毒阈剂量、最小致死量、半致死量。

对于一个污染源,往往有多种污染物,即多个污染参数,这时计算的排毒指标采用归一化处理,公式如下:

$$F = \left(\frac{C_1}{D_1} + \frac{C_2}{D_2} + \cdots + \frac{C_n}{D_n}\right)\frac{1}{\sum_{i=1}^{n} C_i} \tag{6-7}$$

式中　n——污染源的污染物种类数目。

在评价中要使用统一的毒性标准,此方法的优点是将排毒指标与污染物的生物效应联系起来。但因毒性指标的条件复杂、污染物种类多,难以实际应用。

5)等标污染负荷法

该方法是我国目前使用最普遍的方法,它不仅考虑不同种类污染物的浓度及相应的环境效应(即不同的评价标准),还考虑了污染源的排污水量,考虑因素比较全面。具体通过7个特征指标,综合评价出区域内的主要污染源和污染物。

(1)某污染物的等标污染负荷按下式计算:

$$P_i = \frac{C_i}{|C_{0i}|} Q_i \times 10^{-6} \tag{6-8}$$

式中　P_i——某污染物的等标污染负荷,t/a;

C_i——某污染物的实测浓度,mg/L;

$|C_{0i}|$——某污染物允许排放标准(不计单位);

Q_i——含某污染物的废水排放量,m^3/a;

10^{-6}——单位换算系数。

(2)某污染源 n 个污染物的总计等标污染负荷,即该污染源的等标污染负荷 P_n 为:

$$P_n = \sum_{i=1}^{n} P_i = \sum_{i=1}^{n} \frac{C_i}{|C_{0i}|} Q_i \times 10^{-6} \tag{6-9}$$

(3)某地区或某流域 m 个污染源等标污染负荷之和,即该地区或流域等标污染负荷 P_m 为:

$$P_m = \sum_{i=1}^{m} P_n \tag{6-10}$$

(4)全地区或全流域内某污染物总等标污染负荷为：

$$P_{mi} = \sum_{i=1}^{m} P_{ni} \tag{6-11}$$

(5)评价中还经常使用污染负荷比。某污染物等标污染负荷占该厂等标污染负荷的百分比,称为某工厂内某污染物的污染负荷比 K_i,即：

$$K_i = \frac{P_i}{P_n} \times 100\% \tag{6-12}$$

(6)某工厂(污染源)在全地区(流域内)的污染负荷比 K_n 为：

$$K_n = \frac{P_n}{P_m} \times 100\% \tag{6-13}$$

(7)某污染物在全地区(流域内)的污染负荷比 K_{mi} 为：

$$K_{mi} = \frac{P_{mi}}{P_m} \times 100\% \tag{6-14}$$

6.2.4　地表水资源质量及环境水质的评价方法

环境水质评价因用水要求、水域功能、监测内容、污染物属性和评价目的的不同,具有不同的评价内容和方法。同时,因环境要素和水质演变的复杂性,除了单指标评价可以回答超标和不超标或确定的水质类别,多数的多因子评价方法只能回答相对于水质要求的相当类别或相对水质优劣。即使对于严格的水质绝对标准,多因子的评价方法也只能确定现状水质的相似类别和相对污染程度。这是因为评价其综合水质的多种因子间缺乏物化特性、绝对含量、危害机制和程度以及环境目标的内在联系,甚至相关联系;一种指标的水质状况优并不限制另一种指标属严重污染;对于特定的环境条件和评价目的,评价者因对评价因子在综合水质中的危害效应的重要性可能有不同的认识而赋予不同的权重。所以,多因子水质评价方法只是环境水质监控的一种手段。

6.2.4.1　单因子等标污染指数法

计算公式为：

$$P_i = \frac{C_i}{S} \tag{6-15}$$

$$P = \frac{1}{n}\sum_{i=1}^{n} P_i \tag{6-16}$$

式中　P_i——测点(某时或某点)等标污染指数;

C_i——评价因子实测值;

S——评价因子标准值上限;

P——评价因子的等标污染指数均值。

对于有上限和下限标准的评价因子如 pH,则有

$$P_i = \left| \frac{2C_i - (S_2 + S_1)}{S_2 - S_1} \right| \tag{6-17}$$

式中　S_1——评价因子标准值上限；

S_2——评价因子标准值下限。

6.2.4.2　多因子等标污染指数法

多因子等标污染指数法主要有以下几种常用指标。

1.综合等标污染指数法

$$I = \sum_{i=1}^{n} P_i = \sum_{i=1}^{n} \frac{C_i}{S_i} \tag{6-18}$$

式中　n——评价因子数；

i——第 i 种评价因子；

其余符号意义同前。

2.平均综合等标污染指数

$$I = \frac{1}{n}\sum_{i=1}^{n} P_i \tag{6-19}$$

3.加权综合等标污染指数

$$I = \sum_{i=1}^{n} W_i P_i \tag{6-20}$$

式中　W_i——第 i 种评价因子的权重，W_i 依评价者对各评价因子的重要性和危害性来确定，$\sum_{i=1}^{n} W_i = 1$，其中 n 为评价因子数。

4.权均值综合等标污染指数

$$I = \frac{1}{n}\sum_{i=1}^{n} W_i P_i \tag{6-21}$$

5.均方根综合等标污染指数

$$I = \sqrt{\frac{1}{n}\sum_{i=1}^{n} P_i^2} \tag{6-22}$$

6.内梅罗指数

$$P_n = \sqrt{\frac{(\max P_i)^2 + (\frac{1}{n}\sum_{i=1}^{n} P_i)^2}{2}} \tag{6-23}$$

式中　P_i——第 i 种评价因子的等标污染指数；

$\max P_i$——P_i 的最大值，当 $\frac{C_i}{S}>1$ 时，$P_i = 1+P\lg\frac{C_i}{S_i}$；

P——内梅罗常数，一般取值为5。

6.2.4.3　综合评级方法

综合评级方法的主要思路是按水质要求对各种综合性评价指标或单一评价指标划分出水质优劣或污染程度的分级标准或评分标准，然后对实测水质的单指标评分和总分或综合指标进行计算，并使之与评价标准比较，给出环境水质的评级结论。具体方法有评分法、坐标法及分级评价法等。

将水质实测浓度与评分标准比较，确定各评价因子的水质评分，再按式(6-24)求得水质综合评分：

$$M = \frac{10}{n}\sum_{i=1}^{n} A_i \tag{6-24}$$

式中　M——水质综合评分百分制分值；

A_i——第 i 种评价因子的水质评分；

n——评价因子数。

将综合评分按表6-3的水质分级进行分级评定。

表6-3　综合水质评级标准

M	100~96	95~76	75~60	59~40	< 40
水质评级	理想级	良好级	污染级	重污染级	严重污染级

6.2.4.4　生物指数法

该法是依据水体污染影响水生生物群落结构，用数学形式表示这种变化，从而指示水体质量状况。这里介绍以下几种指标。

1.贝克生物指数

该指数采用水中大型无脊椎动物种类数，作为评价水污染生物指数。根据水生生物对水体有机污染的耐受力，将大型底栖无脊椎动物分为两类：一类是对有机污染缺乏耐受能力(即敏感的)；另一类是对有机污染有中等程度耐受力(即不敏感的)。这两种动物种类数目分别以 A 和 B 表示，则生物指数 B_I 可按式(6-25)计算：

$$B_I = 2A + B \tag{6-25}$$

计算值 B_I<1.0 表示水体属严重污染；B_I = 1.0~6.0 表示水体属中度污染；B_I = 6.1~10.0表示水体属轻度污染；B_I>10.0 表示水体清洁。

2.古德奈特和惠特利有机污染生物指数

该指数是以颤蚓类个体数量与全部大型底栖无脊椎动物个体数量的百分比表示的。其公式为：

$$\text{有机污染生物指数} = \frac{\text{颤蚓类个体数}}{\text{底栖动物个体数}} \times 100\% \tag{6-26}$$

此指数小于60%表示水质良好；60%~80%为中等有机污染；大于80%为严重有机污染或工业污染。

3.多样性指数

生物群落中的种类多样性是指两个方面：一方面是指群落中的种类数；另一方面是指群落中各种类的个体数。水环境污染导致水生生物群落结构明显变化：耐受能力差(敏感)的种类会逐渐衰亡、消失，总的种类数下降；而那些能忍受、适应能力强的生物会逐渐繁殖起来，个体数明显增加。这种群落的演替现象可用多样性指数表示，以评价水环境质量。现主要介绍如下两个计算公式。

1)马格列夫多样性指数

$$d = \frac{S-1}{\ln N} \tag{6-27}$$

式中　d——多样性指数；

S——生物种类数；

N——群落的个体总数。

上述式(6-27)中 d 值越大,水质越好。但该式仅考虑了生物种类数和个体总数间的关系,没考虑个体在各种类之间的分配,容易掩盖不同群落的种类和个体数的差异。

2)香农-韦弗指数

$$d = -\sum_{i=1}^{s}\left(\frac{n_i}{N}\right)\log_2\frac{n_i}{N} \tag{6-28}$$

式中　n_i——第 i 种生物的个体数；

N——总个体数。

影响多样性指数的因素较多,如公式的选择、评价生物的选择及生物测试的均匀度等,均会影响该方法的效果。目前选用大型底栖无脊椎动物的 d 值进行有机污染评价较为成功。因此,常与物理、化学评价方法相结合,以使评价结果更接近实际情况。

6.3　地下水水质评价

地下水作为水资源的重要组成部分,其开发利用在我国经济建设和社会发展中具有十分重要的价值。但是,长期以来由于缺乏统一和有效的管理,致使一些地区因过量开采而引发水质污染及地下水位大面积下降等环境问题,甚至成为社会经济持续发展的制约因素。因此,地下水资源的保护已成为一项十分紧迫而艰巨的任务。

6.3.1　评价目的和工作程序

地下水资源评价,是水资源评价乃至整个环境质量评价的重要组成部分。根据国民经济不同的用途,对地下水质提出的要求也不尽相同,通过对地下水质进行评价,可以确定其满足某种用水功能要求的程度,为地下水资源合理开发利用提供科学依据。

地下水水质评价是一项复杂而涉及面广的工作,要在做好充分准备的情况下,才能正常进行。

6.3.1.1　环境水文地质资料的收集整理

环境水文地质资料内容包括区内已有的水文地质、工程地质、环境地质、矿产普查、地球化学等各项资料。应对区内地下水动态观测、水质分析、土壤分析、地下水开发利用现状、城市规划、污染源分布、污水排放情况等资料进行全面收集和分析整理。

6.3.1.2　环境水文地质调查

如上述资料不足,应进行区内水文地质调查,内容包括含水层水文地质条件、地下水埋藏、补给和排泄条件、地下水开发利用现状、污染源分布及排污方式等。

6.3.1.3　地下水动态观测和水质监测

地下水动态观测点与水质监测网的布设,要根据当地水文地质特点和地下水污染性质,按点面结合的原则来安排,力求对整个评价区都能适当控制。检测项目依评价目的确定,一般应满足生活饮用水标准要求。除对地下水进行监测外,还要对大气降水、河水、污废水、土壤等进行同步监测,以确定地下水、地表水、大气降水之间的相互补给关系。

6.3.1.4　环境水文地质勘探

利用勘探钻孔了解含水层厚度、结构,地下水污染范围、污染程度,污染物迁移路线和扩散情况等,钻孔的布置视当地水文地质条件和评价目的而定。

6.3.2　地下水水质评价方法

6.3.2.1　评价因子的选择

参与评价的因子根据区内实际情况确定,一般选择生活饮用水标准中对人体健康危害较大,而超标率或检出率又高的项目作为评价因子。大体可分为理化指标、金属、非金属、有机毒物和生物污染物。

6.3.2.2　评价标准的确定

因为地下水常作为饮用水源,评价时多以国家饮用水标准作为评价标准。但严格来说,这还是不够的。因为地下水从未污染、开始污染到严重污染以致不能饮用,要经过一个长时间的从量变到质变的过程。为此,有人提出用污染起始值(也称为污染对照值、质量背景值),作为地下水水质评价标准,因为地下水已受到普遍且严重的污染威胁,评价的基本原则是不允许地下水遭受污染。对地下水进行水质现状评价,以水污染起始值作为评价标准更好。它是某一地区或区域在不受人为影响或很少受人为影响的条件下所获得的具有代表意义的天然水质,是天然或近天然状态的水质参数,也作为污染评价的水质依据。

水污染起始值的确定方法很多,但是有的计算公式中含有诸如用水标准值之类的人为数据,这是不合适的。其值的选取应该摆脱人为的影响,完全取决于原始资料的丰富程度和对初始状态的认知程度。资料来源的时代越早,就越能够代表初始的状态。对初始状态的认可程度越高,所确定的污染起始值就越能够代表初始的状态。选取方法是可以利用数理统计的办法获得选取代表值,亦可以采取类比的方法,选取条件相近或相同的区域的值代替。

其计算公式为:

$$X_0 = \overline{X} + 2S = \overline{X} + 2\sqrt{\frac{\sum_{i=1}^{n}(\overline{X} - X_i)^2}{n - 1}} \tag{6-29}$$

式中　X_0——污染起始值,即最大区域背景值;

$\overline{X}$——某种污染物的区域背景值,即背景值调查的平均值;

S——污染物统计方差;

X_i——背景调查中各水井该种污染物的实际含量;

n——背景调查样品的数量。

6.3.2.3　评价模式

1.一般统计

一般统计法即以监测点的检出值与背景值和饮用水的卫生标准作比较，统计其检出率、超标率、超标倍数等。此法适用于环境水文地质条件简单、污染物质单一的地区，或在初步评价阶段采用。

2.环境水文地质制图法

环境水文地质制图法以下述图件作为评价的主要表达形式。

(1)基础图件。它包括反映地表地质、地下水赋存条件和地表污染源分布等状况的表层地质环境分区图。

(2)水质或污染现状图。它用水质等值线或符号表示地下水的污染类型、污染范围和污染程度。

(3)评价图。它以多项污染物质、多项指标等综合因素来评价水质好坏，划分水质等级，并将其用图区和线条表示出来。

3.综合指数法

这些方法多数是为评价地表水体而提出来的，在对地下水质量进行评价是借用过来的。现将常用方法简要介绍如下。

1)内梅罗综合指数

此法属于兼顾极值与均值的综合指数法，计算公式为：

$$P_i = \frac{C_i}{L_i}$$

$$P_I = \sqrt{\frac{(\max P_i)^2 + \overline{P}_i^2}{2}} \tag{6-30}$$

当$\frac{C_i}{L_i}$>1 时，$\frac{C_i}{L_i}=1+P\lg\frac{C_i}{L_i}$；当$\frac{C_i}{L_i}\leqslant 1$时，用$\frac{C_i}{L_i}$的实际计算值。

式中　P_i——单项污染指数；

C_i——某污染物实测浓度，mg/L；

L_i——某污染物饮用水标准；

P_I——综合污染指数；

$\overline{P}_i$——单项污染指数均值，mg/L；

$\max P_i$——单项污染指数最大值，mg/L；

P——内梅罗常数，一般取值为 5。

按式(6-30)计算出综合指数，按大小划分如下等级(见表 6-4)。

表 6-4　综合污染指数等级划分参考值

污染程度等级	未污染	轻度污染	中等污染	重度污染	严重污染
P_I	<0.5	0.5~1.0	1.0~3.0	3.0~7.0	> 7.0

2) 姚志麒综合指数

上海第一医学院姚志麒提出了另一种兼顾极值与均值的综合污染指数，计算公式为：

$$P_I = \sqrt{(\max P_i) + \overline{P}_i} \tag{6-31}$$

式中各符号意义同前。

3) 水文地质与环境地质研究所公式

中国地质科学研究院水文地质与环境地质研究所环境地质组在沈阳地下水质量评价中提出的污染指数，是考虑各种有害物质污染程度对人体健康影响效应的综合指数，表达式为：

$$W = \sum_{i=1}^{m} \frac{C_i}{X_0} \lg \frac{\sum_{i=1}^{m} C_{bi}}{C_{bi}} \tag{6-32}$$

式中 W——某水井中地下水污染指数；

C_i——样品中某种污染物实际含量，mg/L；

X_0——该种污染物的污染起始值，mg/L；

C_{bi}——该种污染物的饮用水标准，mg/L；

$\sum_{i=1}^{m} C_{bi}$ ——调查中所有污染物饮用水标准的总和；

m——监测项目。

式(6-32)中$\frac{C_i}{X_0}$表明某水井中某种污染物的异常情况；$\lg \frac{\sum_{i=1}^{m} C_{bi}}{C_{bi}}$表明该种物质在所有监测项中对人体健康效应的影响系数，对某一污染物来说，它是一个常数。

6.4 水质综合评价方法

水质评价实质是一个模式识别的过程，目前水质评价还没有形成一个统一的方法，随着多元统计理论和计算机技术的快速发展，越来越多的学者开始使用综合评价的方法对水质进行综合评价，以期得到更加科学合理的评价结果。

6.4.1 主成分分析法

主成分分析是将其分量相关的原随机向量，借助于一个正交变换，转化成其分量不相关的新随机向量，并以方差作为信息量的测度，对新随机向量进行降维处理，再通过构造适当的价值函数，进一步把低维系统转化为一维系统。其基本思想是认为在众多有相关性的因子之间必然存在着起支配作用的共同因子。

主成分分析法在水质评价中的应用主要有两方面：一是建立综合评价指标，评价各采样点间的相对污染程度，并对各采样点的污染程度进行分级；二是评价各单项指标在综合指标中所起的作用，指导删除那些次要的指标，确定造成污染的主要成分。基本步骤为：

设 p 维原始样本资料，记为数据矩阵 X，则有：

$$X=\begin{bmatrix} X_{11} & X_{12} & \cdots & X_{1p} \\ X_{21} & X_{22} & \cdots & X_{2p} \\ \vdots & \vdots & & \vdots \\ X_{n1} & X_{n2} & \cdots & X_{np} \end{bmatrix} \tag{6-33}$$

具体分析步骤如下：

(1)将各变量 X_{ij}标准化,即对同一变量减去其均值再除以标准差,以消除量纲影响。

(2)在标准化数据矩阵的基础上,计算原始指标相关系数矩阵 R。

(3)解特征方程并将其 p 个特征值按大小顺序排列($\lambda_1 \geqslant \lambda_2 \geqslant \cdots \geqslant \lambda_p$),按贡献率 $\dfrac{\sum_{j=1}^{m}\lambda_j}{\sum_{j=1}^{p}\lambda_j} \geqslant 0.85$,确定一个 m 值。

(4)选取前 m 个特征值对应的单位特征向量,即可以写出主成分计算公式。

(5)将各待评样点的标准化数据分别代入各主成分的表达式中,计算得出采样点的各主成分得分 F_i,以方差贡献率(d_i)为权数,求和计算综合得分 $F=\sum_{i=1}^{m} d_j, F_i$ 各项得分值即是对水体采样点污染程度的定量化描述。

6.4.2　灰色关联分析法

灰色关联分析法是根据离散数列之间几何相似程度来判断关联度大小进行排序的。其基本思想为在进行水质分级评价时,选择评价对象的评价因子实测值为参考序列,水质指标分级标准为比较序列,根据求出的多个关联度,选出最大关联度所对应的水质标准,比较序列对应的级别,即为待评价水质的级别。基本步骤为：

(1)将评价站点及评价标准的各个指标值进行归一化处理；

(2)计算归一化后指标值与 5 个评价等级相应评价标准的绝对差值[$\Delta_{ik}(j)$]；

(3)求出所有指标与 5 个评价等级的最小绝对差值[$\Delta_{\min}$]和最大绝对差值[$\Delta_{\max}$]；

(4)取分辨系数 $\rho=0.5$,计算各站点每个指标值与相应评价标准的关联系数[$\varepsilon_{ik}(j)$]；

$$\varepsilon_{ik}(j)=\frac{\Delta_{\min}+\rho\Delta_{\max}}{\Delta_{ik}(j)+\rho\Delta_{\max}} \tag{6-34}$$

(5)根据每个指标的权重值,计算各站点与 5 个评价等级的灰色关联度值(γ_{ij})；

$$\gamma_{ij}=W_i\varepsilon_{ij}(j) \tag{6-35}$$

(6)依据最大隶属度原则,评判各站点的水质级别。

6.4.3　模糊综合评价法

模糊综合评价法是利用模糊变换原理和最大隶属原则,考虑与被评价事物相关的各个因素或主要因素,对其所做的综合评价。

6.4.3.1　计算各项污染物对各级(4 级)水质标准的隶属度

隶属函数可表达如下：

第 1 级水体的隶属函数($j=1$)：

$$T_{ij}=\begin{cases}1 & C_i < S_{i1}\\ \dfrac{C_i - S_{i2}}{S_{i1} - S_{i2}} & S_{i1} \leqslant C_i < S_{i2}\\ 0 & C_i \geqslant S_{i2}\end{cases} \tag{6-36}$$

第 j 级水体($j = 2$、3,分别代表第Ⅱ、Ⅲ级水体) 的隶属函数为：

$$T_{ij}=\begin{cases}0 & C_i \leqslant S_{ij-1} \text{ 或 } C_i \geqslant S_{ij+1}\\ \dfrac{C_i - S_{ij-1}}{S_{ij} - S_{ij-1}} & S_{ij-1} < C_i \leqslant S_{ij}\\ \dfrac{C_i - S_{ij+1}}{S_{ij} - S_{ij+1}} & S_{ij} < C_i \leqslant S_{ij+1}\end{cases} \tag{6-37}$$

最后一级水体的隶属度函数为($j=4$)：

$$T_{ij}=\begin{cases}0 & C_i \leqslant S_{ia}\\ \dfrac{C_i - S_{ia}}{S_{i4} - S_{ia}} & S_{ia} < C_i \leqslant S_{i4}\\ 1 & C_i > S_{i4}\end{cases} \tag{6-38}$$

式中 C_i——第 i 种污染物实测浓度值($i=1,2,\cdots,n$),mg/L;

S_{ij}——第 i 种污染物 j 级水质标准($j=1,2,3,\cdots,4$),mg/L。

通过计算 n 项参数对 4 级水质标准的隶属度,可得到一个 $n \times 4$ 阶单项污染程度隶属度矩阵 R：

$$R=\begin{bmatrix} r_{11} & r_{12} & \cdots & r_{14}\\ r_{21} & r_{22} & \cdots & r_{24}\\ \vdots & \vdots & & \vdots\\ r_{n1} & r_{n2} & \cdots & r_{n4}\end{bmatrix}$$

依最大隶属原则考察隶属度矩阵 R,各行中最大元素所对应的各列便是各项指标评价结果所属的污染级别。

6.4.3.2 计算权重

确定权重的原则是,能够通过权重体现出各项污染物对总体污染所起的作用,超标多的,加权值就大。对各项指标应给予权重计算,其公式为：

$$W_i=\frac{C_i}{S_i} \tag{6-39}$$

式中 C_i——i 种污染物在水中的浓度;

S_i——i 种污染物国标(或参考)标准,而后通过归一化。

6.4.3.3 水质综合评价——模糊矩阵复合运算

借助模糊集合中的个体识别理论,通过对单项水质污染矩阵 R 和权重矩阵 W 复合运算,便可得出水质综合评价结果的识别。评判矩阵:通过 $D=W\times R$,得 $1\times n$ 阶综合评价结

果矩阵 D,其实质就是综合考虑所有评价参数后,水质综合指标对于各级水质标准的隶属度,然后根据最大隶属原则,对哪级标准的隶属度最大,综合评价就属于哪个。

6.4.4 层次分析法

层次分析法的基本原理是对评价系统的有关方案的各种要素分解成若干层次,并以同一层次的各种要求按照上一层要求为准则,进行两两的判断比较和计算,求出各要素的权重。根据综合权重,按最大权重原则确定最优方案。

6.4.4.1 建立层次结构模型

水环境质量作为一个复杂系统进行评价,首先要把复杂问题分解为不同的层次。同一层次的要素作为准则,对下一层的某些要素起支配作用,同时它又受上一层次要素的支配。处于最上面的一层称为目标层,这个最高层次通常只有一个要素,是分析问题的目标;中间层次称为准则层,准则层的下一层次是子准则层;最低一层的层次称为方案层,这层是解决问题的预选方案。层次之间要素的支配关系不一定是完全的,即可以存在这样的要素,它并不支配下一层次的所有要素。

6.4.4.2 构造两两比较判断矩阵

在建立递阶层次结构以后,上下层次之间元素的隶属关系就被确定了。假定上一层次的元素 B_i 作为准则,对下一层次的元素 $B_1,B_2,\cdots,B_n$ 有支配关系,目的是在准则 B_i 之下按它们相对重要性赋予 $B_1,B_2,\cdots,B_n$ 相应的权重,赋予权重所用的是两两比较方法。假定已知的 n 个评价因子 $m_1,m_2,\cdots,m_n$,其参数值分别为 $P_1,P_2,\cdots,P_n$,并假定 $P_1,P_2,\cdots,P_n$ 已经归一化,即可得到 n 个评价因子之间的两两比较的相对值的判断矩阵。水环境质量评价其判断矩阵构造方法采用单项污染指数法,即各评价因子的单项污染指数作为标度,构造两两比较判断矩阵($A-B$)。

6.4.4.3 由判断矩阵计算被比较元素相对权重

这步是解决在准则 B_i 下,n 个元素 $B_1,B_2,\cdots,B_n$ 排序权重的计算问题,用方根法求判断矩阵特征根和特征向量并进行一致性检验,特征向量 W 即为同一层次相应要素对上一层次某一要素相对重要性权值,这一过程称为层次单排序。检验单排序结果是否正确,要使判断矩阵满足完全一致性条件,即 $a_{ik}=a_{ij}\cdot a_{jk}$,如果不满足,要重新建立判断矩阵。

6.4.4.4 计算各层元素的组合权重

为得到递阶层次结构中每一层中所有元素相对于总目标的相对权重,需要把第三步计算结果进行适当的组合,并进行总的判断一致性检验。这一步骤是由上而下逐层进行的。最终计算结果得出最低层次元素,即方案优先顺序的相对权重和整个递阶层次模型的判断一致性检验。

6.4.5 人工神经网络法

人工神经网络是模拟人脑的思维活动发展和形成的,由于它具有良好的容错性、自组织性、层次性、自适应性以及并行处理能力,已经被用于许多科学领域,如自动控制、图像处理、模式识别和信号处理等诸多领域,同样人工神经网络也被应用于水质评价中。目前,水质评价的人工神经网络方法主要有以下几种:BP 神经网络水质评价、RBF 网络水质评价、模糊神经网络水质评价、SOM 神经网络水质评价、Hopfield 网络水质评价等。而现在最常用的便是 BP 神经网络水质评价。水质评价的 BP 神经网络模型需要经历两个阶段:学习阶段和评价阶段(工作阶段)。在学习阶段,用已知的样本对神经网络进行训练,使网络的误差控制在允许的范围内,得到网络各层的最佳权值和阈值,这些值"记忆"了水质评价的规则。在评价阶段或工作阶段,将要评价的水质参数输入到网络中,通过学习阶段"记忆"的规则,将水质评价结果正确地输出。这样即是一个完整的神经网络水质评价过程。

6.4.6 各种评价方法的优缺点

各种评价方法的优缺点如表 6-5 所示。

表 6-5 各种评价方法的优缺点

类型	评价模型	优点	缺点
确定性模型	单因子等标污染指数法	(1)操作简单,计算方便; (2)能够直观地判断出综合水质是否达到功能区目标	(1)评价结果过于保护,不利于不同断面的水体水质比较; (2)不能判断综合水质类别
	综合指数法	可以得出综合的评价指数,得出较为接近真实的水质状况,而且计算简单、可操作性强,还能对劣 V 类水质进行评价,判断水体是否黑臭	它将环境质量硬性分级,没有考虑环境的客观模糊性,而且由于数据的不完全和不确定,评价结果不全面
	灰色关联分析法	考虑了水质分级界线的不确定性,可以避免分级临界值附近的实测浓度值的微小变化可能导致的评价结果级别归属的改变,使水质评价结果更加准确	当评价指标过多时,指标权重的归一化可能使某些指标分得的权重很小,从而忽略了这些指标在评价中的作用,分辨率低,对劣 V 类水质的评价偏保守
	模糊综合评价法	通过精确的数字手段处理模糊的评价对象,能够客观地反映水质的实际状况,评价结果科学客观	计算复杂,对指标权重矢量的确定主观性较强,信息损失多,有可能会评价失败,对劣 V 类水质的评价偏保守
不确定性模型	层次分析法	一种定性和定量分析相结合的评价方法,它将评价者对复杂系统的评价思维过程数字化,具有较强的逻辑性、实用性和系统性	完全不考虑层次权值之间的关联性,因而导致分辨率降低,评价结果出现不尽合理的现象,对劣 V 类水质的评价偏保守
	主成分分析法	能从众多的污染因子中筛选出主要污染因子,对数据进行简化,方便计算,能够全面、客观地反映水资源各项指标的综合污染程度	
	人工神经网络法	有算法简单、运算速度快、受外界影响小等特点,而且与真实结果相符度高,评价结果可信度高	收敛速度慢、网络对初始值敏感、容易陷入局部极小值,学习因子和记忆因子的选择通常取决于经验,直接影响预测效果

6.5　水质模拟预测

水质预测中常用的模型方法有：机制性水质预测方法，包括 QUASAR 模型、QUAL 模型、MIKE 模型、WASP 模型；非机制性水质预测方法，包括灰色模型、人工神经网络模型、指数平滑法预测。

6.5.1　QUASAR 模型

6.5.1.1　模型简介

QUASAR(Quality Simulation Along River System)是一维动态水质模型，适用于模拟混合良好的支状河流。该模型是由英国 Whitehead 建立的贝德福乌斯河水质模型发展起来的，并成功地应用于英国 LOIS 工程，它包括 3 个部分：PC－QUASAR、HERMES 和 QUESTOR。QUASAR 模型用含参数的一维质量守恒微分方程来描述支状河流动态传输过程。PC-QUASAR 和 QUESTOR(Quality Evaluation Simulation Tool for River System)可随机模拟大的支状河流体系，这种河流受污水排放口、取水口和水工建筑物等多种因素影响。QUASAR 可同时模拟水质组分生化需氧量(BOD)、溶解氧(DO)、硝氮、氨氮、酸碱度(pH)、温度和一种守恒物质的任意组合。

QUASAR 模型首先将模拟河道划分为一系列非均匀流河段，再将河段划分为若干等长的完全混合计算单元。河道数据以河流段组织，同一河段具有相同的水力、水质特性和参数，各河段的水力、水质特性则各不相同。作为污染物迁移的特点是：在无回流的河段，上游每一个节点排入河流的污染物对下游每一个断面的水质都会产生影响，而下游的污染物对上游断面水质却不会产生影响。

6.5.1.2　应用实例

QUASAR 模型各组分及模型过程如图 6-1 所示。

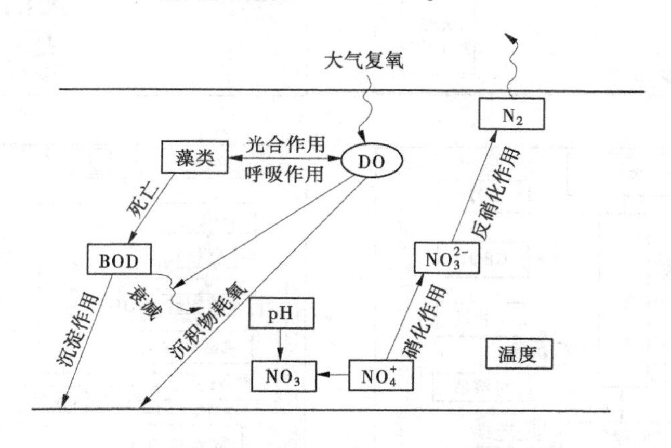

图 6-1　QUASAR 模型各组分及模型过程

河段中硝氮浓度受硝化作用和除氮作用的影响，氨氮浓度受硝化作用的影响而减少；河流中溶解氧浓度的影响因素包括藻类的光合作用和呼吸作用、沉积物的耗氧、大气复氧、硝化作用耗氧和 BOD 耗氧;BOD 浓度的影响因素包括 BOD 衰减、沉淀作用及藻类死亡。

在每一河段上游,即该河段每一计算单元,所有流入或排出该河段的流量应用简单的流量和质量平衡方程,使这样的输入、输出流量产生的影响纳入考虑范围。因此,获得每一单元流量与被模拟因素平衡方程的解,可作为下一单元的输入值。河段末端单元的计算结果作为下一河段的上游影响而储存起来。在动态模式中,每一时间步长执行一次计算,而在随机模式中,模型则需从输入分布任意选值并运行 30 个时间步长,直到得出满意的结果。

6.5.2 QUAL 模型

6.5.2.1 模型简介

20 世纪 70 年代,美国提出了 QUAL 模型体系,分别提出了 QUAL-Ⅰ水质综合模型、QUAL-Ⅱ模型,之后该模型体系得到不断发展,经历 QUAL2E 版本之后,对模型进行进一步升级,2000 年推出了 QUAL2K 版本,该版本能较好地模拟预测水质,具有较好的实际应用价值。QUAL 系列模型经历了几十年的发展历程,在水质模拟预测上有了广泛应用,特别是 QUAL2K 版本,具有功能齐全、界面规范和数据量小等特点,因而有望得到广泛的应用。美国环保局(USEPA)的 QUAL2E 模型在河流水质模拟中使用得最为广泛,这个模型面市于 1970 年,并且相继经历了几次修改,如图 6-2 所示。

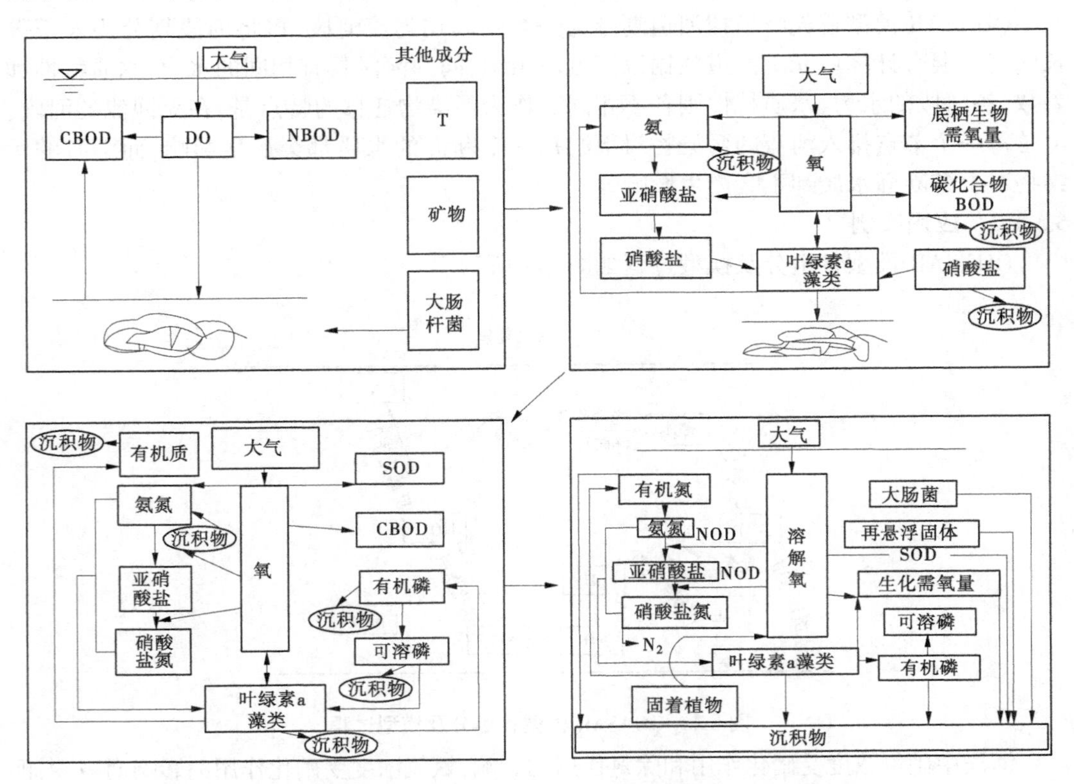

图 6-2　从 QUAL-Ⅰ到 QUAL2K:河流系统水质模型的演化

6.5.2.2　应用实例

根据汉江中下游的污染特征,且为了更好地比较两个模型结果的差异,在水质评价与预测中,选择 BOD 作为预测因子。模拟中,QUAL2E 模型使用 USEPA 的 QUAL2E 软件,方程使用 QUAL2K 模型的 BOD 方程。汉江干流的起点定为丹江口坝下,终点为汉江河口,全长 619 km。模拟中除了藻类呼吸和反硝化作用,在 QUAL2E 模型中所使用参数的值和 QUAL2K 模型中的相同。

水质模型的拟合采用汉江中下游 1995 年丰水期水质监测资料,使用平均值。由图 6-3 可见,两个模型与实测监测结果均拟合得好,但 QUAL2K 模型比 QUAL2E 模型拟合的效果更好,QUAL2K 模型和 QUAL2E 模型的最大相对误差分别为 12.9%和 14.4%。误差在 130 km 之前较小,均小于 3%,之后逐渐增大。

为了验证模型的适用性与可靠性,以汉江中下游 2000 年平水期水质实测结果与模拟结果进行验证(见图 6-4)。QUAL2K 模型和 QUAL2E 模型的最大相对误差分别为 10.63%和 8.51%,误差在 170 km 之前较小,均小于 3% ,之后逐渐增大。

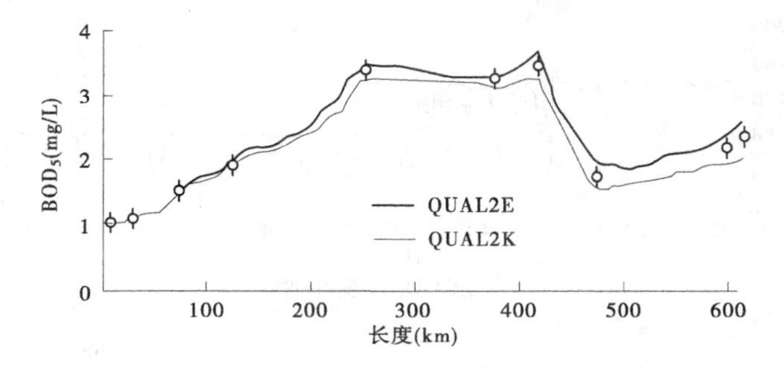

图 6-3　汉江中下游水质模拟模型与 1995 年丰水期资料率定结果

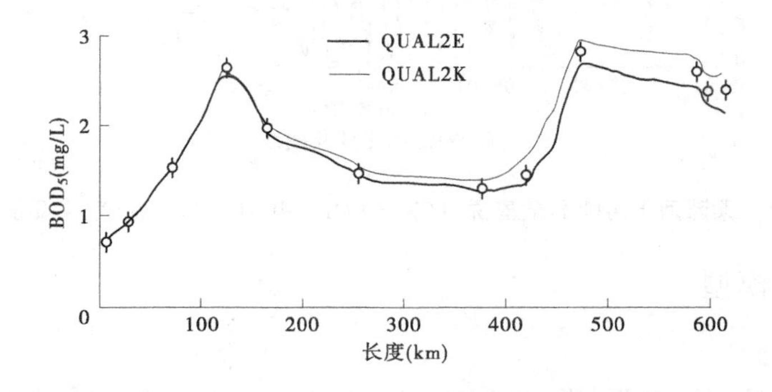

图 6-4　汉江中下游水质模拟模型与 2000 年平水期资料验证结果

6.5.3　MIKE 模型体系

6.5.3.1　模型简介

MIKE 模型是由丹麦水动力研究所开发提出的,主要包括 MIKE11、MIKE21 和 MIKE31 等。最早的 MIKE11 模型是一维动态模型,可用于模拟河口、河网和滩涂等的水动力情况;MIKE21 是二维动态模型,用来模拟预测忽略垂向变化的湖泊、河口和海岸地区的水质，在平面二维自由流场中，该模型具有较强的功能；MIKE31 模型是三维动态模型，与 MIKE21 类似，可用于处理三维空间。

6.5.3.2　应用实例

MIKE11 Ecolab 模型是一个开放性的通用工具，可用来定制水生态模型，模拟水质、富营养化、重金属和生态状况等，也可用来描述水生态系统中多种物质的相互作用和形态转化过程。水质模型所需的输入数据包括流域近年来水质监测数据、点源和非点源污染负荷数据等。模型需要的一些常数性参数包括降解常数、温度系数、沉降速率、再悬浮率、沉降临界速率、氧生产率、呼吸速率、底泥需氧量、耗氧速率（如在硝化阶段）等。

以 2007 年全年作为水质模型的率定期，得出扩散系数为 10 m/s，20 ℃时 COD_{Cr} 一级降解速率为 0.06/d，BOD_5 一级反应速率为 0.17/d，有机物沉积（再悬浮）的临界流速为 0.3 m/s，COD 再悬浮速率为 0.2 g/m^2。图 6-5 为水质率定结果的梁滩河上游断面童善桥 2007 年 COD_{Cr} 和 NH_4-N 模拟值、实测值比较。由图 6-5 可看出，各监测站的污染指标 COD_{Cr} 和 NH_4-N 2007 年全年模拟结果均与实测结果一致，表明模拟值与实测值吻合较好。

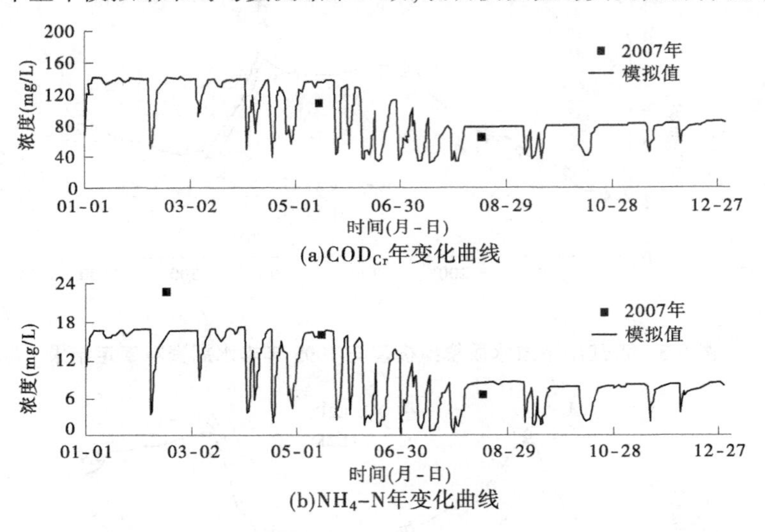

图 6-5　梁滩河上游断面童善桥 2007 年 COD_{Cr} 和 NH_4-N 模拟值、实测值比较

6.5.4　WASP 模型

6.5.4.1　模型简介

WASP（The Water Quality Analysis Simulation Program）模型是应用最广泛的水质模型之一，最早由美国环保局开发出来，能够应用于自然或人为污染造成的各种不同水环境中，如地表河流、湖泊、水库、河口及海岸等，也可针对各种不同水质目标进行模拟，如溶解氧 DO、生物耗氧量 BOD、总磷、总氮、浮游生物以及金属离子等，被称为万能水质模型。WASP 模型最早开发于 1983 年，主要经历了两个发展阶段。第一个发展阶段是 WASP5 系列模型，它基于 DOS 系统运行，主要用于建模和验证。后来经过不断的总结创新开发，推出了 WASP6 系列模型，开始成为美国环保局最完整实用的水质模型之一。WASP6 已

经可以基于 Windows 系统进行可视化操作,计算效率大大提升,随后,新版本 WASP7 被开发出来。

现在广泛应用的 WASP7 模型的主要特点为:基于 Windows 操作系统的可视化用户界面,界面友好,使用方便;能够与多种水动力程序,如 EFDC、RIVMOD、SED3D 等对接;能模拟水体中含有的绝大部分污染物;输出结果的形式多样化,既可以图形显示,也可输出表格数据。

WASP 模型的局限:WASP 软件内嵌一维水动力模型 DYNHYD5 采用显式差分格式求解,从稳定性和精度考虑,其时间步长、空间网络局限性明显,对于定性分析不一定适用; DYNHYD5 水动力模块不具有模拟水利工程运行的功能;模型本身对沉积通量的计算过于简单,且没有考虑浮游动物的影响。

6.5.4.2　应用实例

曲江池位于西安市东南部,水面南北纵长为 1 088 m,东西宽窄不等,最宽处为 552 m,是集休闲度假、旅游观光为一体的功能性区域。由于西安市经济发展迅速,人为污染不断加剧,近年来曲江池水质下降。

应用 WASP 模型的子模块 EUTRO 对曲江池水质现状进行模拟,并通过对比模拟值与实测值验证该模型的适用性。曲江池内无点源污染排入,污染源主要来自雨水和地表径流两方面。雨水污染可由降雨量和雨水水质计算得出,而地表径流污染主要是水体中所包含的污染物在曲江池引水时被带入水系内所造成的。在时间概化中,考虑到研究中水质预测的目的以及水文、水质实际数据的可获得性,确定以天为时间尺度,模拟曲江池水质变化。在空间概化中,根据曲江池水系的水域面积、地理特征、水流方向等具体情况,将该水系概化为 13 个区段,鉴于水系为景观湖用水,垂直方向不再分层。曲江池湖段略成矩形,水流自北向南流入曲江池,主要以纵向流动为主,水流速度均匀。综合以上特点,研究中对曲江池做二维模拟。

模拟结果显示,NH_3-N、NO_3-N、DO 模拟值与实测值的平均相对误差分别为 21.5%, 20.5% 和 2.6%。采用 WASP 模型对曲江池水质的模拟误差较小,满足水质模型模拟的要求。

6.5.5　灰色模型

6.5.5.1　模型简介

灰色系统理论(Grey System Theory)是由华中理工大学邓聚龙教授提出的,由灰色系统建模理论、灰色控制理论、灰色关联分析理论、灰色预测方法、灰色规划以及灰色决策方法等共同构成的一套系统科学理论。在水环境规划管理中灰色理论及其相关模型得到了广泛的应用。河流水质预测是计算水污染物容许排放量、制定地面水水质标准的主要依据之一,是区域水资源保护和环境评价不可缺少的组成部分。现实中,由于难以获得完整系统的污染源调查统计资料,加之流域水质信息的不完全性,给预测方法的使用带来了很大困难。为此,需要一种实用的、能获取流域水质变化趋势的水质预测的模型。灰色预测正是为了解决上述问题而开发的预测方法。它用生成模块的方式建立微分方程模型,可从少量的、离散的、杂乱无章的数据中找出规律性,并且具有良好的动态效应。

灰色系统分析方法对于信息不完整的实际情况具有良好的适用性。灰色理论认为，任何随机过程都可看作是在一定时空区域变化的灰色过程，随机应变量可看作是灰色量，无规律的离散时空数列是潜在的、有规律序列的一种表现。因而，通过生成变换可将无规律序列变成有规律序列，就可以较好地解决这个问题。其中GM(1,1)模型在水质预测中得到了较为广泛的应用。

6.5.5.2 应用实例

运用灰色预测模型以渭河流域林家村断面2000~2004年水质主要污染物溶解氧DO、高锰酸指数COD_{Mn}、氨氮NH_3-N为例，说明灰色预测模型在渭河水环境信息系统中的应用。通过灰色预测模型GM(1,1)公式计算，得到了各个预测项目的灰色预测模型值。

所建立的渭河流域林家村断面的水质主要污染物DO、COD_{Mn}、NH_3-N的灰色预测模型经残差、关联度、后验差三种检验合格，精度较高，可直接用于该断面未来时间的水质预测。

6.5.6 人工神经网络模型

6.5.6.1 模型简介

神经网络的研究可追溯至19世纪末期，其发展历史可分为四个时期。第一个时期为启蒙时期，开始于1890年美国著名心理学家W.James关于人脑结构与功能的研究，结束于1969年M.Minsky和S.Papert发表《感知器》一书。第二个时期为低潮时期，开始于1969年，结束于1982年J.J.Hopfield发表的著名文章《神经网络和物理系统》。第三个时期为复兴时期，开始于Hopfield的突破性研究论文，结束于1986年D.E.Rumelhart和J.L. McClelland领导的研究小组发表的《并行分布式处理》一书。第四个时期为高潮时期，以1987年首届国际人工神经网络学术会议为开端，迅速在全世界范围内掀起人工神经网络的研究应用热潮，至今势头不减。

神经网络与传统的计算机方法相比，具有大规模信息处理能力、分布式联想存储、自学习及自组织的特点。作为一个高度的非线性动力系统，即使对于同一种网络结构，其既可处理线性问题，又可处理非线性问题，且具有很强的容错能力。它在求解问题时，对实际问题的结构没有要求，不必对变量之间的关系做出任何假设。以上的诸多特点使得神经网络对于现实世界许多模糊性、随机性或不确定性问题的解决提供了一条良好的途径。

由于影响河流水质的因素有物理、化学、水利学、生物学以及气象学等很多因素，现有的基于数学表达式的水质预测模型很难将这些因素都考虑进去。另外，随着点源污染治理水平的逐步提高，非点源污染的比重和危害将逐步增大。与点源污染相比，非点源污染的发生具有随机性，污染物的来源和排放点不固定且具有间歇性、污染负荷的时间变化和空间变化幅度大等特点。现有的非点源污染模型基本上是以水文模型为基础的，用其进行水质预测的误差较大。而人工神经网络是一种与模型无关的估计器，用它进行水质预测，既适用于点源污染，也适用于非点源污染，而且具有预测精度高、参数修正自动化等特点。神经网络具有的学习能力使得在建立水质模拟模型时，避免了机制分析、边界与初始假设，以及参数估计与识别的复杂过程和某些困难，只需对实例数据进行模式训练，即可确立输入、输出的映射关系,使建模过程得以简化。由于避免了传统方法中对某些条件的假设及个别参数的估计,从而使预测精度得到进一步提高。

6.5.6.2　应用实例

钱塘江流域水质指标的监测数据样本来源于2004年6月至2005年4月浙江省某行政交界断面水质自动监测站对9项指标的实际监测数据。9项指标分别为水温、pH、溶解氧(DO)、电导率(EC)、浊度(TU)、氨氮(NH_3-N)、化学需氧量(COD)、总磷(TP)、总氮(TN)。各项水质指标的监测周期为1 h,即各监测数据均以小时数据的形式保存在数据库中。为反映水质长期变化的规律,把各项水质指标在24 h内的24个数据进行取平均压缩,并剔除无效数据,得到平均数据,以此作为样本来训练神经网络。为了保证神经网络对样本具有足够的输入敏感性和良好的拟合性,根据监测数据的最大值和最小值,对各样本数据进行如下预处理。

运用Matlab6.5神经网络工具箱,利用LM优化算法构建神经网络。2004年6月至2005年4月共有300组有效数据。取250组作为样本训练神经网络模型,50组作为预测对比数据。基于预测模型,根据已知的6 d数据来预测后面1 d的变化趋势。采用该预测模型能够得到大部分水质指标的较好的预测值,相对误差的绝对值小于6%,满足水质预测的要求。基于BP神经网络LM算法的水质指标预测模型,具有预测精度较高、速度较快的特点,能够有效地应用于水质指标变化趋势的预警预报系统中。

第 7 章　非常规水资源利用

7.1　非常规水的利用

7.1.1　非常规水的分类

非常规水资源是相对于常规水资源提出的一个概念。目前，对于非常规水资源仍没有明确的界定，一般而言，区别于高质量地表水、地下水的水资源都可以划入该范畴，如城镇污水、微咸水、矿坑水、海水以及来自大气的水（雨、雪、冰、空气水）等均可以被认为是非常规水资源；非常规水资源也可以称为非传统水源、边缘水等。充分利用非常规水是解决城市缺水问题的必要手段。

目前，按照非常规水资源的收集途径，可将其分为如下几类。

7.1.1.1　雨水

雨水主要是指城市雨洪的利用。城市的道路、建筑物、屋顶、公园、绿化地等都是截留雨水的好场所。降雨形成的大量径流一般都是汇集到排污管道或沟道，白白流走。在城市中汇集的雨洪一般有毒物质含量较低，经过简单沉淀处理即可用于灌溉、消防、冲厕、冲洗汽车、喷洒马路等。随着城市绿化覆盖率日益增加，灌溉、洗车及其他清洁用水量将大大增加。因此，必须重视城市雨水的利用。

7.1.1.2　劣质水

劣质水包括含有一定盐分的地下水（即微咸水）、经处理的城市生活污水和某些工业废水（即再生水），可以用作灌溉或供给、工业、生活、环境之用。

微咸水是地下微咸水的简称，按照矿化度划分。在水资源评价工作中，一般将矿化度 $M<2$ g/L 的地下水称为淡水，矿化度 2 g/L $\leqslant M<3$ g/L 的地下水称为微咸水，矿化度 $M\geqslant3$ g/L的地下水称为咸水。有时，也将矿化度 3 g/L $<M\leqslant5$ g/L 的地下水称为半咸水，矿化度 $M>5$ g/L 的地下水称为咸水。

7.1.1.3　海水

海水利用包括直接利用海水和海水淡化。总的来说，海水淡化的成本仍较高。随着科学技术的发展，其成本必然会进一步降低，不久的将来，淡化海水将成为沿海地区的一种有实用价值的水资源。

7.1.1.4　回归水

国际上对灌溉回归水的利用十分重视，早在 1977 年，美国就主持召开了灌溉回归水质管理会议，总结了各地利用回归水的经验，研究回归水中氮的含量、回归水的管理以及灌溉回归水模型等。我国灌区的回归水量大，特别是南方水稻种植地区，回归水的含盐量很小，可以汇集后再次利用。但在我国西北干旱地区，这方面的利用不多。

7.1.1.5　土壤水

从某种意义上讲,土壤犹如一个天然的蓄水库,可存蓄雨水和灌溉水。通过改进耕作方式和种植制度,采取覆盖措施、添加保水剂和抑制蒸发药物等,增加土壤蓄水、保墒能力,达到节约灌溉用水的目的。我国在这方面已有不少经验,如在覆盖条件下进行灌溉和保墒技术、土壤墒情监测和预报新技术等。

7.1.1.6　雾水和露水

在特殊的环境条件下,可从雾水和露水中取得一定的水量,以供生活、畜牧用水、植树或供作物生长之用。除植物直接利用以外,可以用人工表面或简单的装置使雾和露凝固成水。

7.1.1.7　疏干水

疏干水,也称矿井水,来自于地下水系统,主要是指在矿产资源(尤其是煤炭资源)开采过程中从岩层中涌出而流入矿井或矿坑的地表水或地下水。大部分疏干水在不同程度上存在杂质和污染物质,需要经过净化处理后才能被生产和生活利用。疏干水水源工程的特点是多点分散但单点规模不大,水质一般不满足工业生产、生活或者水生态保护标准,需经过处理后才能使用,且要保证供水保证率,调度运用必须严格、正规,充分考虑供水风险。

7.1.2　非常规水利用的作用及意义

在全球传统水资源匮乏的背景下,非常规水利用状况已成为一个地区水资源开发利用先进水平的重要标志。我国是一个严重干旱缺水的国家,淡水资源总量占全球水资源的6%,仅次于巴西、俄罗斯和加拿大,水资源总量相对比较丰富,为2.8万亿 m^3,但人均水资源量只有2 300 m^3,仅为世界平均水平的1/4,是全球人均水资源最贫乏的国家之一。因此,有必要探讨非常规水资源的开发利用及其存在问题。

目前,水资源短缺与人口、环境、能源问题一样,已成为很多国家和地区面临的四大危机之一,提高水资源利用效率、保障水资源的可持续发展刻不容缓。从当前中国经济社会发展来看,水资源量正迅速接近承载力的上限,水资源短缺问题,将越来越成为我国农业和经济社会发展的制约因素。

以再生水、疏干水和微咸水等为主要类型的非常规水资源是常规水资源的重要补充,经处理后达到相应水质标准的非常规水资源可以用于工业、农业、牧业、城市环境、河湖生态等各个方面,是未来流域水资源配置的重要组成部分。水资源量的管理过程中,必须将资源化纳入整体考虑,只有如此才能统筹各种水资源,有利于水资源供需矛盾的解决。

7.1.3　旱区非常规水利用的方式

我国干旱地区非常规水资源利用按分类和用途主要有以下几种。

7.1.3.1　污水利用

城市污水资源化就是将污水进行净化处理后,进行直接的或间接的回用,使之成为城市水资源的一个组成部分。这样做既可以消除对水环境的污染,又可促进生态的良性循环。由于立足当地,不受其他客观因素的牵制,污水再生利用比较容易实施,而且还有利于对过量开采地下水而引起的大面积沉降的地区进行及时的控制。

当今世界上不少国家多年实践证明,它已被成功地用作工业冷却水、工艺用水、锅炉补给水、洗涤水、消防用水、市政系统用水、农业灌溉用水、绿化用水、渔业用水和生活杂用水(冲厕)等多种用途,而其经济上的费用经常低于开辟新鲜水源。如日本从20世纪60年代开始将处理后的城市污水回用于工业,后来,又发展供公共杂用水的中水道,到1983年,已建中水设施437处,美国大峡谷景区也有中水冲厕的实例。

国内污水资源化的研究和实践表明,城市污水经二级处理后,是弥补农业用水不足的可靠保证,城市污水回用于工业,可以针对不同用途,将一级或二级出水进行补充处理(深度处理)后,用作工业上的冷却水、锅炉用水和工艺上的洗涤杂用水等。

7.1.3.2 雨水利用

雨水利用对于干旱地区气候调节、补充地区水资源和改善及保护生态环境起着极为关键的作用,因此雨水利用是干旱地区实现水资源可持续发展的一条重要途径。将雨水就地收集、就地利用或回补地下水,可减轻城市河湖的防洪压力,防止城市排涝设施不足导致的城市雨水排泄不畅和洪涝灾害的发生;削减雨季洪峰流量、维持河川水量、增加水分蒸发、改善生态环境;减少或避免马路及庭院积水、改善小区水环境、提高居民生活质量。利用雨水补充地下水资源也是比较经济的方法。欧美发达国家于20世纪60年代已经开始旱区雨洪资源利用,雨水资源化技术及程度较高,主要包括雨水资源化技术、制定雨水资源化相关法律法规等措施,形成并完善城市雨水资源化利用体系,最为典型的是屋顶蓄水系统和由入渗池、井、草地、透水地面等组成的径流回收灌溉系统,收集雨水可用于洗车、冲厕、浇洒庭院、洗衣和地下水回灌等生产生活用水。

7.1.3.3 矿坑水利用

据不完全统计,我国煤矿每年排水总量达38亿 m^3,但利用率低于30%。离国务院提出的75%综合利用率还有差距。矿坑水资源化利用,是解决矿区水资源紧张的必要途径。以宁夏为例,该地区矿产资源分布广泛,仅宁东煤田探明的储量就达292.29亿t,占宁夏全区保有总量的88.8%。根据资料,仅宁东煤田的矿坑水约在1 302.54~1 953.8 m^3/h。

矿坑水开发利用工程主要包括集水系统、调蓄设施和净化处理设施,其开发利用的主要用水方向是满足煤炭企业生产和生活用水量需求、补充常规水资源的不足,利用途径主要有生产用水、工业用水、矿区生活用水、消防用水、绿化用水以及排放到河流、湖泊等水体,开发利用工程和设施与疏干水的水量和水质密切相关。

干旱地区矿坑水利用的一般原则是就地使用、就近使用、优水优用、分质供水,其处理方式一般为沉淀、过滤、消毒,要考虑的因素主要是供水安全和经济因素。

7.1.3.4 微咸水的农业利用

旱区微咸水利用主要包括微咸水直接灌溉、咸淡水混灌和咸淡水轮灌。微咸水灌溉技术的关键是把握好满足作物对水分的需求与控制盐分危害的关系。在开发利用工作中,应综合分析微咸水利用的利弊,进行动态监测,做好土壤含盐量和水质分析,为微咸水的综合开发利用和生态安全评价提供科学依据。微咸水资源评价,除对其总量进行评价外,更重要的是对可开发利用的微咸水资源潜力进行合理评价,估算出微咸水资源量,确定合理的开发量,同时也要重视对微咸水利用的综合效益评价。

7.2 再生水回用

7.2.1 再生水回用的作用和意义

再生水是干旱地区数量分布最为集中、利用条件最为便利的非常规水源。再生水的水量和水质是与城镇生活及工业用水量、废污水排放量、污水收集率和处理率、污水处理工艺与技术、再生水用户等因素直接相关的。再生水回用的作用与意义有以下几点。

7.2.1.1 再生水回用,可以缓解水资源的供需矛盾

推行城市污水资源化,把处理后的污水作为第二水源加以利用,是合理利用水资源的重要途径,可以减少城市新鲜水的取用量,减轻城市供水不足的压力和负担,缓解水资源的供需矛盾。这对缺水城市来说意义更为重大。

7.2.1.2 再生水回用,体现了水的"优质优用,低质低用"的原则

事实上,并非所有用途的水都需要优质水,而只需满足一定的水质要求即可。以生活用水为例,其中用于烹饪、饮用的水约占5%左右,而对占20%~30%不同人体直接接触的生活杂用水并无过高水质要求。再生水回用体现了水的"优质优用,低质低用"的原则。为了避免市政、娱乐、景观、环境用水过多占用居民生活所需的优质水,美国佛罗里达州规定:这些"用户"必须采用能满足其水质要求的较低水质的水源,即原则上不允许将高一级水质的水用于要求低一级水质的场合。

7.2.1.3 再生水回用,有利于提高城市(包括工业企业)水资源利用的综合经济效益

首先,城市污水和工业废水水质相对稳定,不受气候等自然条件的影响,且就近可得、易于收集。再生水回用所需的投资及年运行管理费用一般低于长距离引水所需的相应投资和管理费用。污水处理利用减少了污水排放量,减轻了对水体的污染,并能使部分被污染的水体逐渐更新,可以有效保护水源,相应降低该水源的水处理费用。

7.2.1.4 再生水回用,是环境保护、水污染防治的主要途径,是社会、经济可持续发展战略的重要环节

再生水回用,同目前倡导的"清洁生产""源头削减"和"废物减量化"等环境保护战略措施是不可分的。事实上再生水回用,也是污水的一种"回收"和"削减",而且水中相当一部分污染物质只能在水回用的基础上才能回收。由再生水回用所取得的环境效益、社会效益和经济效益一般都很大,其间接效益和长远效益难以估量。

7.2.2 再生水回用的可行性、方式和回用分类

7.2.2.1 再生水回用的可行性

再生水回用的可行性表现在以下几个方面:

(1)水源稳定。第一,相比其他水源而言,城市污水水源方便易得,无异于就地取水。第二,不受洪枯水文年变化的影响。污水是人类取水利用之后的排放水,污水的产生量是与用水人口和工业规模紧密相关的。只要人们生活水平不发生急剧的变化,不管是洪枯

水文年,排放的污水量是相当稳定的。第三,比自然水源更为可靠,不易受自然变化和人为事故的影响。一般来说,城市污水是从用水户排出以后通过污水管网收集送至污水处理厂,基本上不受地面污染源和意外事故的影响。

(2)水质安全。再生水对水质要求较高,在卫生毒理学指标上是安全的,有机物及还原性物质代表指标 BOD_5、COD_{Cr}等均满足循环冷却补充水、景观用水、河流生态水质标准的要求。

(3)供水系统安全可靠。再生水供水系统有与自来水系统平行的独立的供水系统和管网,再生水供应出现问题时,可以临时改由自来水供应,确保供水系统的安全可靠。

(4)污水资源化的技术已经比较成熟,新的处理技术也不断涌现。国内外相关的标准,进一步保障了水质的安全卫生要求。随着人们对水资源短缺的认识日益深刻,对于冲厕、绿化等不与人体直接接触的杂用水,人们普遍赞成使用再生水。

7.2.2.2　再生水回用的方式

再生水回用分为间接回用和直接回用两种类型。

(1)间接回用。水经过一次或多次使用后成为生活污水或工业废水,经处理后排入天然水体,经水体自然净化,包括较长时间的储存、沉淀、稀释、日光照射、曝气、生物降解、热作用等,再次使用,称为间接回用。间接回用又分为补给地表水和人工补给地下水两种方式。

①补给地表水:污水经处理后排入地表水体,经过水体的自净作用再进入给水系统。

②人工补给地下水:污水经处理后人工补给地下水,经过净化后再抽取上来送入给水系统。

(2)直接回用。直接回用是由再生水厂通过输水管道直接将再生水送给用户使用,直接回用有三种通用的模式。

①在再生水厂系统敷设再生供水管网,与城市供水管网一起形成双供水系统。一部分专供工业低质用水使用,如日本名古屋市的工业用水系统,由该市污水处理厂的出水作为水源;另一部分专供城市绿化和景点使用,如美国的加利福尼亚有 128 处铺设的管网专供城市灌溉之用,主要用于灌溉草地,其灌溉效果比自来水好,价格也比自来水低。

②由再生水厂敷设专用管道供大工厂使用。这种方式用途单一,比较实用。

③大型公共建筑和住宅楼群的污水,就地处理、回收、循环再用。这种方式在日本、美国被普遍推广使用,大部分是商业办公楼、购物中心和学校;在新加坡裕隆工业区一幢 12 层公寓大楼使用这种方式,服务人口为 25 000 人。

直接回用与间接回用的主要区别在于,间接回用中包括了天然水体的缓冲、净化作用,而直接回用则没有任何天然净化作用,对再生水厂的处理水质要求较高。

7.2.2.3　再生水回用分类

目前,再生水回用主要用于以下几方面。

1. 回用于农业

通过加强对工业污染源的控制,将城市生活污水经二级处理后,回用于农业是十分有利的。一方面可以供给作物需要的水分,减少农业对新鲜水的消耗;另一方面,可利用污水的肥效(城市污水中含氮、磷、有机物等),利用土壤 - 植物系统的自然净化功能减轻污染。再生水用于农业应按照农灌的要求安排好再生水的使用,避免对污灌区作物、土壤和地下水带来的不良影响。

2. 回用于工业

再生水在工业中的主要用途有:①循环冷却系统的补充水,如电厂的循环冷却水系统、钢铁厂的工业冷却水;②直流冷却系统用水,包括水泵压缩机和轴承的冷却、涡轮机的冷却以及直接接触冷凝等用水;③锅炉水等工艺用水;④冲洗和洗涤水,洗煤厂冲洗、灰渣喷淋用水等;⑤杂用水,包括厂区绿化、浇洒道路、消防与除尘等。

工业用水一般占城市供水量的80%左右,而冷却水占工业用水的70%~80%或更多,如电力工业的冷却水占总水量的99%,石油工业的冷却水占90.1%,化工工业占87.5%,冶金工业占85.4%。冷却水用量大,但对水质要求不高,用再生水作为冷却水,可以节省大量的新鲜水。因此,工业用水中的冷却水是城市污水回用的主要对象。

3. 回用于城市杂用

(1)生活杂用水和部分市政用水,包括居民住宅楼、公用建筑和宾馆饭店等冲洗厕所、洗车、城市绿化、浇洒道路以及建筑用水、消防用水等。

(2)环境、娱乐和景观用水。

再生水回用于城市杂用时,应考虑供水范围不能过度分散,最好以大型风景区、公园、苗圃、城市森林公园为回用对象。从输水的经济性出发,绿地浇灌和湖泊河道景观用水宜综合考虑,采用河渠输水、冲洗车辆用水和浇洒道路用水应设置集中取水点。从环境质量考虑,景观用水应保持城市地表水的环境质量,注意防止水体富营养化的发生,在使用中可因地制宜地采用水生植物净化措施或人工曝气处理措施,以维护水体的水质符合要求。

4. 地下回灌

地下回灌是借助于某些工程设施,将经适当处理后的污水,直接或用人工诱导的方法引入地下含水层去。其目的主要有:①可以减轻地下水开采与补给的不平衡,减少或防止地下水位下降、水力拦截潜水及苦咸水入渗,控制或防止地面沉降及预防地震,还可以大大加快被污染地下水的稀释和净化过程;②将地下含水层作为储水池,扩大了地下水资源的储存量;③利用地下流场可以实现再生水的异地取用;④地下回灌既是一种再生水间接回用方法,又是一种处理污水方法。在回灌过程中,再生水通过土壤的渗透能获得进一步的处理,最后与地下水成为一体。再生水回灌地下的关键是防止地下水资源的污染。

对于地下水人工回灌,美国已创造了多项示范工程或应用实例。如加利福尼亚州橘子县的海水入侵屏障工程,它利用抽出(注入)系统,将污水经二级处理—化学净化—氨解析—混合滤料滤池过滤—活性炭吸附—氯化—反渗透等处理后,出水水质达到地下水水质标准,然后再注入地层,有效地控制了海水入侵。

5. 回用于饮用

再生水回用作为饮用水,有直接回用和间接回用两种类型。直接回用于饮用必须是有计划的回用,处理厂最后出水直接注入生活用水配水系统。此时必须严格控制回用水质,绝对满足饮用水的水质要求。间接回用于饮用水是在河道上游地区,污水经净化处理后排入水体或渗入地下含水层,然后又作为下游或当地的饮用水源。目前世界上普遍采用这种方法,如法国的塞纳河、德国的鲁尔河、美国的俄亥俄河等,这些河道中的再生水量比例为13% ~82%；在干旱地区每逢特枯水年，再生水占河水中的比例更大。美国的弗吉尼亚州的奥克尼水库，在1980~1981年干旱期间，再生水的比例曾高达90%。

7.2.3　再生水回用的水质要求

7.2.3.1　再生水回用的水质指标

污水都不可避免的含有一定的污染物质，因此从总体上讲，回用水水质情况是复杂的。在考虑污水（废水）处理方法和流程及分析处理前后的水质时，都必须根据污（废）水性质和回用用途按一定的水质指标体系进行评价。

再生水回用的水质指标囊括了给水与污水（废水）两方面的水质指标，内容广泛，按性质可以分为以下几个指标。

1. 物理性指标

该指标多以感观性状指标为主，包括浊度（悬浮物）、色度、嗅、味、电导率、含油量、溶解性固体和温度等。

2. 化学指标

化学指标主要包括pH、硬度、金属与重金属离子（铁、锰、铜、锌、铅、铬、镉、镍、锑）、汞、氯化物、硫化物、氰化物、挥发性酚、阴离子合成洗涤剂等。

3. 生物化学指标

（1）生化需氧量（BOD）是以水中有机污染物质在一定条件下进行生物氧化所需的溶解氧量表示，其值受有机物的可生化性及测定时间限制。

（2）化学需氧量（COD）是以重铬酸钾或高锰酸钾作氧化剂对水中有机物进行氧化所消耗的氧量表示，其值接近有机物总量，故大于BOD含量。

（3）总有机碳（TOC）与总需氧量（TOD）都是通过仪器用燃烧法测定水中有机碳或有机物的含量，并可同BOD、COD建立对应的定量关系。

上述水质指标都是反映水污染、污水（废水）处理程度和水污染控制的重要指标，可视具体情况选用或兼用。

4. 毒理学指标

有些化学物质在水中的含量达到一定程度就会对人体或其他生物造成危害。这些物质即属有毒化学物质，并构成水的毒理学指标。毒理学指标包括：氟化物、氰化物、有毒重金属离子、汞、砷、硒、酚类，各类致癌、致畸、致基因突变的有机污染物质（如多氯联苯、多环芳香烃、芳香胺类和以总三卤甲烷为代表的有机卤化物等），亚硝酸盐和一部分农药及放射性物质。

5. 细菌学指标

细菌学指标是反映威胁人体健康的病原体污染指标，如大肠杆菌数、细菌总数、寄生虫卵等，其中大肠杆菌数、细菌总数并不直接表示病原体污染。目前，对各种病毒指标如传染性肝炎等尚缺少完善的检测方法。

6. 其他指标

其他指标包括反映工业生产或其他用水过程对回用水水质具有特殊要求的水质指标。

7.2.3.2　再生水回用的水质标准

回用水质标准是保证用水安全可靠及选择经济合理污水处理流程的基本依据。

1. 再生水回用于农业

农业灌溉回用水水质标准主要取决于卫生学和农学两方面要求。卫生学要求主要指回用水中可能存在的各种病原体（病毒、细菌、原生动物、寄生虫卵）对作业人员和农产品消费者的健康造成的影响；农学要求则为回用水对农作物（数量、质量、生长期等）、土壤（结构、有毒有害物质的积累）和地下水的影响。当再生水用于农田灌溉时，水质应满足《城市污水再生利用农田灌溉用水水质》（GB 20922—2007）的规定，基本控制项目及水质指标最大限制见表7-1，其他选择控制项目及水质指标最大限制具体见上述标准。

表7-1　城市污水再生利用农田灌溉用水水质基本控制项目及水质指标最大限制

（单位：mg/L）

<table>
<tr><th rowspan="2">序号</th><th rowspan="2">基本控制项目</th><th colspan="4">灌溉作物类型</th></tr>
<tr><th>纤维作物</th><th>旱地谷物
油料作物</th><th>水田谷物</th><th>露地蔬菜</th></tr>
<tr><td>1</td><td>生化需氧量(BOD_5)</td><td>100</td><td>80</td><td>60</td><td>40</td></tr>
<tr><td>2</td><td>化学需氧量(COD_{Cr})</td><td>200</td><td>180</td><td>150</td><td>100</td></tr>
<tr><td>3</td><td>悬浮物(SS)</td><td>100</td><td>90</td><td>80</td><td>60</td></tr>
<tr><td>4</td><td>溶解氧(DO)≥</td><td colspan="4">0.5</td></tr>
<tr><td>5</td><td>pH(无量纲)</td><td colspan="3">5.5~8.5</td><td rowspan="4">1 000</td></tr>
<tr><td>6</td><td>溶解总固体(TDS)</td><td colspan="3">非盐碱地地区1 000，盐碱地地区2 000</td></tr>
<tr><td>7</td><td>氯化物</td><td colspan="3">350</td></tr>
<tr><td>8</td><td>硫化物</td><td colspan="3">1.0</td></tr>
<tr><td>9</td><td>余氯</td><td colspan="2">1.5</td><td colspan="2">1.0</td></tr>
<tr><td>10</td><td>石油类</td><td colspan="2">10</td><td>5.0</td><td>1.0</td></tr>
<tr><td>11</td><td>挥发酚</td><td colspan="4">1.0</td></tr>
<tr><td>12</td><td>阴离子表面活性剂(LAS)</td><td colspan="2">8.0</td><td colspan="2">5.0</td></tr>
<tr><td>13</td><td>汞</td><td colspan="4">0.001</td></tr>
<tr><td>14</td><td>镉</td><td colspan="4">0.01</td></tr>
<tr><td>15</td><td>砷</td><td colspan="2">0.1</td><td colspan="2">0.05</td></tr>
<tr><td>16</td><td>铬(六价)</td><td colspan="4">0.1</td></tr>
<tr><td>17</td><td>铅</td><td colspan="4">0.2</td></tr>
</table>

标准中一类：水作，如水稻，灌水量800 m^3/(亩·年)；二类：旱作，如小麦、玉米、棉花等，灌水量300 m^3/(亩·年)；三类：如大白菜、韭菜等。蔬菜品种不同，灌水量差异很大，一般为200~500 m^3/(亩·年)。

2. 再生水回用于工业

冷却水的利用面最广、利用量最大的，一般占 70% ~ 80% 或更多。冷却水系统常遇到结垢、腐蚀、生物增长、污垢、发泡等问题。水中残留的有机质会引起细菌生长，形成污垢、发泡腐蚀；氨的存在影响水中余氯的 TDS，易产生腐蚀，促使细菌的繁殖；钙、镁、铁、硅等造成结垢。工业冷却水水质标准参见《城市污水再生利用　工业用水水质》（GB/T 19923—2005），具体见表 7-2。

表 7-2　再生水用作工业用水水源的水质标准

序号	控制项目	冷却用水		洗涤用水	锅炉补给水	工艺与产品用水
		直流冷却水	敞开式循环冷却水系统补充水			
1	pH	6.5 ~ 9.0	6.5 ~ 8.5	6.5 ~ 9.0	6.5 ~ 8.5	6.5 ~ 8.5
2	悬浮物（SS）（mg/L）≤	30	—	30	—	—
3	浊度（NTU）≤	—	5	—	5	5
4	色度（度）≤	30	30	30	30	30
5	生化需氧量（BOD_5）（mg/L）≤	30	10	30	10	10
6	化学需氧量（COD_{Cr}）（mg/L）≤	—	60	—	60	60
7	铁（mg/L）≤	—	0.3	0.3	0.3	0.3
8	锰（mg/L）≤	—	0.1	0.1	0.1	0.1
9	氯离子（mg/L）≤	250	250	250	250	250
10	二氧化硅（SiO_2）≤	50	50	—	30	30
11	总硬度（以 $CaCO_3$ 计，mg/L）≤	450	450	450	450	450
12	总碱度（以 $CaCO_3$ 计，mg/L）≤	350	350	350	350	350
13	硫酸盐（mg/L）≤	600	250	250	250	250
14	氨氮（以 N 计，mg/L）≤）	—	10	—	10	10
15	总磷（以 P 计，mg/L）≤）	—	1	1	1	1
16	溶解性总固体（mg/L）≤	1 000	1 000	1 000	1 000	1 000
17	石油类（mg/L）≤	—	1	—	1	1
18	阴离子表面活性剂（mg/L）≤	—	0.5	—	0.5	0.5
19	余氯（mg/L）≥	0.05	0.05	0.05	0.05	0.05
20	粪大肠杆菌（个/L）≤	2 000	2 000	2 000	2 000	2 000

注：1. 当敞开式循环冷却水系统换热器为铜质时，循环冷却系统中循环水的氨氮指标应小于 1 mg/L；

2. 加氯消毒时，为管末梢值。

（1）生产工艺低质用水。工艺生产过程，对水质要求相对低的用水，如洗涤、冲灰、除尘等用水。再生水用于工艺低质用水，一般仅需对城市污水厂二级处理的出水，增加过滤和消毒等补充处理，目的是去除悬浮固体和微生物絮体（菌胶团）等。

（2）用于锅炉补充水。必须经软化、除盐等处理。

3. 再生水回用于城市景观及杂用水

从环境质量考虑，景观用水应保持城市地面水的环境质量。我国制定了《城市污水再生利用景观环境用水水质》（GB/T 18921—2002），适用于以景观环境、观赏性景观环境、娱乐性景观环境用水。再生水作为景观用水时，具体指标限值应满足表 7-3 的规定，对于以城市污水为水源的再生水，除应满足表 7-3 各项指标外，其化学毒理学指标还应符合表 7-4 的规定。

表 7-3　城市污水再生利用景观环境用水水质标准　（单位：mg/L）

<table>
<tr><th rowspan="2">序号</th><th rowspan="2">项目</th><th colspan="3">观赏性景观环境用水</th><th colspan="3">娱乐性景观环境用水</th></tr>
<tr><th>河道类</th><th>湖泊类</th><th>水景类</th><th>河道类</th><th>湖泊类</th><th>水景类</th></tr>
<tr><td>1</td><td>基本要求</td><td colspan="6">无漂浮物，无令人不愉快的嗅和味</td></tr>
<tr><td>2</td><td>pH</td><td colspan="6">6～9</td></tr>
<tr><td>3</td><td>五日生化需氧量（BOD_5）≤</td><td>10</td><td colspan="2">6</td><td colspan="3">6</td></tr>
<tr><td>4</td><td>悬浮物（SS）≤</td><td>20</td><td colspan="2">10</td><td colspan="3">－a</td></tr>
<tr><td>5</td><td>浊度（NTU）≤</td><td colspan="3">－a</td><td colspan="3">5.0</td></tr>
<tr><td>6</td><td>溶解氧≥</td><td colspan="3">1.5</td><td colspan="3">2.0</td></tr>
<tr><td>7</td><td>总磷（以 P 计）≤</td><td>1.0</td><td colspan="2">0.5</td><td>1.0</td><td colspan="2">0.5</td></tr>
<tr><td>8</td><td>总氮≤</td><td colspan="6">15</td></tr>
<tr><td>9</td><td>氨氮（以 N 计）≤</td><td colspan="6">5</td></tr>
<tr><td>10</td><td>粪大肠杆菌（个/L）≤</td><td colspan="2">10 000</td><td>2 000</td><td colspan="2">500</td><td>不得检出</td></tr>
<tr><td>11</td><td>余氯[b]≥</td><td colspan="6">0.05</td></tr>
<tr><td>12</td><td>色度（度）≤</td><td colspan="6">30</td></tr>
<tr><td>13</td><td>石油类≤</td><td colspan="6">1.0</td></tr>
<tr><td>14</td><td>阴离子表面活性剂≤</td><td colspan="6">0.5</td></tr>
</table>

注：1. 对于需要通过管道输送再生水的非现场回用情况采用加氯消毒方式，而对于现场回用情况不限制消毒方式；

2. 若使用未经过除磷脱氮的再生水作为景观环境用水，鼓励使用本标准的各方在回用地点积极探索通过人工培养具有观赏价值水生植物的方法，使景观水体的氮磷满足表 7-3 的要求，使再生水中的水生植物有经济合理的出路；

3. 余氯[b]接触时间不应低于 30 min 的余氯，对于非加氯消毒方式无此项要求；

4. －a 表示对此项无要求。

表 7-4　控制性指标项目最高允许排放浓度(以日均值计)　　(单位:mg/L)

序号	选择控制项目	标准值	序号	选择控制项目	标准值
1	总汞	0.01	26	甲基对硫磷	0.2
2	烷基汞	不得检出	27	五氯酚	0.5
3	总镉	0.05	28	三氯甲烷	0.3
4	总铬	1.5	29	四氯化碳	0.03
5	六价铬	0.5	30	三氯乙烯	0.3
6	总砷	0.5	31	四氯乙烯	0.1
7	总铅	0.5	32	苯	0.1
8	总镍	0.5	33	甲苯	0.1
9	总铍	0.001	34	邻 - 二甲苯	0.4
10	总银	0.1	35	对 - 二甲苯	0.4
11	总铜	1.0	36	间 - 二甲苯	0.4
12	总锌	2.0	37	乙苯	0.1
13	总锰	2.0	38	氯苯	0.3
14	总硒	0.1	39	对 - 二氯苯	0.4
15	苯并芘	0.000 03	40	邻 - 二氯苯	1.0
16	挥发酚	0.1	41	对硝基氯苯	0.5
17	总氰化物	0.5	42	2,4 - 二硝基氯苯	0.5
18	硫化物	1.0	43	苯酚	0.3
19	甲醛	1.0	44	间 - 甲酚	0.1
20	苯胺类	0.5	45	2,4 - 二氯酚	0.6
21	硝基苯类	2.0	46	2,4,6 - 三氯酚	0.6
22	有机磷农药(以 P 计)	0.5	47	邻苯二甲酸二丁酯	0.1
23	马拉硫磷	1.0	48	邻苯二甲酸二辛酯	0.1
24	乐果	0.5	49	丙烯腈	2.0
25	对硫磷	0.05	50	可吸附有机卤化物(以 Cl 计)	1.0

城市杂用水主要指用于冲厕、道路清扫、消防、城市绿化、车辆冲洗、建筑施工的非饮用水。表 7-5 为《城市污水再生利用城市杂用水水质》(GB/T 18920—2002)中内容。

表7-5　城市污水再生利用城市杂用水水质标准

序号	项目	冲厕	道路清扫、消防	城市绿化	车辆冲洗	建筑施工
1	pH	6.0~9.0				
2	色度(度)≤	30				
3	嗅	无不快感				
4	浊度(NTU)≤	5	10	10	5	20
5	溶解性总固体(mg/L)≤	1 500	1 500	1 000	1 000	—
6	五日生化需氧量(BOD_5)(mg/L)≤	10	15	20	10	15
7	氨氮(mg/L)≤	10	10	20	10	20
8	阴离子表面活性剂(mg/L)≤	1.0	1.0	1.0	0.5	1.0
9	铁(mg/L)≤	0.3	—	—	0.3	—
10	锰(mg/L)≤	0.1	—	—	0.1	—
11	溶解氧	1.0				
12	总余氯(mg/L)≥	接触30 min≥1.0,管网末端≥0.2				
13	总大肠杆菌(个/L)≤	3				

4.再生水回用于饮用水

再生水直接用作饮用水,其水质应符合饮用水标准。间接回用时,污水经净化处理后排入河道上游地区,其水质及排放点应符合该河段对水质及排放点的要求。我国目前还没有相应的规定。

5.再生水回灌地下水

地下水人工回灌水的水质要求,取决于当地地下水的用途、自然和卫生条件、回灌过程和含水层对水质的影响及其他技术经济条件。

回灌水的水质应符合以下三个条件:

(1)其水质应优于原地下水水质,或达到生活饮用水水质标准;

(2)回灌后不会引起区域地下水的水质变化和污染;

(3)不会使注水井和含水层堵塞,不腐蚀注水系统的机械、设备。

回灌水的水质应符合《城市污水再生利用　地下水回灌水质》(GB/T 19772—2005)。

6.再生水绿地灌溉

再生水用作绿地灌溉用水的水质标准,应符合《城市污水再生利用　绿地灌溉水质》(GB/T 25499—2010),具体基本控制指标见表7-6。

表 7-6　城市污水再生利用绿地灌溉水质

序号	控制项目	单位	限值
1	浊度	NTU	≤5(非限制性绿地),10(限制性绿地)
2	嗅	—	无不快感
3	色度	度	≤30
4	pH	—	6.0~9.0
5	溶解性总固体	mg/L	≤1 000
6	五日生化需氧量(BOD_5)	mg/L	≤20
7	总余氯	mg/L	0.2≤管网末端≤0.5
8	氯化物	mg/L	≤250
9	阴离子表面活性剂(LAS)	mg/L	≤1.0
10	氨氮	mg/L	≤20
11	大肠杆菌	个/L	≤200(非限制性绿地),≤1 000(限制性绿地)
12	蛔虫卵数	个/L	≤1(非限制性绿地),≤2(限制性绿地)
粪大肠杆菌的限值为每周连续 7 日测试样品的中间值			

7.2.4　再生水回用处理工艺

再生水净化是指城市污水经二级处理的出水,为达到回用的目的,再经物化处理或生化处理,以进一步去除二级处理不能去除的污染物,如 BOD、COD、引起色嗅的有机物、富营养盐磷、氮化合物及造成浑浊的胶体、可溶性的无机盐类等,达到各种回用目的。

7.2.4.1　处理技术

目前实用的再生水处理技术有以下几种:

(1)过滤。主要去除水中的悬浮物和胶体,对 COD、BOD 也有一定程度的去除作用。它是再生处理时不可缺少的工艺过程,具有设备简单、占地面积小、便于操作管理等优点。

(2)活性炭吸附。这是近年来应用较为广泛的一种实用、可靠且较为经济的处理方法。其特点是可以去除一般生物难降解的有机物,如溶解性的木质素、丹宁酸、蛋白质、芳香族化合物等,并可去除水中的味、嗅、色、油、农药等污染物,同时还可以去除重金属。为了提高活性的吸附容量和使用寿命,进炭滤池前的污水须先经预处理,悬浮物应不大于 20 mg/L。再生水回用处理一般采用粒状活性炭。其优点是可以再生重复使用,从而降低处理费用。

(3)氧化法。常用的氧化剂有氯气、臭氧、二氧化氯、碘等。

(4)化学混凝沉淀。在污水深度处理过程中,化学混凝是除磷的较好方法。一般是在污水中投加凝聚剂,形成难溶性的磷化合物,然后沉淀去除。常用的凝聚剂有石灰、铝盐、铁盐等,可去除 95% 的磷酸盐。

(5)去除氨氮。污水中的氮以有机氮和无机氮两种形式存在,无机氮又可分为氨态氮和硝态氮。去除的方法有氨解析法、离子交换法、微生物脱氮法、折点加氯法等,其中以氨解析法较简单。

再生水回用处理技术,应根据污水中污染物的组分、浓度及回用目的的水质要求,结合具体的经济能力综合考虑后确定。

(6)膜生物处理。膜技术在非常规水资源开发利用中的应用,目前常用的膜技术包括电渗析、超滤、微滤、反渗透和纳滤。处理城市污水用于中水的膜生物反应器等膜技术,回收处理工业废水的膜技术等。

7.2.4.2　处理工艺流程

根据再生水处理要求,二级出水一般流程如下:

(1)如不含过量的重金属离子,二级处理出水经消毒即可用于灌溉农作物或牧场,也可排入水体后间接再用。

(2)二级处理出水经一般物化处理,可回用于生活杂用或市政用水,还可用于循环冷却水补充剂等水质要求不高的生产工艺用水。

(3)二级处理出水主要污染物如COD、BOD、SS等含量不高时,可采用微絮凝直接过滤或接触过滤净化工艺,可回用于生活杂用、市政用水,还可用于循环冷却水补充用水和水质要求不高的生产工艺用水。

(4)二级处理出水,经物化处理、后续深度处理,则可回用于补充地面水或补充地下水,还可用于水质要求较高的生产工艺。根据再生水来源分类,处理工艺流程如图7-1所示。

7.3　旱区其他非常规水综合利用

7.3.1　山区的雨洪水利用、高含沙水

7.3.1.1　雨洪水资源利用

雨水利用就是直接对天然降水进行收集、储存并加以利用,按用途可以粗略地分为农业雨水利用和城市雨水利用。

为解决西北干旱、半干旱地区的缺水问题,我国于20世纪80年代开始实施雨水利用工程,包括甘肃“121”工程、宁夏回族自治区的水窖节灌工程等,雨水集蓄利用已形成区域规模。

1.农业雨水利用

干旱地区农业雨水集蓄利用是指通过人为工程措施,对降雨径流进行调控,从而增加拦蓄入渗(梯田),或减少蒸发(如覆盖)来利用雨水,或通过雨水集蓄措施将雨水汇集蓄存,在作物需水关键期进行补灌。农业非常规水资源可开发利用具有增加灌溉水源、增大灌溉保证率的显著优势,主要包括:

(1)旱地微集水利用技术,即蓄水和保水。

(2)人工汇集雨水利用技术,即指通过建立雨水集流场和雨水存储设施,将雨水收集存储,在需水关键期进行利用。人工汇集雨水利用技术实现了雨水再分配,亦可将其与节

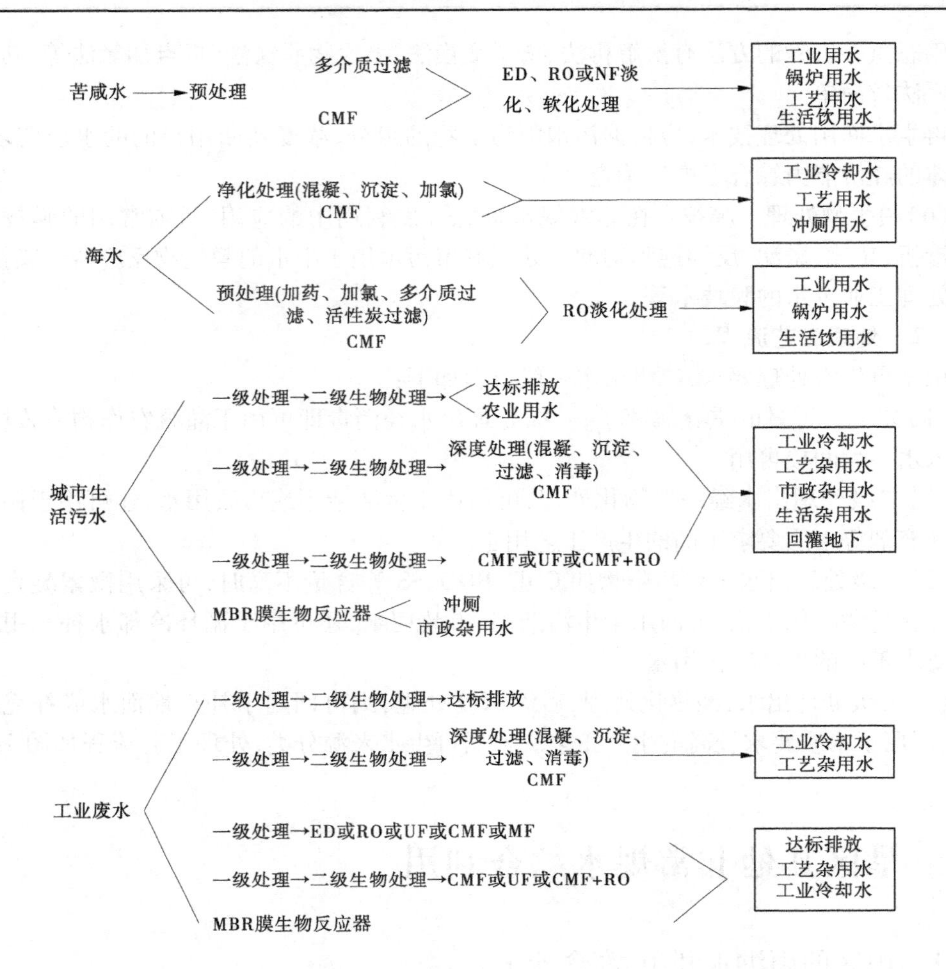

图 7-1 再生水资源开发利用技术

水灌溉技术结合,是旱区发展灌溉的“小水利”工程。

(3)雨水的当时和就地的利用,包括为了提高土壤水利用率的措施,如深耕耙耧、覆盖保墒等。

(4)水土保持措施,主要是拦截降水径流、提高土壤水分含量,采取梯田、水平沟、鱼鳞坑、以及在小流域治理中的谷坊、淤地坝等治沟措施。

(5)拦截雨洪补给地下水。

(6)微集雨,即利用作物或树木之间的空间来富集雨水,增加作物区或树木生长区根系的水分。

(7)雨水集蓄利用,是指采取人工措施,高效收集雨水,加以蓄存和调节利用的微型水利工程。

2. 城市雨水利用

干旱地区城市雨水资源利用是通过人为富集措施,将雨水利用到城市建筑和园林,主要有以下几种方式:

(1)屋面雨水集蓄利用,利用屋顶做集雨面,用于家庭、公共和工业等方面的非饮用水,如浇灌、冲厕、洗衣、冷却循环等中水系统;

(2)屋顶绿化雨水利用,屋顶绿化是一种削减径流量、减轻污染和城市热岛效应、调节建筑温度和美化城市的有效措施;

(3)园区雨水集蓄利用、绿地入渗,维护绿地面积,同时回补地下水;

(4)雨水回灌地下水,在一些地质条件比较好的地方,进行雨洪回灌,人工补给地下水。

7.3.1.2　高含沙水资源利用

1. 旱区高含沙水资源

高含沙水一般是指水流携带的泥沙颗粒非常多,细颗粒泥沙($d<0.01$ mm)较多、含沙量很大,含沙量达到每立方米数百千克,甚至上千千克或超过一千千克。

2. 高含沙水利用方式

干旱地区水资源匮乏,高含沙水无疑成为非常规水综合利用的选择之一,一般主要用于农业灌溉。在用高含沙水进行农业滴灌时,最主要的是清除或减少水中的泥沙含量。除采取对水源进行沉淀和组合过滤器过滤等,从源头上减少滴灌系统堵塞的可能性外,还需选择抗堵塞能力强的灌水器,全方位地提高滴灌系统的抗堵性能。

7.3.2　矿井水、微咸水利用

7.3.2.1　矿井水

1. 煤矿矿井水综合利用方式及水质要求

根据不同矿区工业结构及行业需水要求,矿井水综合利用遵循的基本原则是:矿内优先于矿外、井下优先于地面、生产优先于生活、工业优先于农业、节约优先于储蓄、处理优先于排放。矿井水经过处理后,其利用各环节水质要求见表7-7,不同标准矿坑废水回用水质要求见表7-8。

表7-7　矿井水利用各环节水质要求

用水方式	用水环节	水质要求	水源
地面生产生活用水	办公及生活用水	符合饮用水标准	回用深度处理后的矿井水
	食堂	符合饮用水标准	
	浴室	符合饮用水标准	
	锅炉房	符合锅炉用水标准	
	地面生产用水	符合杂用水标准	回用处理后的矿井水
	选煤厂用水	杂用水 SS 小于 30 mg/L	
井下用水	井下消防用水等	杂用水 SS 小于 30 mg/L	回用矿井水

表 7-8　不同标准矿坑废水回用水质要求

类别	SS	BOD	COD	pH
《煤炭工业污染物排放标准》(GB 20426—2006)	≤70	—	≤50	6 ~ 9
《农田灌溉水质标准》(GB 5084—2005)	≤200	≤150	≤300	5.5 ~ 8.5
《城市污水再生利用城市杂用水水质》(GB/T 18920—2002)		≤10 ~ 20		6 ~ 9

2. 干旱地区矿坑水的水处理技术与方法

由于直接排出的矿井疏干水和井下生产污水及矿区生产、生活污水的水质存在着显著差异,其矿井水处理方式一般为以下两种。

1) 井下水处理

采掘工作面的污水,一部分(含 SS 和 COD)通过管道直接由各采空区注水点注入采空区进行过滤,净化后用于井下消防用水使用,另一部分则通过排水管路或者水沟排至地面进行深度处理后,供各用水点使用,综合利用率达到 100%。采用“预沉 + 混凝 + 沉淀”矿井水处理设施,矿井水处理后达到回用标准,矿井水不出地面,井下水排至井下水仓,经过沉淀处理后用于井下消防等,余水再排往采空区。

2) 地面处理工艺

抽取至地面的矿井水通过地面污水处理站进行处理。对于主要含悬浮物的矿井水,一般采取图 7-2 的处理流程,其基本方法是沉淀、过滤、消毒,详见图 7-2。

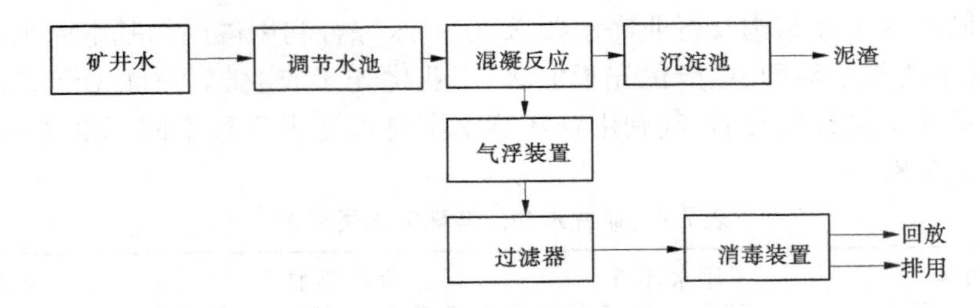

图 7-2　矿井水地面处理方式

3. 干旱地区矿坑水利用方式

干旱地区矿坑水利用方式主要有以下几种。

(1) 矿井生产用水。矿井开采用水包括开拓、掘进、采煤、转载、煤壁注水等多项用水。煤矿井下生产用水一般不需要做净化处理,只需经简单的混凝、沉淀、过滤、消毒等即可供井下使用,满足生产需要。用水方式主要包括井下采掘面与巷道的消防洒水、黄泥灌浆(对水质要求简单,pH 控制在 6 ~ 8 即可)用水、煤层注水及设备冷却等。矿井污水排出地面,污水中的悬浮物、化学需氧量和石油类污染物污染会显著增加,需经过沉沙、隔油、降温初步处理后,与生活污水一并处理。

(2) 工业生产用水。主要是煤矿对所产原煤的洗选用水,其余水可供往在区域内的外系统企业的发电、化工等工业用水。

(3)消防绿化与生态保育用水。煤矿的余水被排向矿区附近的沙丘洼地中,形成水体用来培育湿地、养鱼和生态林草地建设,还可有效地修复沙地植被和回补地下水,该项用水对水质的要求不高,且用水量不大。

(4)农业部门综合利用。矿区生产、生活与工业用水之外仍有余水。矿坑水可作为农业灌溉、农村生活及林牧渔业的供水水源。

(5)生活用水。未经井下使用的矿井疏干水及通过采空区过滤的矿井排水的水质一般较好,经过一定的混凝、沉淀和消毒处理后,即可用于包括饮水、洗涤、冲厕及环境卫生等方面生活用水。

(6)排放。当矿区地下水相对丰富、矿井疏干水量较大,在满足煤矿生产、生活、生态矿区内农田灌溉及区域内工业用水的条件下,可将大量富余的矿井疏干水排向沟河、洼地或荒原沙地等区域环境中。

(7)充分利用废旧矿井回灌或储存矿坑水建设地下水库。利用废旧矿井储存矿坑水是煤矿企业及水利部门综合利用矿坑水的方法。利用主要有两种形式:①根据坑口所处的地理条件,在坑口附近筑坝拦水,将矿坑水回灌到废旧矿井储存起来,供农村人畜用水;②根据矿坑水水质状况,如符合农田用水标准的,可结合实际情况,选择有利地形,确定可利用的报废矿井,修建地下水库。

7.3.2.2　微咸水

1.微咸水的利用现状

微咸水广泛分布于我国各地,其储蓄量大。据有关部门统计,我国微咸水主要分布于易发生干旱的华北、西北以及沿海地带。其中,黄河流域微咸水资源量为30亿 m^3,海河微咸水资源量为22亿 m^3,黄淮海平原地区的微咸水利用量多达54亿 m^3。

在我国西北干旱和半干旱地区,淡水资源极其短缺,由于独特的自然条件及特殊的地质和水文循环环境,苦咸水广泛分布。这些苦咸水一般是由河流源头的地表淡水和盆地可利用的地下水转化而来的,通过过滤、净化等处理,基本可以满足当地人、畜饮水和生活用水,利用和潜在资源价值巨大。虽然微咸水属于劣质水资源,但是由于土壤的缓冲能力和植物的耐盐能力,采取适当措施,恰当地管理利用微咸水灌溉,可以实现"高产、优质、高效"可持续农业的发展目的。开发利用微咸水,不但可以减轻黄河水资源的供水压力,还能降低地下水位,有利于防止或减轻土壤盐渍化。

以宁夏为例,微咸水主要分布于宁夏中南部,固原、海原等地,宁夏利用微咸水灌溉已有40多年的历史,试验结果表明:用咸水灌溉的大麦、小麦比旱地增产3~4倍;用矿化度3.0~6.0 g/L的咸水灌溉枸杞树生长良好;用矿化度3.0~7.0 g/L的咸水灌溉韭菜、芹菜、甘蓝等,也有较多应用。

2.微咸水的利用途径

1)农田灌溉

我国是一个农业灌溉大国,灌溉用水量约占总供水量的62%。但是,我国水资源严重短缺,利用咸水灌溉是解决灌溉水资源短缺的有效措施之一。微咸水灌溉以抗旱作物为主,不宜进行全生长期灌溉,并要控制好灌溉量和灌溉次数。

微咸水灌溉带入大量盐分离子,与土壤中一些化学元素发生一系列反应,使得土壤的物理性质和化学特征发生改变，改变了土壤中水盐运移特征，影响了土壤中水分有效性，影响了作物的生长发育。目前，微咸水的灌溉方式主要有直接灌溉、咸淡水混灌和咸淡水轮灌。

(1)微咸水直接灌溉。对于淡水资源十分紧缺的地区，可直接利用微咸水进行灌溉，来保障作物的产量。国内外研究表明，一定矿化度的微咸水可以用于农业灌溉，并不会对作物产量和土壤性质造成太大的影响。

(2)咸淡水混灌。咸淡水混灌方式是在有碱性淡水的地区将其与咸水混合，克服原咸水的盐危害及碱性淡水的碱危害。混灌将低矿化度的淡水和高矿化度的微咸水合理配比后，改善了水质，适于作物生长，增加了灌水总量，高效利用了碱水或高盐度的咸水，经济效益显著。

(3)咸淡水轮灌。咸淡水轮灌是根据水资源分布、作物种类及其耐盐特性和作物生育阶段等交替使用咸淡水灌溉的一种方法，是一种较好的微咸水利用方式。

2)人畜饮用

咸水淡化是解决人畜饮水的一条投资少、见效快、成本低的途径，减少深层水源开采，节省淡水资源，咸水淡化设备排出的浓盐水又可用于水产养殖，做到了循环生产，可产生较好的生态效益、经济效益和社会效益。

3)水产养殖

地下微咸水体理化性质稳定，无污染，比海水养殖安全。实践表明，利用咸水、微咸水养殖是一种投资大，但收益高、周期短、见效快的开发模式。在排水不畅、不宜种植作物的盐碱洼地上，微咸水养殖效益更加明显。

3. 微咸水利用的研究方向

在干旱地区利用微咸水灌溉中，土壤可能发生次生盐碱化。盐碱化一直是土壤微咸水研究的重点，同时在此基础上提出了土壤有害盐类的淡化、土壤盐分的排除、盐碱土改良等综合调控技术与措施。

7.3.2.3 沙漠雨雾水利用

雨雾水形成是低层空气中一种水蒸气凝结的天气现象。雾的形成要经过两个不同的物理过程，即水汽的凝结过程以及凝结的水滴或冰晶在低空积聚的过程。同时，雾的生成还要具备两个条件，这就是小水滴或小冰晶必须悬浮在大气层中，使水平能见距离小于千米。另外，还要有盐粒或灰尘等凝聚核为依托。否则，只有当空气中的水汽达到 8 倍的饱和度，即相对湿度为 800% 时，才能够形成雾。

世界上许多干旱地区的人们，从很早就开始收集浓雾凝聚的水滴加以利用。秘鲁有些低洼地区，由于沿海冷海流的影响，雨水奇缺。但是，这里几乎天天有浓浓的细雾，因而并不干旱，常常是土地湿润、草木葱茏，人们也有凉爽湿润的感觉，称这里的细雾为“秘鲁甘露”。加拿大物理专家罗伯特·苏门尔发明了使用脱盐法从雾中取水的新技术，使用一张 3 600 m^2 的塑料网，每天能收集淡水 12 000 kg，这些淡水可满足 350 人/d 的需求。

西北干旱地区存在大片沙漠，许多沙漠腹地却存在众多的湖泊和泉水，形成了一种奇特的地貌景观类型。依照沙漠水资源赋存规律，引导合理开发利用沙漠雨雾水资源，为我国沙漠水文水资源研究提供一些借鉴，具有重要的理论意义和现实意义。

7.4　城市污水再生回用预测

7.4.1　城市污水量测算

城市污水量由城市统一供水的用户和自备水源供水的用户排出的城市综合生活污水量和工业废水量组成。还有少量其他污水(市政、公用设施及其他用水产生的污水)因其数量少和排除方式的特殊性无法进行统计,可忽略不计。城市污水排放量的测算对于市政污水工程有着关键性的影响,城市污水总规模决定了城市污水排放系统的设计规模。

城市污水量主要用于确定城市污水总规模,宜根据城市综合用水量(平均日)乘以城市污水排放系数确定;城市综合生活污水量宜根据城市综合生活用水量(平均日)乘以城市综合生活污水排放系数确定;城市工业废水量宜根据城市工业用水量(平均日)乘以城市工业废水排放系数,或由城市污水量减去城市综合生活污水量确定。污水排放系数应是在一定的计量时间(年)内的污水排放量与用水量(平均日)的比值。按城市污水性质的不同可分为:城市污水排放系数、城市综合生活污水排放系数和城市工业废水排放系数。当规划城市供水量、排水量统计分析资料缺乏时,城市分类污水排放系数可根据城市居住、公共设施和分类工业用地的布局,按照表7-9查得。

表7-9　城市分类污水排放系数

城市污水分类	城市污水	城市综合生活污水	城市工业废水
污水排放系数	0.70~0.80	0.80~0.90	0.70~0.90

7.4.2　城市污水量预测的分类

由于经济生产和居民生活不断变动,城市排水在不同时刻均会有一定的波动。在短期内,排水量的变化具有周期性,如月排水量的年周期性、排水量的日周期性等;从较长时间来看,它又具有年变化的趋势,这就使得城市排水量预测成为可能。

城市污水量的预测方法与城市需水量预测方法有很多相似之处,可在实际预测中借鉴城市需水量预测模型和方法,指导污水量的预测。城市污水量预测就是根据城市历史污水排放量数据的变化规律,并考虑社会、经济等主观因素和气候等客观因素的影响,利用科学的、系统的或者经验的数学方法,在满足一定的精度要求的意义下,对城市未来某时间段内的污水排放量进行预测。

7.4.2.1　按时间分类

城市污水量预测,根据排水系统的需要、排水量预测时间的长短,可分为长期、中期、短期排水量预测。

长期预测是根据城市经济发展、人口增长、工业技术水平的提高、旅游、科教文卫事业的发展等各方面因素的发展变化情况,对未来城市的排水量状况做出预测。一般来说,长期预测可为10~20年,甚至更长,用以指导给排水系统远期城市规划;中期预测通常为5~10年,对未来几年内按年进行排水量预测,用以指导近期规划;城市短期预测是指一年之内，按月、按周或按天进行排水量预测，或一天内按小时预测，通常预测未来一个月、未来一周、未来一天的排水量。

7.4.2.2　按行业分类

城市污水量预测按行业可以分为城市居民生活排水量、工业废水排放量、商业用途排水量以及其他排水量预测。其中，城市居民生活排水量预测主要指对城市居民的生活用水的排放量预测；工业废水排放量及商业用途排水量预测是指对工业和商业服务的排水量进行预测；其他排水量预测则包括市政绿化、公用事业等各类用途的排水量预测。

7.4.2.3　按预测方法分类

按预测方法分类是根据污水排放量历年和现状资料数据，建立数学模型，对未来污水排放量做出预测，主要有回归分析法、时间序列法、灰色预测模型法、BP 人工神经网络法等。

7.4.3　城市污水量预测模型及方法

预测污水量是城市排水系统的规划、设计、运行和管理所需要的基本数据。它的科学合理性关系到污水系统的布局，配套管网和截污系统的建设，污水处理厂的规模和污水处理厂控制用地等。

城市污水量预测的方法一般有两类，如图 7-3 所示：一类是根据历年和现状污水量资料，建立数学模型，对未来污水量做出预测，主要有回归分析法和时间序列法、BP 人工神经网络法等。另一类方法是指标分析法。它根据城市建设发展规模、人口规模、产业政策、城市用水量计划等资料，分别计算居民污水量、三产污水量、工业废水量、地下水渗入量等，然后累加得到城市污水总量。

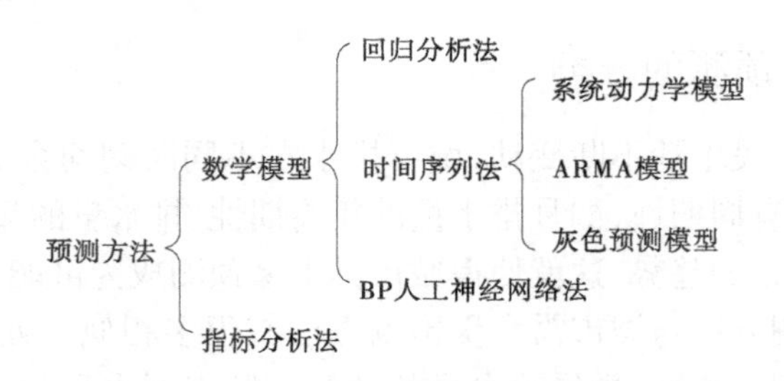

图 7-3　城市污水量预测的方法层次

7.4.3.1　回归分析法

回归分析是根据统计数据寻求变量间关系的近似表达式——经验公式，并利用所得公式进行统计描述、分析和推断，解决预测、控制和优化问题。回归分析法的数学模型有线性回归模型、多项式回归模型、指数回归模型、对数回归模型、乘幂回归模型、S 型回归模型。在污水量预测中常用的是多元线性回归。

用多元线性回归法进行污水量预测时，关键在于选取自变量。由于城市排水系统复杂，影响因素众多，自变量的选择应遵循全面性、重点性、可量化及可控制的原则，经综合考虑后确定。污水量与相关因子之间的关系复杂，采用这种多元回归分析的方法进行预测所得的结果误差往往较大。

7.4.3.2　系统动力学法

系统动力学模型本质上是带时滞的一阶微分方程组，能方便地处理非线性和时变现象，作长期的、动态的、战略的仿真分析与研究，较适用于分析研究系统的结构与动态行为。

该方法系统分析过程复杂、工作量极大，且对分析人员能力要求较高，所以不适用于短期需水量预测，而对长期需水量预测，其优势是十分明显的。

7.4.3.3　ARMA 模型法

ARMA 模型是由 AR(p)（自回归模型）和 MA(q)（滑动平均模型）有效组合的结果，ARMA 模型方法在短期预测时简单实用、精确度高，但是在长期预测中误差增大，精确度降低，不宜使用。而城市的污水量预测偏重于中长期的预测，因此这使 ARMA 模型在污水量预测中应用有一定的局限性。

7.4.3.4　灰色预测模型法

任何城市污水年排放总量都是综合性的环境统计指标，要确定污水量的动态函数模式是相当困难的。按灰色系统理论的观点，污水及其污染物的年排放量是经分析、计算和统计而得到的，这种统计量很难准确，只能是灰色量，因此可用灰色预测模型法进行预测。

灰色预测模型的基本形式是 GM(1,1)模型，但是在实际应用中，常结合其他模型进行修正或者应用别的方法对原始时间序列进行预处理。这些做法都可以提高模型预测的精确度。灰色预测模型在污水量预测中得到广泛的应用。该模型的过程简单、精度较高，特别是对中长期的污水量预测有较高的准确性和预测意义。

7.4.3.5　BP 人工神经网络法

人工神经网络是一种包含许多简单的非线性计算单元或连接点的非线性动力系统，而 BP 人工神经网络是其中应用最广泛的一种。

BP 人工神经网络法是基于回归分析和时间序列方法的思路建立的。污水排放量与相关因子之间关系复杂，采用线性模型预测时所得结果的误差较大，而 BP 人工神经网络模型强大的非线性映射能力可以较好地满足这方面的要求，具有逼近精度高、训练学习速度快、对基础数据时间长度要求不高的优越特性。

7.4.3.6　指标分析法

指标分析法的主要思路是：先预测整个城市的居民污水量、三产污水量、工业废水量和地下渗入量，再将四部分累加，得到污水总量。

在应用指标分析法时，值得注意的是，当作远期预测的时候，居民污水量标准、三产系数等相关参数要根据城市建设发展规模、人口规模、产业政策、城市用水量计划等资料进行一定的调整，不可直接应用现在状况下的取值。

7.4.3.7　投影寻踪回归法

投影寻踪回归法（Projection Pursuit Regression，简称 PPR）是 Friedman 和 Werner Stuetzle 在加性模型的基础上发展起来的一种统计学方法，对于具有一定非线性的高维非正态数据处理效果很有效，在环境污染、交通、地震等领域得到了广泛的应用。

目前，PPR 用于城市污水量及主要污染物排放量的预测较少，对于非线性数据系列的良好处理效果将使其未来在上述领域中得到更多的应用。

第 8 章　水资源开发利用评价

水资源开发利用现状及其影响评价是对过去水利建设成就与经验的总结，是对如何合理进行水资源的综合开发利用和保护规划的基础性前期工作，其目的是增强流域或区域水资源规划时的全局观念和宏观指导思想，是水资源评价工作中的重要组成部分。

水资源开发利用现状分析包括两方面的内容：一是现状水资源开发分析，是分析现状水平年情况下，水源工程在流域开发中的作用，包括社会经济及供水基础设施现状、供用水量的现状、现状水资源开发利用程度等内容。这一工作需要调查分析水利工程的建设发展过程、使用情况和存在的问题，分析其供水能力、供水对象和工程之间的相互影响。二是现状水资源利用分析，它是分析现状水平年情况下，流域用水结构、用水部门的发展过程和目前的用水效率、节水潜力、今后的发展变化趋势及水资源开发利用对环境的影响评价。

8.1　水资源开发利用现状分析

8.1.1　社会经济及供水基础设施现状调查

社会经济及供水基础设施现状调查内容包括除水以外的主要自然资源开发利用和社会经济发展状况分析、供水基础设施情况分析。主要自然资源（除水以外）是指可利用的土地、矿产、草场、林区等，着重分析它们的现状分布、数量、开发利用状况、程度及存在的主要问题；社会发展着重分析人口分布变化、城镇及乡村发展情况；经济发展分工农业和城乡两方面，着重分析产业布局及发展状况，分析各行业产值、产量；供水基础设施应分类分析它们的现状情况、主要作用及存在的主要问题。

8.1.1.1　社会经济现状调查

社会经济现状调查收集统计与用水密切关联的社会经济指标，如人口、国内生产总值（GDP）、工农业产值、耕地面积、灌溉面积、粮食产量、牲畜头数等，是分析现状用水水平和预测未来需水的基础。

8.1.1.2　供水基础设施现状调查

供水基础设施现状调查内容包括调查统计现状年地表水源、地下水源和其他水源工程的数量及供水能力。供水能力是指现状条件下相应供水保证率的可供水量，与来水状况、工程条件、需水特性和运行调度方式有关，分类分析它们的现状情况、主要作用及存在的主要问题。

1. 供水基础设施现状

以现状水平年为基准年，分别调查统计各种水源供水工程的数量和供水能力，以反映供水基础设施的现状情况。

1)地表水源工程

地表水源工程分蓄水工程、引水工程、提水工程和调水工程。蓄水工程指大、中、小型水库和塘坝(塘坝指蓄水量小于10万m^3的蓄水工程);引水工程指从河道、湖泊等地表水体自流引水的工程;提水工程指利用扬水泵站从河道、湖泊等地表水体提水的工程;调水工程指跨水资源一级区之间或独立流域之间的调水工程。为避免重复计算,蓄水工程不包括专为引水、提水工程修建的调节水库;引水工程不包括从蓄水、引水工程中提水的工程;提水工程不包括从蓄水、引水工程中提水的工程;蓄水、引水、提水工程均不包括调水工程的配套工程。蓄水、引水、提水工程按大、中、小型工程规模分别统计,工程规模按相应标准划分(见表8-1)。

表8-1　蓄水、引水、提水工程规模划分标准

工程类型	指标	工程规模		
		大	中	小
水库工程	库容(亿m^3)	≥1.0	0.1~1.0	0.001~0.1
引、提水工程	取水能力(m^3/s)	≥30	10~30	<10

2)地下水源工程

地下水源工程指利用地下水的水井工程,按浅层地下水和深层承压水分别统计。浅层地下水指与当地降水、地表水体有直接补排关系的潜水和与潜水有紧密水力联系的弱承压水。

3)其他水源工程

其他水源工程包括集雨工程、污水处理回用工程、地下微咸水和海水利用等供水工程。集雨工程指用人工收集储存屋顶、场院、道路等场所产生径流的微型蓄水工程,包括水窖、水柜等;污水处理回用工程指城市污水集中处理厂处理后的污水回用设施;海水利用包括海水直接利用和海水淡化,海水直接利用指直接利用海水作为工业冷却水及城市环卫用水等。

2.供水基础设施存在的问题

重点分析供水基础设施的配套情况、工程完好率以及工程老化、失修、报废等情况。如水利设施因设计使用年限已到而报废,水库因泥沙淤积引起的供水能力降低,甚至完全报废等。

8.1.2　供用水现状调查

选择具备资料条件的最近一年作为现状年,调查内容包括各种水利工程的供水量,以及各用水行业的用水量。

8.1.2.1　供水现状调查

供水现状调查包括供水数量和供水质量的调查与分析。

1.供水量现状调查

供水量指各种水源工程为用户提供的包括输水损失在内的毛供水量。供水量调查应

分区按不同水源和工程分别统计，按取水水源分为地表水源供水量、地下水源供水量和其他水源供水量三种类型。工程类别有蓄水、引水、提水、机电井等四类工程，应分别统计，分析各种供水占总供水的百分比，以及年供水和组成的调整变化趋势。

地表水源供水量按蓄水、引水、提水、调水四种形式统计。以实测引水量或提水量作为统计依据，当无实测水量资料时可根据灌溉面积、工业产值、实际毛取水定额等资料进行估算。

城市地下水源供水量指水井工程的开采量，按浅层淡水、深层承压水和微咸水分别统计。浅层淡水指矿化度≤2 g/L 的潜水和弱承压水，坎儿井的供水量计入浅层淡水开采量中。微咸水指矿化度为 2 ~ 3 g/L 的浅层水。

城市地下水源供水量包括自来水厂的开采量和工矿企业自备井的开采量。缺乏计量资料的农灌井开采量，可根据配套机电井数和调查确定的单井出水量（或单井灌溉面积、单井耗电量等资料）估算开采量，但应进行平衡分析校验。

其他水源供水量包括污水处理回用、集雨工程、海水淡化的供水量。

2. 供水水质调查分析

供水水量评价计算仅仅是供水现状调查中的一个方面，还应该对供水的水质进行评价。原则上，地表水供水水质按《地表水环境质量标准》（GB 3838—2002）评价，地下水供水水质按《地下水质量标准》（GB/T 14848—2017）评价。

根据地表水取水口、地下水开采井的水质监测资料及其供水量，分析统计供给生活、工业、农业不同水质类别的供水量。

8.1.2.2　用水现状调查

用水现状调查内容包括河道内用水和河道外用水。

河道内用水是指为维护生态环境和水力发电、航运等生产活动，要求河流、水库、湖泊保持一定的流量和水位所需的水量。其特点有：①主要利用河水的势能和生态功能，基本上不消耗水量或污染水质，属于非耗损性清洁用水；②河道内用水是综合性的，可以"一水多用"，在满足一种主要用水要求的同时，还可兼顾其他用水要求。

河道外用水是指采用取水、输水工程措施，从河流、湖泊、水库和地下水层将水引至用水地区，满足城乡生产和生活所需的水量。在用水过程中，大部分水量被消耗掉而不能返回原水体中，而且排出一部分废污水，导致河湖水量减少、地下水位下降和水质恶化，所以又称耗损性用水。

1. 河道内用水现状

河道内用水包括水力发电、航运、冲沙、防凌和维持生态环境等方面的用水，又分为生产用水和生态环境用水两类，前者指水力发电、渔业和航运用水等，后者包括冲沙、防凌、冲淤、稀释净化、保护河湖湿地等用水以及维持生态环境所需的最小流量和入海水量。我国南方水系水资源丰富，开发利用率不高，河道用水问题矛盾尚不突出，但有的河流已经显现用水问题，应重点研究。北方水资源紧缺，许多河道断流，且已丧失河道基本功能，对于这些河流和河段，除了进行河道内用水调查分析，同时要研究恢复部分河道功能的需水量。

同一河道内的各项用水可以重复利用，应确定重点河段的主要用水项，分析各主要用水项的月水量分配过程,取外包线作为该河段的河道内各项用水综合要求,并分析近年河道内用水的发展变化情况。在收集已有的河道内用水调查研究成果的基础上,确定重点研究河段,结合必要的野外调查工作,分析确定主要河流及其控制节点的河道内用水量。

2. 河道外用水现状

河道外用水应按农业、工业、生活三大类用水户分别统计各年用水总量、用水定额和人均用水量(用水量是指分配给用户的包括输水损失在内的毛用水量)。

农业用水包括农田灌溉和林牧渔业用水。农田灌溉是用水大户,应考虑灌溉定额的差别按水田、水浇地(旱田)和菜田分别统计。林牧渔业用水按林果地灌溉(含果树、苗圃、经济林等)、草场灌溉(含人工草场和饲料基地等)和鱼塘补水分别统计。

工业用水量按取用新鲜水量计,不包括企业内部的重复利用水量。工业各行业的万元产值用水量差别很大,而各年统计年鉴中对工业产值的统计口径不断变化,应将工业划分为火(核)电工业和一般工业等进行用水量统计,并将城镇工业用水量单列。在调查统计中,对于有用水计量设备的工矿企业,以实测水量作为统计依据,没有计量资料的可根据产值和实际毛用水定额估算用水量。

生活用水按城镇生活用水和农村生活用水分别统计,应与城镇人口和农村人口相对应。城镇生活用水由居民用水、公共用水(含服务业、商饮业、货运邮电业及建筑业等用水)和环境用水(含绿化用水与河湖补水)组成;农村生活用水除了居民生活用水,还包括牲畜用水。

未经处理的污水和海水直接利用量需另行统计并要求单列,但不计入总用水量中。

结合过去的水资源利用评价资料,分析用水总量、农业用水量、工业用水量、生活用水量及用水组成的变化趋势。

8.1.2.3 现状水资源开发利用程度分析

水资源开发利用程度与一定的技术经济条件相适应。一个区域或流域水资源利用程度的高低,一方面可反映所在区域内工农业生产的发展规模和人民生活水平,以及为满足生产生活需水要求而对水资源的控制与利用能力;另一方面可以反映水资源开发利用的潜力。水资源开发利用程度分析,除了分析总的水资源开发利用程度,往往还需要对地表水资源和地下水资源的利用程度分别进行分析,以作为水资源规划中考虑地表水与地下水开发利用的比例等问题的依据。

地表水资源开发利用程度指地表水源供水量占地表水资源量的百分比。为了真实地反映评价流域内自产地表水的控制利用情况,在供水量计算中要消除跨流域调水的影响,调出水量应计入本流域总供水量中,调入水量则应扣除。平原区浅层地下水开发利用程度指浅层地下水开采量占地下水资源量的百分比。水资源开发利用程度(或水资源开发率)、地表水资源开发利用程度(或地表水资源开发率)、地下水资源开发利用程度(或地下水资源开采率)可分别表示如下:

$$\beta = \frac{W}{W_T} \times 100\% \tag{8-1}$$

$$\beta_s = \frac{W_s}{W_0} \times 100\% \tag{8-2}$$

$$\beta_g = \frac{W_g}{G_0} \times 100\% \tag{8-3}$$

式中　β、β_s、β_g——水资源开发率、地表水资源开发率及地下水资源开采率(%);

W、W_s、W_g——自产水资源可供水量(或实际供水量)、自产地表水可供水量(或实际地表水供水量)及地下水开采量,m^3;

W_T、W_0、G_0——多年平均自产水资源总量、地表水资源量及地下水资源量,m^3。

按照国际公认标准(世界粮农组织、联合国教科文卫组织、联合国可持续发展委员会等机构的标准),合理的水资源开发利用程度一般应小于20%,40%时即为高水资源压力。目前,我国北方地区及内陆河流域都已超过了此标准。海河流域的水资源开发利用程度已达96%,甘肃省河西地区石羊河流域水资源开发利用程度已高达154%(含重复利用)。高强度的水资源开发利用导致这些地区水资源供需严重失衡,生态环境严重恶化。

8.1.3　现状供用水效率分析

8.1.3.1　耗水量与耗水率分析

根据典型调查资料或分区水量平衡法,分析各项供用水的消耗系数和回归系数,估算耗水量、排污量和灌溉回归量,对供用水有效利用率做出评价。对水资源的形成(产水)、利用与耗散(耗用)、转化与排放整个过程进行分析与评价,为供需水预测与开发利用规划奠定基础。用水消耗量(简称耗水量)是指毛用水量在输水、用水过程中,通过蒸腾蒸发、土壤吸收、产品带走、居民和牲畜饮用等多种途径消耗掉而不能回归到地表水体或地下含水层的水量。

耗水率是指耗水量占取用水量的百分比。

1. 农田灌溉耗水量

农田灌溉耗水量包括作物蒸腾、棵间蒸散发、渠系水面蒸发和浸润损失等水量,一般可通过灌区水量平衡分析方法推求。对于资料条件差的地区,可用实灌亩数乘以次灌水净定额近似作为耗水量。水田与水浇地渠灌、井灌的耗水率差别较大,应分别计算耗水量。

2. 工业与生活耗水量

工业耗水量包括输水损失和生产过程中的蒸发损失量、产品带走的水量、厂区生活耗水量等,一般情况下可用工业用水量减去废污水排放量求得。废污水排放量可以在工业区排污口直接测定,也可根据工厂水平衡测试资料推求。直流式冷却火电厂的耗水率较小,应单列计算。

生活耗水量包括输水损失以及居民家庭和公共用水消耗的水量。城镇生活耗水量的计算方法与工业基本相同,即由用水量减去污水排放量求得。农村住宅一般没有给排水设施,用水定额低、耗水率较高(可近似认为农村生活用水量基本是耗水量);对于有给排水设施的农村,应采用典型调查确定耗水率的办法估算耗水量。

3. 其他耗水量

其他耗水量可根据实际情况和资料条件采用不同的方法估算。如果树、苗圃、草场的耗水量可根据实灌面积和净灌溉定额估算;城市水域和鱼塘补水可根据水面面积和水面蒸发损失量(水面蒸发量与降水量之差)估算耗水量。

8.1.3.2 现状用水水平分析

1. 现状用水定额及用水效率指标分析

在用水调查统计的基础上,计算农业用水指标、工业用水指标、生活用水指标以及综合用水指标,以评价用水效率。

农业用水指标包括净灌溉定额、综合毛灌溉定额、灌溉水利用系数等。工业用水指标包括水的重复利用率、万元产值用水量、单位产品用水量。生活用水指标包括城镇生活和农村生活用水指标,城镇生活用水指标用“人均日用水量”表示,农村生活用水指标分别按农村居民“人均日用水量”和牲畜“标准头日用水量”计算。

通过现状各城市、各部门、各行业用水调查和典型调查,分析计算不同类型城市、不同行业、不同作物的灌溉定额。城镇生活用水按城市规模和发展水平分为特大城市、大城市、中等城市、小城市、县城及集镇5级,分析计算各类型城市生活用水定额和城市供水管网漏失率;工业分火(核)电、冶金、石化、纺织、造纸及其他一般工业等,分析计算各行业用水定额和重复利用率;第三产业分为餐饮业和服务业,分析计算各行业的用水定额;农业灌溉按不同作物(水稻、小麦、玉米、棉花、蔬菜、油料等)分析计算净灌溉定额。

2. 现状用水水平和节水水平分析

现状用水水平分析是在现状用水情况调查的基础上,根据各项用水定额及用水效率指标的分析计算,进行不同时期、不同地区间的比较,特别是与国内外先进水平的比较、与有关部门制定的用水标准的比较,找出与先进标准的差距和现状用水与节水中存在的主要问题及其原因。现状用水水平的分析可按省级行政区分区进行。各项用水定额是现状用水水平分析最主要的指标,用水效率指标采用城市管网漏失率、工业用水重复利用率、农业灌溉水利用系数、人均用水量、万元GDP用水量等。有条件的地区还可进行城市节水器具普及率、工业用水弹性系数(工业用水增长率与工业产值增长率的比值)、农业水分生产效率(单位灌溉水量的作物产量)等指标的分析。

8.1.4 现状供用水存在的问题

通过对水资源利用现状分析,就可以发现现状水资源利用中存在的问题,达到合理利用水资源的目的。常见的水资源开发利用中存在的问题有:原规划方案是否满足需水要求;水的有效利用率高低;地下水是否超采;供水结构、用水结构是否合理;是否产生水环境问题;水资源保护措施是否得力等。

8.2 需水量预测

需水量预测是在充分考虑资源约束和节约用水等因素的条件下,研究各规划水平年按生活、生产和生态用水量三类口径,区分城镇和农村、河道内与河道外、高用水与一般用水行业,分别进行毛需水量与净需水量的预测。需水量预测时需要考虑市场经济条件下对水需求的抑制,充分研究节水发展及其对需水量的抑制效果。需水量预测是一个动态预测过程,与节约用水及水资源配置不断循环反馈。需水量的变化与经济发展速度、国民经济结构、工农业生产布局、城乡建设规模等诸多因素有关。科学的需水量预测是水资源规划和供水工程建设的重要依据。

8.2.1　需水量预测原则

需水量预测应以各地不同水平年的社会经济发展指标为依据，有条件时应以投入产出表为基础建立宏观经济模型。要加强对预测方法的研究，从人口与经济驱动需水量增长的两大内因入手，结合具体的水资源条件和水工程条件，以及过去20年来各部门需水量增长的实际过程，分析其发展趋势，采用多种方法进行计算，并论证所采用的指标和数据的合理性。

需水量预测主要分析工业、农业、生活和其他部门的需水要求。在需水量预测中，既要考虑科技进步对未来用水量的影响，又要考虑水资源紧缺对社会经济发展的制约作用，使预测合乎当地实际发展情况。需水量预测要着重分析评价各项用水定额的变化特点、用水结构和用水量变化趋势的合理性，并分析计算各耗水量指标。

预测中应遵循以下几条主要原则：

(1)以各规划水平年社会经济发展指标为依据，贯彻可持续发展的原则，统筹兼顾社会、经济、生态、环境等各部门发展对水的需求。

(2)考虑水资源紧缺对需水量增长的制约作用，全面贯彻节水的方针，分析研究节水措施的采用和推广等对需水量的影响。

(3)考虑市场经济对需水量增长的作用和科技进步对未来需水量的影响，分析研究工业结构变化、生产工艺改革和农业种植结构变化等因素对需水量的影响。

(4)重视现状基础资料调查，结合历史情况进行规律分析和合理的趋势外延，使需水量预测符合各区域特点和用水习惯。

8.2.2　需水量预测方法

8.2.2.1　需水预测分类

需水分为生活需水、工业需水、农业需水、生态需水四个Ⅰ级类，每个Ⅰ级类再分成若干Ⅱ级类、Ⅲ级类和Ⅳ级类，如表8-2所示。

表8-2　需水预测分类

Ⅰ级分类	Ⅱ级分类	Ⅲ级分类	Ⅳ级分类
生活需水	城镇生活 农村生活	居民家庭 公共设施	市政、建筑、交通、商饮、服务、机关
工业需水	城镇工业	一般工业	采掘；食品、纺织、造纸、木材；化工、石化、机械、冶金、建材、其他
		电力工业	火电循环冷却、火电贯流冷却；核电
		村以上乡镇企业	县、乡两级所属乡镇企业
	农村工业	村属乡镇企业	村以下乡镇企业、个体企业及联户企业

续表 8-2

Ⅰ级分类	Ⅱ级分类	Ⅲ级分类	Ⅳ级分类
农业需水	种植业	大田 水田 菜田	棉花、冬小麦、夏玉米、春小麦、甜菜 水稻 蔬菜、油料、小品种经济作物
	畜牧业	畜牧用水 草场用水	以商品生产为目的的一切牲畜用水 饲草饲料基地灌溉、天然草场灌溉
	林果业	用材林、 薪炭林、果园	除天然林以外的一切经济林灌溉用水
	渔业	鱼塘	鱼塘补水及换水
生态需水	城镇生态 河谷生态 河湖生态 绿洲生态 防护林带		公园绿化、河湖补水 靠河流潜流获得水分的天然植被 为维持一定的河长或湖面面积的补水量 靠地下水潜水蒸发获得水分的天然植被 田边、路边、屋边、渠边防护林

根据上述分类,可较为容易地合并有关项,将需求分为河道内和河道外两类需水。河道内需水为特定断面的多年平均水量,水电、航运、冲淤、保港、湖泊、洼淀、湿地、入海等各项用水均会影响河道内需水。河道外需水应进一步区分社会经济需水和人工生态系统的需水。

社会经济需水按生活、工业、农业三部门划分。生活需水包括城镇生活和农村生活两项。工业需水包括电力工业(不包括水电)与非电力工业两项。农业需水包括农田灌溉与林牧渔业两项。

城镇生活需水由居民家庭和公共用水两项组成,其中公共用水综合考虑建筑、交通运输、商业饮食、服务业用水。城镇商品菜田需水列入农田灌溉项下,城镇绿化与城镇河湖环境补水列入生态环境需水项下。农村生活需水由农民家庭、家养禽畜两项构成,其中以商品生产为目的且有一定规模的养殖业需水列入林牧渔业需水项下。

电力工业需水特指火电站与核电站的需水。一般工业需水指除电力工业需水外的一切工业需水,要区别城镇与农村。

农田灌溉需水包括水田、大田、菜田、园地四项需水。林牧渔业需水包括灌溉林地用水、灌溉草场用水、饲草饲料基地用水、专业饲养场牲畜用水、鱼塘补水。

人工生态系统的需水,泛指通过水利工程补给的一切人工生态用水,包括城镇绿地与河湖用水、水土保持用水、防护林等人工生态林用水等。对于灌溉草场、饲草饲料基地、果园等生产性用水,一般列入牧业与林业用水之中。

生态环境用水目前尚无统一分类。一般在生态环境用水中首先区分人工生态与天然生态的用水。凡通过水利工程供水维持的生态,划为人工生态,此外一律认为是天然生态。

8.2.2.2 用水定额调查核定与节水潜力分析

以水资源利用二级区和行政二级区为单元，对农业与农村综合用水定额、工业综合用水定额、城镇居民生活综合用水定额以及生态环境综合用水定额分别进行独立调查与核定。

1. 建立用水定额

用水定额是水资源需求管理的基础，直接反映出水资源的利用效率。用水定额在区域上分为城镇与农村；在用水大类上分为生活、工业、农业、生态四项。

在工业用水中进一步按间接冷却水、工艺用水、锅炉用水分类，并分行业进行统计。间接冷却水区分火电与核电用水，工艺用水区分产品耗水、洗涤用水、直接冷却水、其他工艺用水。

为加强水资源管理水平，在用水调查中应包括城镇水资源供水总量与原水水质，分部门的供水量、取水量、用水量、耗水量、污水排放量；分城镇的污水收集率与污水处理量，以及相应的经济指标等。

节水水平评价包括三类指标：第一类是区域性节水水平指标，主要为有效水量与水资源总利用量之比；第二类是工程性节水水平指标，主要为净用水量与工程毛供水量之比；第三类是节水经济指标，主要是分部门单方水增加值、区域单方水 GDP 以及单方水粮食生产效率。

在评价中首先应对现行用水定额进行分析。这包括城镇用水平衡测试、农村用水现状调查，以及分地区、分行业的用水定额调查汇总及整编，污水排放定额调查。在此基础上对区域用水效率进行评价。

应当收集有关行业用水定额的国际经验资料，并和评价区域用水定额和用水效率进行比较分析。对工业用水定额可按典型产品和分部门两种口径进行比较分析；对农业用水定额应分作物系数等；对生活用水定额的调查应分城镇规模及农村，也要考虑气候的差异，并同时调查人均 GDP 与人均收入的差别；分行业万元产值与单位产品的排污量进行调查，并分析典型区域用水效率和社会经济发展的对应关系。

2. 改善用水管理

在改善现行用水制度中，主要采取经济手段调整用水定额，以达到合理用水的目的。这包括通过定额预测、规划和水的使用权分配研究；大耗水行业转移的可能性及转移后评价区内工业综合用水定额的下降程度，同时也要分析转移这些工业对评价区内经济发展的影响；在规划区内实行产业结构调整的可能性以及其对工业综合用水定额和区域经济发展的影响；加强分行业器具型节水对工业综合用水定额和区域发展的影响；不同节水措施的边际成本变化比较；基于用水定额方法的国民经济需水量预测与耗水量分析；根据分行业用水定额确定水资源使用权的下限等。

进一步研究依据用水定额制定累进收费制度，包括对城镇生活、工业用水和农业灌溉用水分别制定不同的定额累进收费制度，并在必要时对工业用水和农业用水制定补偿界限，研究季节水价和累进水价的节水效果并予以评估。

在评价和管理中有步骤地实施用水定额的标准系统，这包括对城镇生活和农村生活用水标准定额的滚动修正，对工业和农业灌溉用水标准定额的滚动修正和评价与管理中的定额应用制度；及时总结评估标准定额系统的作用，以便进一步指导并改进工作。

8.2.2.3　需水量预测方法

1. 生活需水量预测

生活需水量包括城镇生活需水量和农村生活需水量。城镇生活需水量的预测分居民生活用水量预测、公共用水量预测。居民生活用水量和农村生活用水量预测均可按规划人口数和用水定额进行，公共用水量预测中要考虑环境用水和流动人口变化对需水量的影响，用水定额应考虑生活水平的提高、供水设施的完善和节水措施的实施等影响，可在对典型地区调查、综合分析的基础上进行分析预测。生活需水量的预测方法一般有两种：趋势法和分类分析权重估算法。

城镇生活需水量在一定范围之内，其增长速度是比较有规律的，因而可以用趋势外延方法推求未来需水量。此方法考虑的因素是用水人口和需水定额。用水人口以计划部门预测数为准，需水定额以现状用水调查数据为基础，分析历年变化情况，考虑不同水平年城镇居民生活水平的改善及提高程度，拟定其相应的需水定额。计算公式如下：

$$W_{生} = P_0(1+\varepsilon)^n \cdot K \tag{8-4}$$

式中　$W_{生}$——某一水平年城镇生活需水总量，万 m^3；

P_0——现状人口数，万人；

ε——城镇人口年增长率（%）；

n——预测年数，a；

K——某一水平年拟定的城镇生活需水综合定额，m^3/a。

农村生活需水量中农村人口需水量预测与城镇居民生活需水量预测相似，也可采用定额法计算。农村牲畜需水量（指不以商品生产为目的的牲畜用水），在预测过程中，按大小牲畜的数量与需水定额进行计算，或折算成标准羊后进行计算。

农村生活需水量预测应根据农村人口增长和家庭饲养牲畜发展指标为依据，采用定额法进行，要充分考虑农村生活水平和自来水普及率的逐步提高对用水定额的影响。

2. 工业需水量预测

工业需水量预测可分电力行业、乡镇企业、其他行业三大部分进行。它与产品种类、生产规模、重复利用率、生产设备和工艺流程等因素有关，在有条件的地区可采用对工业用水户逐个统计的方法，以获得可靠的数据作为预测的基础。在预测中，应充分考虑产业结构调整和各种节水措施的采用对需水量的影响。工业需水量预测一般按行业万元产值用水量和重复利用率估算，用其他方法估算时，需加以说明。要充分考虑不同发展时期工业用水定额的变化情况、重复利用率的提高和有关节水措施，尤其是工业结构变化和生产工艺的改革产生的节水效果，但要计算相应的配套投资。

工业需水量预测涉及的因素较多。工业需水量的变化与今后工业发展布局、产业结构的调整和生产工艺水平的改进等因素密切相关。虽然正确估算未来工业需水量还有诸多困难，但在研究工业用水的发展史、分析工业用水的现状和未来工业发展的趋势以及需水水平的变化之后，可从中得出某些变化的规律。工业需水量预测方法常用的有以下几种：趋势法、产值相关法（也称定额法）、重复利用率提高法、分块预测法（亦称分行业预测法)、系统工程法以及系统动力学法等。

在工业不断发展、用水量逐渐增加,而水源紧缺,出现供水不足的情况下,提高水的重复利用率是行之有效的措施。水的重复利用率提高的计算公式为:

$$W_{工} = X \cdot q_2$$

$$q_2 = q_1(1-\alpha)^n \frac{1-\eta_2}{1.2-\eta_1} \tag{8-5}$$

式中　$W_{工}$——工业需水量,m^3;

X——工业产值,万元;

q_1、q_2——预测始、末年份的万元产值需水量,m^3/万元;

η_1、η_2——预测始、末年份的重复利用率(%);

α——工业技术进步系数(各行业不同,目前一般取值为0.02~0.05);

n——预测年数。

3. 农业灌溉需水量预测

农业灌溉需水量包括农田灌溉需水量和林牧业灌溉需水量,是通过蓄水、引水、提水等工程设施输送给农田、林地、牧地,以满足作物需水要求的水量。农业灌溉需水量受气候、地理条件的影响,在时空分布上变化较大,同时与作物的品种和组成、灌溉方式和技术、管理水平、土壤、水源以及工程设施等具体条件有关,影响灌溉需水量的因素十分复杂。

农业灌溉需水量预测可采用定额法。考虑到不同地区灌溉条件不同,农业灌溉需水量预测应分区进行,各区需水量之和即为全区域农业需水量。灌溉需水量预测涉及三个关键指标:各种类型作物的净灌溉定额、灌溉水利用系数和灌溉面积。定额法的计算公式为:

$$W_{灌} = \sum_{i=1}^{t} \sum_{j=1}^{k} A_{ij} \cdot \frac{M_{ij}}{\eta_i} \tag{8-6}$$

式中　$W_{灌}$——全区总灌溉需水量,m^3;

A_{ij}——第i时段第j分区某种作物的灌溉面积,亩;

M_{ij}——第i时段第j分区某种作物的净灌溉定额,m^3/亩;

η_i——分区灌溉水利用系数。

农田灌溉需水量预测是分水田、大田(水浇地)、菜田分别进行的。

在干旱缺水年份,应考虑有限灌溉、抗旱保产等措施,对于节水灌溉措施的效果及相应的投资应作专门说明。

农田灌溉需水量预测包括渠系输水损失在内的毛用水量,应根据规划的灌溉面积、合理的净灌溉定额和可能达到的渠系水利用系数进行预测。根据当地实际情况,可以将井灌需水量与渠灌需水量分开进行预测。

4. 林牧渔业需水量预测

林业需水量为经济林和果园用水量;牧业需水量为牲畜(以商品生产为目的)和灌溉草场用水量;渔业需水量为鱼塘的补水量即换水量。林牧业需水量均按定额法进行。渔业需水量包括养殖水面蒸发、渗漏所消耗水量的补充量和换水量,计算公式为:

$$W_{渔} = \sum_{j=1}^{k} Q_j + \sum_{j=1}^{l} w_j \tag{8-7}$$

式中　$W_{渔}$——渔业需水量,m^3;

Q_j——j 次补充水量,m^3;

w_j——j 次换水量,m^3;

k、l——补水和换水次数。

5. 河道内需水量预测

河道内需水量是指通航、冲淤、水力发电、环境生态等需水量,要根据水资源情况通过综合平衡确定河道内需水量。该部分水量应单独列出,不与其他需水量相加。

6. 生态环境需水量预测

生态环境需水量指为美化生态环境、修复与建设或维持其质量不至于下降所需要的最小需水量。在预测时,要考虑河道内和河道外两类生态环境需水口径分别进行预测。城镇绿化用水量、防护林草用水量等以植被需水量为主体的生态环境需水量,可以用灌溉定额的方式预测。湿地、城镇河湖补水等,以规划水面的水面蒸发量与降水量之差为其生态环境需水量(水利部水利水电规划设计总院,《全国水资源综合规划技术大纲》,2005)。

关于生态环境需水量的计算方法有两种,即直接计算法和间接计算法。

1) 直接计算法

直接计算法是以某一区域、某一覆盖类型的面积乘以其生态环境需水定额,计算得到的水量即为生态环境需水量,计算公式为:

$$W = \sum W_i = \sum A_i r_i \tag{8-8}$$

式中　W——生态环境需水量,m^3;

A_i——覆盖类型 i 的面积,hm^2;

r_i——覆盖类型 i 的生态环境用水定额,m^3/hm^2。

该方法适用于基础工作较好的地区与覆盖类型。其计算的关键是要确定不同生态环境用水类型的生态环境需水定额。

考虑到有些干旱、半干旱地区降水的作用,并兼顾到计算的通用性,把生态环境需水定额 r_i 定义为降水量接近为零时的生态环境需水量 r_{i0} 减去实际平均降水量 h,即:

$$r_i = r_{i_0} - h \tag{8-9}$$

式中　r_i——某地区覆盖类型 i 的生态环境需水定额,m^3/hm^2;

r_{i_0}——降水量接近零时的覆盖类型 i 的生态环境需水量(常数),m^3/hm^2;

h——某地区平均降水量,m^3/hm^2。

2) 间接计算法

对于某些地区天然植被生态环境需水量的计算,如果以前工作积累较少、模型参数获取困难,可以考虑采用间接计算法。该方法是根据潜水蒸发量的计算,来间接计算生态环境需水量的,即用某一植被类型在某一潜水位的面积乘以该潜水位下的潜水蒸发量与植被系数,得到的乘积即为生态环境需水量。计算公式如下:

$$W = \sum W_i = \sum A_i W_{g_i} K \tag{8-10}$$

式中　W_{g_i}——植被类型 i 在地下水位某一埋深时的潜水蒸发量，m^3；

K——植被系数，即在其他条件相同的情况下有植被地段的潜水蒸发量除以无植被地段的潜水蒸发量所得的比值。

其余符号意义同前。

这种计算方法主要适合于干旱区植被生存主要依赖于地下水的情况。

7. 其他预测

各规划水平年的耗水量、回归水量、工业及城市生活废污水排放量的预测，可在基准年统计分析的基础上，根据各部门需(用)水量的变化情况进行分析调整；有条件的地区应进行具体的分析计算。在预测中要分析预测回归水的排放和废污水的水质情况，对超过排放标准的应提出合理治理措施和解决方案。

8.2.3　需水量预测评述

8.2.3.1　需水量预测方法及存在的问题

对于未来水资源需求的预测，准确性是重要的问题。未来需水量预测结果的准确性，决定了水战略问题。

万元产值需水量定额预测法，具有简单明了的特点，但也存在一定的缺点，主要表现在：

(1)万元产值的定额确定非常困难，目前还没有一个很好的办法解决。现状可以通过统计数据计算得到，而未来根据趋势“递推”，会出现各种问题。例如，根据先进国家情况估算我国的实际情况，看似科学，实际也有不合理之处。由于国情不同、文化背景的差异、产业结构不一样、技术进步程度的限制、地理气候的差异等，以“洋”为基础的数据，即使根据国情作一些调节，也难以符合实际情况。

(2)万元产值与市场供求密切相关。万元产值随着市场的变化而变化，市场的供需变化对产值有很大影响，如市场疲软的时候，产值低，但耗水量不一定低；相反，在产品“牛市”的时候，同样产品，耗水量不一定高。即使用不变价格的时候，消除价格的影响也有类似的问题。

(3)万元产值的时空差异。由于地域差异，同一产品消耗水量存在一定差距，所以取得的数据是有差异的。有数据表明，不同时期全国平均万元产值增加值取水量相差45倍。

用水增长趋势法是根据历史资料来推测未来的水量，是时间序列法，可以有多项式、指数曲线、对数曲线和生长曲线等多种模式。用水量的多少是多种因素共同作用的结果，如政策的调整、价格的变化、收入的变化、气候的变化等，都对其产生影响，特别是一些技术的进步对需水量产生的影响更大。如建设部《城市缺水问题研究》报告预测1995～2000年北京工业区需水量将以6%的速度增长，而实际上，1989～1997年北京市工业需水量不但没有增长，反而减少12.5%。

单位产品耗水量预测存在问题的根源是市场的流动性，对产品产自何地无法加以确定，如果产品来自国外或者其他地区，就高估了水资源需求。同时，同类产品由于工艺上的差异，产品的耗水量也是不一样的。如我国宝钢曾经吨钢取水量为68 m^3，同期涟源钢厂则达到5 432 m^3。在农业生产中也存在类似的情况。

人均综合用水量的方法曾得到广泛的应用,但也存在一定的问题,如合理估计未来状况的问题。

8.2.3.2 我国需水量预测实践与实际比较

1. 我国需水量预测实践

1980年前后,我国开展了水资源调查评价和水资源利用评价工作。于1986年分别提出了全国、各流域(片)和各省、自治区、直辖市三个层次的研究报告,进行了需水量预测研究(至2000年)。

中国科学院水问题联合中心从1992年下半年开始组织了《中国水资源开发利用在国土整治中的地位与作用》这一重大课题,从如何解决我国的水资源持续利用出发,开始了新一轮需求量预测研究。

水利部门的研究表明,2030年以前我国用水量的增长是不可避免的,2030年用水总量将达到全国水资源总量的36%,已接近我国水资源开发利用的极限(35%~40%)。一些专家认为,到2100年,我国用水量将达到国内水资源可利用量的极限,即称为受水资源条件制约的零增长状态。国内众多专家预测,我国来来需水总量在800亿 m^3 左右,最高达100 00亿 m^3。

刘善建(2000年)参照国外对21世纪水资源利用的预测情况预测了我国1990~2090年的需水量(见表8-3),认为2050年前后,我国人口和工业用水量均将趋于稳定,2090年后全国总用水量趋于10 200亿 m^3。

在《中国可持续发展水资源战略研究》中,水利专家采用人均用水量预测方法和阶段趋势分析法预测了我国2000~2050年需水量,认为2030年以后东、中、西部地区将依次进入需水总量的零增长期,全国需水量于2050年达到峰值,国民经济总需水量峰值为8 000亿 m^3,最小可能为7 000 m^3。

表8-3 1990~2090年总需水量预测

年份	1990年	2000年	2010年	2030年	2050年	2090年
预测总需水量(亿 m^3)	5 050	6 000	6 900	8 500	9 600	10 200
浮动范围(%)	±1.0	±1.0	±2.0	±3.5	±4.0	±5.0

2. 需水量预测存在的问题

事实证明,由于预测方法的局限性,我国的需水量预测长期以来一直过于“超前”,预测结果都已经或即将被证明是明显偏大的。对单项需水量的预测也存在着结果偏大的情况,其中以工业用水需求量的预测最为严重。如在建设部《城市缺水问题研究》报告中以1993年为预测基准年,预测2000年全国城市的工业需水量将达到406亿 m^3,而2000年的实际用水量由1993年的291.5亿 m^3 降至不足260亿 m^3。

对地区需水量的预测结果也大多明显偏高。如山西省在水利部门“七五”期间预测1990年的需水量为72亿~76亿 m^3、2000年为90亿~100亿 m^3,而实际上1990年的用水量仅为54亿 m^3,2000年仅为63亿 m^3。表8-4是2000年中国水资源预测需求量与实际比较。

表 8-4　2000 年中国水资源预测需求量与实际比较

类别	预测数(亿 m^3)	实际差值(亿 m^3)	预测起始时间
水利部	7 096	+1 565	20 世纪 80 年代初
《中国 21 世纪人口、环境与发展白皮书》	6 000	+469	1994 年
《21 世纪中国的水供求》	6 100(中等干旱) 5 734(平水年)	+569 +203	1994 年

注:2000 年水资源实际使用量为 5 531 亿 m^3。

从表 8-4 可以看出,预测的 2000 年水资源需求量与实际使用量存在很大的差距,相差最小的高出 203 亿 m^3,差距最大的竟然高出 1 565 亿 m^3。经分析认为,长期预测结果偏大的原因可能是:

(1)对经济发展和用水需求的客观规律难以认识清楚,误以为随着经济的发展,用水量必然不断增加,实际上,随着科技水平的提高、经济结构的变化、防治污染以及水价的变化,用水定额会不断降低。一些发达国家在经济增长的情况下,就出现了用水量零增长甚至负增长。

(2)目前各地常用的预测方法(定额预测法、用水增长趋势法等)具有一定的局限性。由于需水量预测是涉及社会、经济、人口、城市化、技术进步、环境等多方面的复杂问题,不确定性因素很多,而现在一些常用预测方法通常只能反映一种平稳的几何增长过程,所以预测的结果与实际用水量相去甚远。

(3)预测模式中参数选择不当,使需水量过程难以被准确描述。如工业用水量结构复杂多变,若简单地根据工业总产值预测用水量的长期增长趋势,会造成较大误差。另外,产值的弹性或不确定性很大,难以反映用水效率和水平。发达国家近 20 年来工业用水量为零增长的主要原因是工业产业结构的调整,因而不把握工业结构的演变,而只是以工业总产值来预测用水量,必然会使工业用水量长期预测值偏高。

(4)预测模式中系数的取值不当也使预测结果偏离实际。需水量预测要切实考虑本地区的现实情况,由于各地用水水平差异很大,不能简单地参照国外或其他地区的指标。

(5)对水资源实际供给能力的约束力考虑不足,脱离了本国、本地区的水资源实际承载能力。无约束的水资源预测违背了预测的基本规律,必然会造成预测值偏大。如某省在规划中预测的 2020 年需水量达到了该地区多年平均水资源量的 92%,这显然是不客观的,也是不可能实现的。

预测结果的偏差,说明了需水量预测方法是有局限性的。为了提高预测的准确性,把握经济发展不同时段用水需求规律是非常重要的。因此,对需水的预测结果要采取审慎的态度,需要用多种方法进行辅助调整,再做出综合判断。

8.3　供水量预测

供水量预测指不同规划水平年新增水源工程后（包括原有工程）达到的供水能力可提供的供水量，其中新增水源工程包括现有工程的挖潜配套、新建水源、污水处理回用、微咸水利用、海水利用以及雨水利用工程等。供水水源由以下几个部分组成，见图8-1。

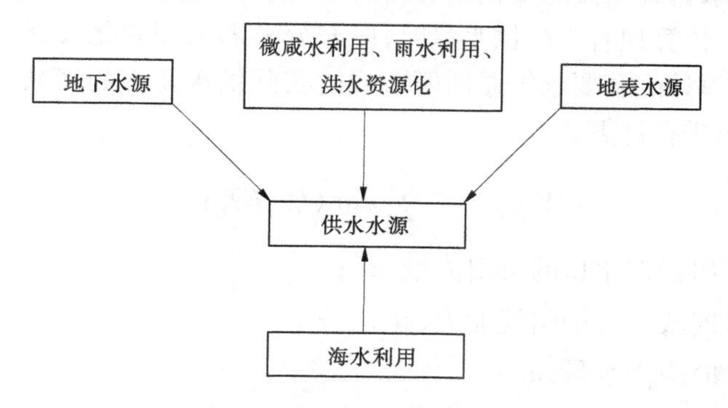

图8-1　供水水源组成

供水量预测要符合流域和区域水资源规划，不同水平年新增水源工程的拟定要根据水资源开发利用现状和开发利用的自然、技术、社会条件制定，与需水要求相协调。拟定的水源工程要注意上下游协调，避免重复建设，以及水资源的保护。当预测需水量大于现有供水工程可供水量时，需对新增水源工程做出规划，规划时首先着眼于对现有工程的挖潜配套，改进工程的管理调度，新建工程则要对自然、技术、经济、社会、环境等方面的条件进行综合考虑，并分析该工程对其他供水工程和环境的影响。

8.3.1　供水工程的安排

在供水预测中，供水和排水工程要配套考虑，分析计算其排放的水量和水质，对达不到排放标准的应提出治理方案和措施，防止造成污染。要对各水源地和供水工程所提供水量与水质情况进行分析预测。

对不同规划水平年新增水源工程的安排原则为：

（1）流域、地区水利规划及供水规划中明确推荐的工程优先；

（2）配套挖潜工程优先；

（3）利用当地水资源的工程优先；

（4）利用地表水的工程优先；

（5）具有综合利用功能的工程优先。

同时，要充分研究污水处理回用及微咸水利用工程的可能性，并全面衡量工程的经济效益、社会效益及环境生态效益。

8.3.2　地表供水量的调节计算

不同水平年的地表供水量应按50%、75%、95%三种不同保证率由上而下逐级调算，在条件允许时,应积极采用系列法进行多年调节计算。调节计算以月为计算时段,应预计在不同规划水平年的变化情况,如设备老化、水库淤积和因上游用水造成的来水量减少等对工程供水能力的影响。其中大中型供水工程要逐个计算,对小型工程可只估算供水总量。

对地表供水工程可供水量自上而下逐级调算时,要分析计算各级的回归水量。要充分考虑近10年来水资源入流的变化趋势和需水要求,估算出不同水平年、不同保证率的工程设施供水量。估算现有工程供水量时,应充分考虑工程老化失修、泥沙淤积、地下水位下降、未达到原设计配套要求等原因所造成的实际供水能力的衰减。地表引提工程的供水量用式(8-11)进行计算:

$$W_{供引提} = \sum_{i=1}^{t} \min(Q_i, H_i, X_i) \tag{8-11}$$

式中 Q_i——第 i 时段取水口的可引流量,m^3;

H_i——第 i 时段工程的引提能力,m^3;

X_i——第 i 时段需水量,m^3;

t——计算时段数。

8.3.3 地下水可供水量计算

地下水可供水量预测以补给量和可开采量为依据,分别计算地下水及微咸水的多年平均可利用量。根据实际现状开采量、地下水埋深的实际变化情况,估算出各个规划水平年的多年平均地下水可开采量。再结合各水平年的地下水井群兴建情况,得到相应的地下水可供水量。地下水井群的投资情况应给予说明,对地下水超采地区要严格控制开采量,并考虑补救措施。

在地下水开采区要考虑人工补给工程,尽可能将地表工程无法控制的水转化为地下水,要分析人工补给的水源情况,论证补给的可行性,制定补给的实施办法。

由于地下水的资源量和可开采量与地表水的利用情况直接相关,在地下水的资源量、可开采量计算中,要根据现状基准年和各规划水平年的具体情况进行计算。当有规划补给工程时,地下水供水量要考虑这一额外的补给来源。

地下水(微咸水)规划供水量以其相应水平年可开采量为极限,在地下水超采地区要逐步采取措施压缩开采量,使其与可开采量接近,在规划中不应大于基准年的开采量;在未超采地区可以根据现有工程和新建工程的供水能力确定规划供水量。地下水可供水量用式(8-12)计算:

$$W_{供地下} = \sum_{i=1}^{t} \min(Q_i, W_i, X_i) \tag{8-12}$$

式中 Q_i——第 i 时段机井提水量,m^3;

W_i——第 i 时段当地地下水可开采量,m^3;

X_i——第 i 时段需水量,m^3;

t——计算时段数,h。

8.3.4　其他水源可供水量和总可供水量

污水处理回用量要结合城市规划和工业布局,分别计算出回用于工业和农业灌溉的数量及污水处理投资情况。对未达到排放标准而仍需使用的污水量必须注明;对因污水排放而造成的可利用水资源量的减少情况,应予以专门说明。

对于雨水、微咸水及海水的利用,要说明其直接利用量及替代淡水的数量,并要分析计算相应的投资;对于海水利用中因腐蚀性造成的损失,应予以专门说明。

跨省的大型调水工程的水资源配置,应由流域机构和上级水主管部门负责协调。对于省内各地区的分水,若出现争议,由各省水行政主管部门会同有关单位进行协调。有跨省调水工程的,水量分配原则上按已有的分水协议执行,也可与规划调水工程一样采用水资源系统模型方法调算出更合适的分水方案,在征求有关部门和单位意见后采用。

不同水平年各分区的总供水量为原有供水工程和新增水源工程中扣除供水工程之间相互调水后所能提供的总供水量。新增水源工程中挖潜配套所增加的供水量,不能直接作为工作区总供水增加量,必须经过调节计算后扣除供水工程之间的相互调用水量,方能与分区的其他供水量相加。

供水预测的具体成果包括:各规划水平年的可供水量(包括原有工程和新增的水源工程),并分项说明地表水供水量、地下水供水量、污水回用量、微咸水利用量;提供已建与新建水源工程布置图。对各规划供水工程均需明确其取用水源、水库所在位置或引提水口地点、供水对象、建设年限、工程规模、新增可供水量、投资额及投资安排;以及污水处理回用量、微咸水利用量;海水利用工程要研究相应水源的水量、利用的可能性、处理技术的可行性,以及工程的经济、社会、环境效益。

8.4　供需平衡分析

8.4.1　水资源供需平衡分析的目的和意义

水资源供需平衡分析,是指在一定范围内(行政、经济区域或流域)不同时期的可供水量和需水量的供求关系分析。其目的是:

(1)通过可供水量和需水量的分析,弄清楚水资源总量的供需现状和存在的问题;

(2)通过不同时期、不同部门的供需平衡分析,预测未来,了解水资源余缺的时空分布;

(3)针对水资源供需矛盾,进行开源节流的总体规划,明确水资源综合开发利用保护的主要目标和方向,以期实现水资源的长期供求计划。

8.4.2　水资源供需平衡分析的原则及注意事项

水资源供需平衡分析涉及社会、经济、环境生态等方面,不管是从可供水量还是从需水量方面分析,牵涉面广且关系复杂。因此,供需平衡应遵循以下原则:

(1)近期和远期相结合;

(2)流域和区域相结合;

(3)综合利用和保护相结合;

(4)应注意事项:

①一次平衡:考虑需水时要考虑到人口的自然增长速度、经济的发展、城市化程度和人民生活水平的提高程度等方面;考虑供水时要考虑到流域水资源开发利用现状和格局,以及要充分发挥现有供水工程潜力。

②二次平衡:要强化节水意识、加大治污力度与污水处理再利用程度、注意挖潜配套相结合;合理提高水价、调整产业结构来合理抑制用水方的需求,同时要注重生态环境的改善。

③三次平衡:要加大产业结构和布局的调整力度,进一步强化群众的节水意识;在条件允许的情况下具有跨流域调水可能时,通过外流域调水来解决水资源供需平衡问题。

8.4.3 水资源供需平衡分析方法

水资源供需平衡分析必须根据一定的雨情、水情来进行分析计算,主要有两种分析方法,一种为系列法,一种为典型年法(或称代表年法)。

(1)系列法:按雨情、水情的历史系列资料进行逐年的供需平衡分析计算。

(2)典型年法:仅根据雨情、水情具有代表性的几个不同年份进行分析计算,而不必逐年计算。

这里必须强调,不管采用何种分析方法,所采用的基础数据(如水文系列资料、水文地质的有关参数等)的质量是至关重要的,将直接影响到供需分析成果的合理性和实用性,以下将主要介绍典型年法。

典型年法(又称代表年法)是指对某一范围的水资源供需关系,只进行典型年份平衡分析计算的方法。优点是可以克服资料不全(如系列资料难以取得时)及计算工作量太大的问题。

8.4.3.1 选择不同频率的若干典型年

根据前文所述,选择不同频率的典型年:特别丰水年频率为5%,丰水年频率为25%,平水年频率为50%,一般枯水年为75%,特别枯水年频率为90%(或95%)。

在进行区域水资源供需平衡分析时,北方干旱和半干旱地区一般要对50%和75%两种代表年的水供需情况进行分析,在南方湿润地区,一般要对50%、75%和90%(或95%)三种代表年的水供需情况进行分析。

8.4.3.2 计算分区和计算时段

1.区域划分

水资源供需分析,就某一区域来说,其可供水量和需水量在地区上和时间上分布都是不均衡的。分区进行水资源供需分析研究,便于弄清水资源供需平衡要素在各地区之间的差异,以便对不同地区的特点,采取不同的措施和对策。

2.计算时段的划分

区域水资源计算时段可分别采用年、季、月、旬和日,选取的时段长度要适宜,划得太大,往往会掩盖供需之间的矛盾,缺水期往往是处在时间很短的几个时段里,因此只有把计算时段划分得合适,才能把供需矛盾揭露出来。但划分时段并非越小越好,时段分得太小,许多资料无法取得,而且会增加计算分析的工作量。

8.4.3.3 典型年和水平年的确定

1. 不同频率典型年的确定

根据各分区的具体情况来选择控制站,以控制站的实际来水系列进行频率计算,选择符合某一设计频率的实际典型年份,求出该典型年的来水总量(可以选择年天然径流系列或年降雨量系列进行频率分析计算)。如我国北方干旱半干旱地区,降水较少,供水主要靠径流调节,则常用年径流系列来选择典型年。南方湿润地区,降雨较多,缺水既与降水有关,又与用水季节径流调节分配有关,故可以有多种的系列选择。

2. 典型年来水量的分布

常采用的一种方法是按实际典型年的来水量进行分配,但地区内降水、径流的时空分配受所选择典型年所支配,具有一定的偶然性,为了克服这种偶然性,通常选用频率相近的若干个实际年份进行分析计算,并从中选出对供需平衡偏于不利的情况进行分配。

3. 水平年的确定

水资源供需分析是要弄清研究区域现状和未来的几个阶段的水资源供需状况,这几个阶段的水资源供需状况与区域的国民经济和社会发展有密切关系,并应与该区域的可持续发展的总目标相协调。一般情况下,需要研究分析四个水平年的情况,分别为:

(1)现状水平年(又称基准年,系指现状情况以该年为标准);

(2)近期水平年(基准年以后5年或10年);

(3)远景水平年(基准年以后15或20年);

(4)远景设想水平年(基准年以后30~50年)。

8.4.3.4 可供水量和需水量的分析计算

1. 可供水量

可供水量是指不同水平年、不同保证率或不同频率条件下通过工程设施可提供的符合一定标准的水量,包括区域内的地表水量、地下水量、外流域的调水量,污水处理回用量和海水利用量等。

2. 典型年法中供水保证率的概念

在供水规划中,按照供水对象的不同,应规定不同的供水保证率,例如,居民生活供水保证率 P 为95%以上,工业用水保证率 P 为90%或95%,农业用水保证率 P 为50%或75%等。供水保证率的概念,是指多年供水过程中,供水得到保证的年数占总年数的百分数,常用式(8-13)计算:

$$P = \frac{m}{n+1} \times 100\% \tag{8-13}$$

式中 P——供水保证率;

m——保证正常供水的年数;

n——供水总年数。

其中正常供水通常按用户性质,能满足其需水量的90%~98%(即满足程度),视作正常供水。

两种确定供水保证率的方法：

(1)上述的在今后多年供水过程中由保证供水年数占总供水年数的百分数。今后多年是一个计算系列，在这个系列中，不管哪一个年份，只要有保证供水年数足够，就可以达到所需保证率。

(2)规定某一个年份(例如2000年这个水平年)，这一年的来水可以是各种各样的，把某系列各年的来水都放到2000年这一水平年去进行供需分析，计算其供水有保证的年数占系列总年数的百分数，即为2000年这一水平年的供水遇到所用系列的来水时的供水保证率。

3. 需水量

需水量分析是供需平衡的主要内容之一，可分为河道内用水量和河道外用水量两大类。具体方法见前述。

8.4.3.5 水资源的供需平衡分析的分类

一个区域水资源供需分析的内容是相当丰富和复杂的，需要从以下几个方面进行。

1. 分析的范围考虑

(1)计算单元的供需分析；

(2)整个区域的供需分析；

(3)河流流域的供需分析。

2. 从可持续发展观点考虑

(1)现状的供需分析是针对当前的情况，而不同发展阶段的供需分析是对未来情况的，含有展望和预测的性质，但要做好不同发展阶段(不同水平年)的供需分析，必须以现状的供需分析的成果为依据，因此现状的供需分析是不同发展阶段供需分析的基础。

(2)不同发展阶段(不同水平年)的供需分析，根据实际需要，对近期水平年、远期水平年、远景设想水平年分别进行分析。

3. 从供需分析的深度考虑

(1)不同发展阶段(不同水平年)的一次供需分析：初步地进行供需分析，不一定要进行供需平衡和提出供需平衡分析的规划方案。

(2)不同发展阶段(不同水平年)的二次供需分析：要求进行供需平衡分析和提出供需平衡分析的规划方案。特别是当供需不平衡时，对解决缺水的途径，要进一步分析论证并做出规划方案。

(3)可根据需要进行不同发展阶段(不同水平年)的三次供需平衡分析。

4. 按用水的性质考虑

(1)河道外用水的供需分析；

(2)河道内用水的供需分析。

本章前文有详细介绍，此处只需简述。

8.4.3.6 计算单元的供需分析

计算单元的供需分析应包括上述几方面的内容，简要分述如下。

(1)调查统计现阶段年份计算单元内各水源的实际供水量和各部门的实际用水量。

(2)进行水量平衡校核。

对于某一计算单元、某一水平年、某种保证率的供需平衡计算式为：

$$\sum_{i=1}^{n_1} W_{供i} - \sum_{i=1}^{n_2} W_{需i} = \pm \Delta W \tag{8-14}$$

式中 $W_{供i}$——计算单元内的分项供水量，m^3/a；

$W_{需i}$——计算单元内的分项需水量，m^3/a；

n_1——计算单元内可供水量的分项数；

n_2——计算单元内需水量的分项数；

ΔW——余缺水量，m^3/a。

(3)现状供需状况及分析。

对现状年的实际供(用)水情况和不同频率来水情况下的供需平衡状况可进行列表分析。

限于篇幅，此处不再详述。

8.4.3.7 整个区域的水资源供需分析

水资源供需分析有以下两种方法：

(1)典型年法；

(2)同频率法。

具体计算方法参考相关章节。

8.4.3.8 不同发展阶段(水平年)的供需分析

对今后不同发展阶段的可供水量进行分析时，要注意研究区域上游用水量的变化，如上游新建水库或河道引水工程，则会减少来水量，必然造成可供水量的减少。

参考文献

[1] 张利平,夏军,胡志芳. 中国水资源状况与水资源安全问题分析[J]. 长江流域资源与环境,2002,18(2):116-120.

[2] 姜文来. 中国 21 世纪水资源安全对策研究[J]. 水科学进展,2001,12(1):66-71.

[3] 王双银,宋孝玉. 水资源评价[M]. 郑州:黄河水利出版社,2008.

[4] 王国新. 水资源学基础知识[M]. 北京:中国水利水电出版社,2003.

[5] 王开章. 现代水资源分析与评价[M]. 北京:化学工业出版社,2006.

[6] 张守平,蒲强,李丽琴,等. 基于可控蒸散发的狭义水资源配置[J]. 水资源保护,2012,28(5):13-18.

[7] 贾仰文,王浩,仇亚琴,等. 基于流域水循环模型的广义水资源评价(Ⅰ)——评价方法[J]. 水力学报,2006,37(9):1051-1055.

[8] 王克强,刘红梅,刘静. 虚拟水研究文献综述[J]. 软科学,2007,21(6):11-14.

[9] 王媛,盛连喜,李科,等. 中国水资源现状分析与可持续发展对策研究[J]. 水资源与水工程学报,2008,19(3):10-14.

[10] 李雪松. 中国水资源制度研究[D]. 武汉:武汉大学,2005.

[11] 陈志恺. 21 世纪中国水资源持续开发利用问题[J]. 中国工程科学,2000,2(3):7-11.

[12] 吕妍,王让会,蔡子颖. 我国干旱半干旱地区气候变化及其影响[J]. 干旱区资源与环境,2009,23(11):65-71.

[13] 张铁楠,周晓雪. 半干旱地区水资源短缺问题及解决途径[J]. 水利规划与设计,2007(3):16-27.

[14] 林奇胜,刘红萍,张安录. 论我国西北干旱地区水资源持续利用[J]. 地理与地理信息科学,2003,19(3):54-58.

[15] 焦德生,石玉波. 我国水资源评价现状与展望[J]. 中国水利,1998,(3):10-11.

[16] 王国庆. 气候变化对黄河中游水文水资源影响的关键问题研究[D]. 南京:河海大学,2006.

[17] 王渺琳,夏军. 土地利用变化和气候波动对东江流域水循环的影响[J]. 人民珠江,2004,25(2):4-6.

[18] 黄会平,张岑. 基于 3S 的干旱区土地利用/覆被变化及其对水资源的影响分析——以张掖市甘州区为例[J]. 水土保持研究,2009,16(4):270-274.

[19] 谢平,陈广才,雷红富,等. 变化环境下地表水资源评价方法[M]. 北京:科学出版社,2009.

[20] 欧春平,夏军,王中根,等. 土地利用/覆被变化对 SWAT 模型水循环模拟结果的影响研究——以海河流域为例[J]. 水力发电学报,2009,28(4):124-129.

[21] 刘淑燕,余新晓,信忠保,等. 黄土丘陵沟壑区典型流域土地利用变化对水沙关系的影响[J]. 地理科学进展,2010,29(5):565-571.

[22] 丁文荣,吕喜玺,明庆忠. 变化环境下的龙川江流域水循环要素响应与趋势[J]. 节水灌溉,2011,(2):1-4.

[23] 王浩,陈敏建,秦大庸,等. 西北地区水资源合理配置和承载力研究[M]. 郑州:黄河水利出版社,2003.

[24] 黄建波. 采用子流域面积权重计算面平均雨量方法的探析[J]. 广西水利水电,2009(1):43-45.

[25] 冉津江. 我国干旱半干旱区温度和降水的时空分布特征[D]. 兰州:兰州大学,2014.

[26] 张维江. 盐池沙地水分动态及区域荒漠化特征研究[D]. 北京:北京林业大学,2004.

[27] 尹艳钧. 大气降水的成因分析[J]. 地理教育,2005(5):13.
[28] 季学武,王俊. 水文分析计算与水资源评价[M]. 北京:中国水利水电出版社,2008.
[29] 张维江,李娟,马轶. 隆德县降水空间分布式模型研究[J]. 水土保持研究,2007,14(5):307-309.
[30] 李娟. 变化环境下的小流域地表径流模拟预报及坝库功能转换研究[M]. 银川:宁夏大学,2014.
[31] 李娟,张维江,马轶. 滑动平均 - 马尔可夫模型在降水预测中的应用[J]. 水土保持研究,2005,12(6):196-198.
[32] 王祝. 广东省降水的趋势变化和时空分布特性分析[J]. 人民珠江,2006,27(2):37-39.
[33] 陶雪梅,刘自伟. 基于神经网络的降雨预报系统及其改进[J]. 兵工自动化,2006,25(9):60-62.
[34] 李喜波,张喜波,王吉奎. 人工神经网络在降水预报中的应用[J]. 气象水文海洋仪器,2009,26(3):52-55.
[35] 闵晶晶,孙景荣,刘还珠,等. 一种改进的 BP 算法及在降水预报中的应用[J]. 应用气象学报,2010,21(1):55-62.
[36] 熊海晶. 基于神经网络和小波分析的降水预报研究[D]. 南京:南京大学,2012.
[37] 陈丽娟,李维京,张培群. 降尺度技术在月降水预报中的应用[J]. 应用气象学报,2003,14(6):648-655.
[38] 陈华,郭靖,郭生练,等. 应用统计学降尺度方法预测汉江流域降水变化[J]. 人民长江,2008,39(14):53-55.
[39] 吴慧,吴胜安,邢旭煌. 降尺度法在海南省降水趋势预测中的应用[J]. 气象研究与应用,2008,29(1):9-12.
[40] 郝振纯,时芳欣,王加虎. 统计降尺度法在黄河源区未来降水变化分析中的应用[J]. 水电能源科学,2011,(3):1-4.
[41] 刘向培,王汉杰,何明元. 应用统计降尺度方法预估江淮流域未来降水[J]. 水科学进展,2012,23(1):29-37.
[42] 顾伟宗,陈丽娟,李维京,等. 降尺度方法在中国不同区域夏季降水预测中的应用[J]. 气象学报,2012,70(2):202-212.
[43] 黄惠镕. 基于统计降尺度的淮南地区夏季降水精细化预报方法[D]. 南京:南京信息工程大学,2012.
[44] 王志强,汪结华,王式功,等. 灰色模型在环渤海地区降水过程预报中的应用[J]. 干旱气象,2012,30(2):272-275.
[45] 匡正,季仲贞,林一骅. 华北降水时间序列资料的小波分析[J]. 气候与环境研究,2000,5(3):312-317.
[46] 王立坤,付强,杨广林,等. 季节性周期预测法在建立降雨预报模型中的应用[J]. 东北农业大学学报,2002,33(1):67-71.
[47] 卢文喜,杨磊磊,杨忠平,等. 逐步回归时间序列和 RBF - ANN 在降水预测中的应用[J]. 重庆大学学报,2012,35(11):131-135.
[48] 李月清. 时间序列分析在降水长期预报中的应用[J]. 水资源研究,2013(2):21-22.
[49] 谢平,陈广才,夏军. 变化环境下非一致性年径流序列的水文频率计算原理[J]. 武汉大学学报(工学版),2005,38(6):6-9.
[50] 肖志国. 几种水文时间序列周期分析方法的比较研究[D]. 南京:河海大学,2006.
[51] 李永华,刘德,朱业玉. 重庆市气温及降水变化的奇异谱分析[J]. 高原气象,2005(5):799-804.
[52] 朱蕾. 乌鲁木齐市近 50 年降水的奇异谱分析[J]. 暴雨灾害,2004,23(3):16-19.
[53] 黄嘉佑,黄茂怡. 汛期降水的奇异谱分析及预报试验[J]. 应用气象学报,2000,11(a06):58-63.

[54] 王澄海,耿立成. 奇异谱分析——最大熵结合最优子集回归方法在中国夏季降水预测中的应用[J]. 气象,2012,38(1):41-46.
[55] 琚彤军,石辉,胡庆. 延安市近50年来降水特征及趋势变化的小波分析研究[J]. 干旱地区农业研究,2008,26(4):230-235.
[56] 邱海军,曹明明,曾彬. 基于小波分析的西安降水时间序列的变化特征[J]. 中国农业气象,2011,32(1):23-27.
[57] 李荣昉,王鹏,吴敦银. 鄱阳湖流域年降水时间序列的小波分析[J]. 水文,2012,32(1):29-31.
[58] 芮孝芳. 水文学原理[M]. 北京:中国水利水电出版社,2004.
[59] 郑广芬,陈晓光,孙银川,等. 宁夏气温、降水、蒸发的变化及其对气候变暖的响应[J]. 气象科学,2006,26(4):412-421.
[60] 陈豫英,陈楠,王式功,等. 近55年宁夏秋季降水的时空变化特征及其大尺度环流背景[J]. 干旱区地理(汉文版),2009,32(1):9-16.
[61] 杨侃,许吟隆,陈晓光,等. 全球气候模式对宁夏区域未来气候变化的情景模拟分析[J]. 气候与环境研究,2007,12(5):629-637.
[62] 王秀荣,徐祥德,王维国. 西北地区春、夏季降水的水汽输送特征[J]. 高原气象,2007,26(4):749-758.
[63] 任宏利,张培群,李维京,等. 中国西北东部地区春季降水及其水汽输送特征[J]. 气象学报,2004,62(3):365-374.
[64] 陈海波,杨建玲,丁建军,等. 宁夏水汽输送气候特征[J]. 干旱气象,2013,31(3):491-496.
[65] 赵英时. 遥感应用分析原理与方法[M]. 北京. 科学出版社,2003.
[66] 杨爱民,唐克旺,王浩,等. 中国生态水文分区[J]. 水利学报,2008,3:332-338.
[67] 蔡燕,鱼京善,王会肖,等. 黄河流域生态水文分区及优先保护级别[J]. 生态学报,2010,30(15):4213-4220.
[68] 李淑霞,王炳亮. 宁夏生态水文分区及水资源开发利用策略[J]. 人民黄河,2013,12:68-70.
[69] 丁一汇,任国玉,石广玉,等. 气候变化国家评估报告(Ⅰ):中国气候变化的历史和未来趋势[J]. 气候变化研究进展,2006,3(s1):1-5.
[70] 林而达,许吟隆,吴绍洪,等. 气候变化国家评估报告(Ⅱ):气候变化的影响与适应[J]. 气候变化研究进展,2007,3(z1):51-56.
[71] 仕玉治. 气候变化及人类活动对流域水资源的影响及实例研究[D]. 大连:大连理工大学,2011.
[72] 王庆平,刘金艳. 气候变化和人类活动对滦河下游地区水资源变化影响分析[J]. 中国水利,2010(15):41-44.
[73] 邱玲花,彭定志,林荷娟,等. 气候变化与人类活动对太湖西苕溪流域水文水资源影响甄别[J]. 水文,2015,35(1):45-50.
[74] 仇亚琴,周祖昊,贾仰文,等. 三川河流域水资源演变个例研究[J]. 水科学进展,2006,17(6):865-872.
[75] 王浩,贾仰文,王建华,等. 人类活动影响下的黄河流域水资源演化规律初探[J]. 自然资源学报,2005,20(2):157-162.
[76] 周祖昊,仇亚琴,贾仰文,等. 变化环境下渭河流域水资源演变规律分析[J]. 水文,2009,29(1):21-25.
[77] 姚治君,管彦平,高迎春. 潮白河径流分布规律及人类活动对径流的影响分析[J]. 地理科学进展,2003,22(6):599-606.
[78] 孙宁,李秀彬,冉圣洪,等. 潮河上游降水－径流关系演变及人类活动的影响分析[J]. 地理科学进

展,2007,26(5):41-47.
[79] 曹明亮,张弛,周惠成,等.丰满上游流域人类活动影响下的降雨径流变化趋势分析[J].水文,2008,28(5):86-89.
[80] 李丽娟,姜德娟,李九一,等.土地利用/覆被变化的水文效应研究进展[J].自然资源学报,2007,22(2):211-224.
[81] 王国庆.气候变化对黄河中游水文水资源影响的关键问题研究[D].南京:河海大学,2006.
[82] 郝振纯,李丽,王加虎,等.气候变化对地表水资源的影响[J].地球科学——中国地质大学学报,2007,32(3):139-146.
[83] 张建云,王国庆,等.气候变化对水文水资源影响研究[M].北京:科学出版社,2007.
[84] 董旭.昌平区水资源评价与预测研究[D].北京:中国农业大学,2005.
[85] 贾仰文,王浩."黄河流域水资源演变规律与二元演化模型"研究成果简介[J].水利水电技术,2006,37(2):45-52.
[86] 程玉菲.黑河干流中游平原作物蒸发蒸腾量时空分布研究[D].兰州:兰州大学,2007.
[87] 裴源生,赵勇,张金萍.广义水资源合理配置研究(Ⅰ)——理论[J].水利学报,2007,38(1):1-7.
[88] 贾仰文,王浩,严登华.黑河流域水循环系统的分布式模拟(Ⅰ)——模型开发与验证[J].水利学报,2006,37(5):534-542.
[89] 刘树华,蔺洪涛,胡非,等.土壤—植被—大气系统水分散失机理的数值模拟[J].干旱气象,2004,22(3):1-10.
[90] 黄显峰,邵东国,魏小华.基于水量平衡的城市雨水利用潜力分析模型[J].武汉大学学报(工学版),2007,40(2):17-20.
[91] 赵勇.广义水资源合理配置研究[D].北京:中国水利水电科学研究院,2006.
[92] 李建峰.基于 GIS 的流域水资源数量评价方法及应用研究[D].郑州:郑州大学,2005.
[93] 王军德.黄河源区典型草地水文循环研究[D].兰州:兰州大学,2006.
[94] 伊元荣,海米提·依米提,王涛,等.主成分分析法在城市河流水质评价中的应用[J].干旱区研究,2008,25(04):497-501.
[95] 薛薇.统计分析与 spss 的应用[M].北京:中国人民大学出版社,2001.
[96] 郭劲松.基于人工神经网络(ANN)的水质评价与水质模拟研究[D].重庆:重庆大学,2002.
[97] 高传昌,刘兴.城市非常规水资源的应用研究进展[J].灌溉排水学报,2007(S1):68-70.
[98] 丁志宏,韩鹏,杨晓勇.内蒙古高原内陆河东部流域非常规水资源开发利用现状评价工作的若干思考[J].海河水利,2015(03):1-4.
[99] 蔡魏瑞.宁夏某煤矿三维地质建模及矿坑涌水量预测[D].石家庄:石家庄经济学院,2014.
[100] 徐文彬,向丽.黑龙江省非常规水资源利用的思考[J].黑龙江水利科技,2014(11):234-236.
[101] 孙炳华,刘兰芳.咸淡混浇技术在沧州农田灌溉中的应用与探讨[J].节水灌溉,2010(3):50-51.
[102] 龙秋波,袁刚,王立志,等.邯郸市东部平原区微咸水现状及开发利用研究[J].水资源与水工程学报,2010,21(4):126-129.
[103] 董引志.城市污水量的科学测算[J].中华建设,2011,(9):104-105.
[104] 尹学康,韩德宏.城市需水量预测[M].北京:中国建筑工业出版社,2006.
[105] 李琳,左其亭.城市用水量预测方法及应用比较研究[J].水资源与水工程学报,2005,16(3):6-10.
[106] 王凤仙,李树平,陶涛.城市污水量预测模型及方法综述[J].河南科学,2009,27(4):483-487.
[107] 李俊玲,袁连冲,钱自立.系统动力学在需水量预测中的应用[J].人民长江,2008,39(2):20-22.
[108] 王淑芬,李本言,陈美.基于 ARMA 模型的天津市"十一五"经济增长预测分析[J].环渤海经济瞭

望,2007,(5):8-10.

[109] 佟长福. 鄂尔多斯市综合节水技术和需水量预测研究[D]. 呼和浩特:内蒙古农业大学,2011.

[110] 刘恒,耿雷华,陈晓燕,等. 区域水资源可持续利用评价指标体系的建立[J]. 水科学进展,2003,14(3):265-270.

[111] 刘昌明,陈志恺. 中国水资源现状评价和供需发展趋势分析[M]. 北京:中国水利水电出版社,2001.

[112] 刘善建. 水的开发与利用[M]. 北京:中国水利水电出版社,2000.

[113] 王浩,秦大庸,郭孟卓,等. 干旱区水资源合理配置模式与计算方法[J]. 水科学进展,2004,15(6):689-694.